LIBRO **DEL ESTUDIANTE**

STECK-VAUGHN

RAZONAMIENTO
MATEMÁTICO

PREPARACIÓN PARA LA PRUEBA DE GED® 2014

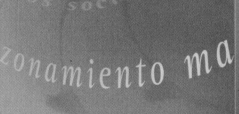

- Resolver problemas algebraicos
- Resolver problemas cuantitativos
- Práctica de Matemáticas

POWERED BY

Houghton
Mifflin
Harcourt

POWERED BY

Reconocimientos

For each of the selections and images listed below, grateful acknowledgement is made for permission to excerpt and/or reprint original or copyrighted material, as follows:

Text

Excerpt from *Assessment Guide for Educators*, published by GED Testing Service LLC. Text copyright © 2014 by GED Testing Service LLC. GED® and GED Testing Service® are registered trademarks of the American Council on Education (ACE). They may not be used or reproduced without the express written permission of ACE or GED Testing Service. The GED® and GED Testing Service® brands are administered by GED Testing Service LLC under license from the American Council on Education. Translated and reprinted by permission of GED Testing Service LLC.

Images

Cover (bg) ©Chen Ping-hung/E+/Getty Images; (bg) ©Tetra Images/Corbis; **(inset)** ©John Elk/Lonely Planet Images/Getty Images; **(calculator)** ©iStockPhoto.com; **(paper and pencil)** ©LPETTET/iStockPhoto.com; **(spheres)** ©goktugg/iStockPhoto.com; **vi** ©daboost/iStockPhoto.com; **vii** ©CDH Design/iStockPhoto.com; ©daboost/iStockPhoto.com; **xii** ©Guy Jarvis/Houghton Mifflin Harcourt; Blind Opener Selective Service System; **1** ©YinYang/E+/Getty Images; **24** ©Johnathan Nightingale/Flickr/Getty Images; **25** ©Thinkstock/Getty Images; **48** ©emeagwali.com; **49** ©RDaniel/Shutterstock; **92** ©Huong McDoniel; **93** ©small_frog/iStockPhoto.com.

Printed in the U.S.A.

ISBN   978-0-544-30128-3

 3 4 5 6 7 8 9 10   0868   23 22 21 20 19 18 17 16 15

4500523800   A B C D E F G

Razonamiento Matemático

Contenido

Títulos i
Reconocimientos/Derechos de autor ii
Contenido.. iii
Acerca de la Prueba de GED® .... iv–v
Prueba de GED® en la computadora .... vi–vii
Acerca de la *Preparación para la Prueba de GED® 2014 de Steck-Vaughn* .... viii–ix
Acerca de la Prueba de Razonamiento Matemático GED® x
Acerca del *Razonamiento Matemático*................................. xi
Indicaciones de la calculadora .... xii–xiii
Fórmulas matemáticas.. xiv
Consejos para realizar la prueba xv

UNIDAD 1 *Sentido numérico y operaciones*
GED® Senderos: Gil Coronado Introducción–1
LECCIÓN
1: Números naturales 2–3
2: Operaciones 4–5
3: Números enteros..6–7
4: Fracciones 8–9
5: Razones y proporciones 10–11
6: Números decimales.. 12–13
7: Porcentaje 14–15
Repaso de la Unidad 1 16–23

UNIDAD 2 *Medición/Análisis de datos*
GED® Senderos: Christopher Blizzard 24–25
LECCIÓN
1: Medición y unidades de medida 26–27
2: Longitud, área y volumen 28–29
3: Media, mediana y moda 30–31
4: Probabilidad 32–33
5: Gráficas de barras y lineales 34–35
6: Gráficas circulares 36–37
7: Diagramas de puntos, histogramas y diagramas de caja 38–39
Repaso de la Unidad 2 40–47

UNIDAD 3 *Álgebra, funciones y patrones*
GED® Senderos: Philip Emeagwali 48–49
LECCIÓN
1: Expresiones algebraicas y variables 50–51
2: Ecuaciones 52–53
3: Elevar al cuadrado, elevar al cubo y extraer las raíces 54–55
4: Exponentes y notación científica 56–57
5: Patrones y funciones 58–59
6: Ecuaciones lineales con una variable.................. 60–61
7: Ecuaciones lineales con dos variables 62–63
8: Descomponer en factores 64–65
9: Expresiones racionales y ecuaciones 66–67
10: Resolver desigualdades y representarlas gráficamente 68–69
11: La cuadrícula de coordenadas 70–71
12: Representar gráficamente ecuaciones lineales 72–73
13: Pendiente 74–75
14: Usar la pendiente para resolver problemas de geometría 76–77
15: Representar gráficamente ecuaciones cuadráticas 78–79
16: Evaluación de funciones 80–81
17: Comparación de funciones 82–83
Repaso de la Unidad 3 84–91

UNIDAD 4 *Geometría*
GED® Senderos: Huong McDoniel 92–93
LECCIÓN
1: Triángulos y cuadriláteros 94–95
2: El teorema de Pitágoras 96–97
3: Polígonos 98–99
4: Círculos.. 100–101
5: Figuras planas compuestas 102–103
6: Dibujos a escala 104–105
7: Prismas y cilindros 106–107
8: Pirámides, conos y esferas 108–109
9: Cuerpos geométricos compuestos 110–111
Repaso de la Unidad 4 112–119

CLAVE DE RESPUESTAS 120–170
ÍNDICE 171–174

Acerca de la Prueba de GED®

Bienvenido al primer día del resto de tu vida. Ahora que te has comprometido a estudiar para obtener tu credencial GED®, te espera una serie de posibilidades y opciones: académicas y profesionales, entre otras. Todos los años, cientos de miles de personas desean obtener una credencial GED®. Al igual que tú, abandonaron la educación tradicional por una u otra razón. Ahora, al igual que ellos, tú has decidido estudiar para dar la Prueba de GED® y, de esta manera, continuar con tu educación.

En la actualidad, la Prueba de GED® es muy diferente de las versiones anteriores. La Prueba de GED® de hoy consiste en una versión nueva, mejorada y más rigurosa, con contenidos que se ajustan a los Estándares Estatales Comunes. Por primera vez, la Prueba de GED® es tanto un certificado de equivalencia de educación secundaria como un indicador del nivel de preparación para la universidad y las carreras profesionales. La nueva Prueba de GED® incluye cuatro asignaturas: Razonamiento a través de las Artes del Lenguaje (RLA, por sus siglas en inglés), Razonamiento Matemático, Ciencias y Estudios Sociales. Cada asignatura se presenta en formato electrónico y ofrece una serie de ejercicios potenciados por la tecnología.

Las cuatro pruebas requieren un tiempo total de evaluación de siete horas. La preparación puede llevar mucho más tiempo. Sin embargo, los beneficios son significativos: más y mejores oportunidades profesionales, mayores ingresos y la satisfacción de haber obtenido la credencial GED®. Para los empleadores y las universidades, la credencial GED® tiene el mismo valor que un diploma de escuela secundaria. En promedio, los graduados de GED® ganan al menos $8,400 más al año que aquellos que no finalizaron los estudios secundarios.

El Servicio de Evaluación de GED® ha elaborado la Prueba de GED® con el propósito de reflejar la experiencia de una educación secundaria. Con este fin, debes responder diversas preguntas que cubren y conectan las cuatro asignaturas. Por ejemplo, te puedes encontrar con un pasaje de Estudios Sociales en la Prueba de Razonamiento a través de las Artes del Lenguaje, y viceversa. Además, encontrarás preguntas que requieren diferentes niveles de esfuerzo cognitivo, o Niveles de conocimiento. En la siguiente tabla se detallan las áreas de contenido, la cantidad de ejercicios, la calificación, los Niveles de conocimiento y el tiempo total de evaluación para cada asignatura.

Prueba de:	Áreas de contenido	Ejercicios	Calificación bruta	Niveles de conocimiento	Tiempo
Razonamiento a través de las Artes del Lenguaje	**Textos informativos—75%** **Textos literarios—25%**	*51	65	80% de los ejercicios en el Nivel 2 o 3	150 minutos
Razonamiento Matemático	**Resolución de problemas algebraicos—55%** **Resolución de problemas cuantitativos—45%**	*46	49	50% de los ejercicios en el Nivel 2	115 minutos
Ciencias	**Ciencias de la vida—40%** **Ciencias físicas—40%** **Ciencias de la Tierra y del espacio—20%**	*34	40	80% de los ejercicios en el Nivel 2 o 3	90 minutos
Estudios Sociales	**Educación cívica/Gobierno—50%** **Historia de los Estados Unidos: —20%** **Economía—15%** **Geografía y el mundo—15%**	*35	44	80% de los ejercicios en el Nivel 2 o 3	90 minutos

*El número de ejercicios puede variar levemente según la prueba.

Debido a que las demandas de la educación secundaria de la actualidad y su relación con las necesidades de la población activa son diferentes de las de hace una década, el Servicio de Evaluación de GED® ha optado por un formato electrónico. Si bien las preguntas de opción múltiple siguen siendo los ejercicios predominantes, la nueva serie de Pruebas de GED® incluye una variedad de ejercicios potenciados por la tecnología, en los que el estudiante debe: elegir la respuesta correcta a partir de un menú desplegable; completar los espacios en blanco; arrastrar y soltar elementos; marcar un punto clave en una gráfica; ingresar una respuesta breve e ingresar una respuesta extendida.

En la tabla de la derecha se identifican los diferentes tipos de ejercicios y su distribución en las nuevas pruebas de cada asignatura. Como puedes ver, en las cuatro pruebas se incluyen preguntas de opción múltiple, ejercicios con menú desplegable, ejercicios para completar los espacios en blanco y ejercicios para arrastrar y soltar elementos.

EJERCICIOS PARA 2014

	RLA	Matemáticas	Ciencias	Estudios Sociales
Opción múltiple	✓	✓	✓	✓
Menú desplegable	✓	✓	✓	✓
Completar los espacios	✓	✓	✓	✓
Arrastrar y soltar	✓	✓	✓	✓
Punto clave		✓	✓	✓
Respuesta breve			✓	
Respuesta extendida	✓			✓

Existe cierta variación en lo que respecta a los ejercicios en los que se debe marcar un punto clave o ingresar una respuesta breve/extendida.

Además, la nueva Prueba de GED® se relaciona con los estándares educativos más exigentes de hoy en día a través de ejercicios que se ajustan a los objetivos de evaluación y a los diferentes Niveles de conocimiento.

- **Temas/Objetivos de evaluación** Los temas y los objetivos describen y detallan el contenido de la Prueba de GED®. Se ajustan a los Estándares Estatales Comunes, así como a los estándares específicos de los estados de Texas y Virginia.
- **Prácticas de contenidos** La práctica describe los tipos y métodos de razonamiento necesarios para resolver ejercicios específicos de la Prueba de GED®.
- **Niveles de conocimiento** El modelo de los Niveles de conocimiento detalla el nivel de complejidad cognitiva y los pasos necesarios para llegar a una respuesta correcta en la prueba. La nueva Prueba de GED® aborda tres Niveles de conocimiento.
  - **Nivel 1** Debes recordar, observar, representar y hacer preguntas sobre datos, y aplicar destrezas simples. Por lo general, solo debes mostrar un conocimiento superficial del texto y de las gráficas.
  - **Nivel 2** El procesamiento de información no consiste simplemente en recordar y observar. Deberás realizar ejercicios en los que también se te pedirá resumir, ordenar, clasificar, identificar patrones y relaciones, y conectar ideas. Necesitarás examinar detenidamente el texto y las gráficas.
  - **Nivel 3** Debes inferir, elaborar y predecir para explicar, generalizar y conectar ideas. Por ejemplo, es posible que necesites resumir información de varias fuentes para luego redactar composiciones de varios párrafos. Esos párrafos deben presentar un análisis crítico de las fuentes, ofrecer argumentos de apoyo tomados de tus propias experiencias e incluir un trabajo de edición que asegure una escritura coherente y correcta.

Aproximadamente el 80 por ciento de los ejercicios de la mayoría de las áreas de contenido pertenecen a los Niveles de conocimiento 2 y 3, mientras que los ejercicios restantes forman parte del Nivel 1. Los ejercicios de escritura –por ejemplo, el ejercicio de Estudios Sociales (25 minutos) y de Razonamiento a través de las Artes del Lenguaje (45 minutos) en el que el estudiante debe ingresar una respuesta extendida–, forman parte del Nivel de conocimiento 3.

Ahora que comprendes la estructura básica de la Prueba de GED® y los beneficios de obtener una credencial GED®, debes prepararte para la Prueba de GED®. En las páginas siguientes encontrarás una especie de receta que, si la sigues, te conducirá hacia la obtención de tu credencial GED®.

Prueba de GED® en la computadora

Junto con los nuevos tipos de ejercicios, la Prueba de GED® 2014 revela una nueva experiencia de evaluación electrónica. La Prueba de GED® estará disponible en formato electrónico, y solo se podrá acceder a ella a través de los Centros Autorizados de Evaluación de Pearson VUE. Además de conocer los contenidos y poder leer, pensar y escribir de manera crítica, debes poder realizar funciones básicas de computación –hacer clic, hacer avanzar o retroceder el texto de la pantalla y escribir con el teclado– para aprobar la prueba con éxito. La pantalla que se muestra a continuación es muy parecida a una de las pantallas que te aparecerán en la Prueba de GED®.

El botón **INFORMACIÓN** contiene material clave para completar el ejercicio con éxito. Aquí, al hacer clic en el botón Información, aparecerá un mapa sobre la Guerra de Independencia. En la prueba de Razonamiento Matemático, los botones **HOJA DE FÓRMULAS** y **REFERENCIAS DE CALCULADORA** proporcionan información que te servirá para resolver ejercicios que requieren el uso de fórmulas o de la calculadora TI-30XS. Para mover un pasaje o una gráfica, haz clic en ellos y arrástralos hacia otra parte de la pantalla.

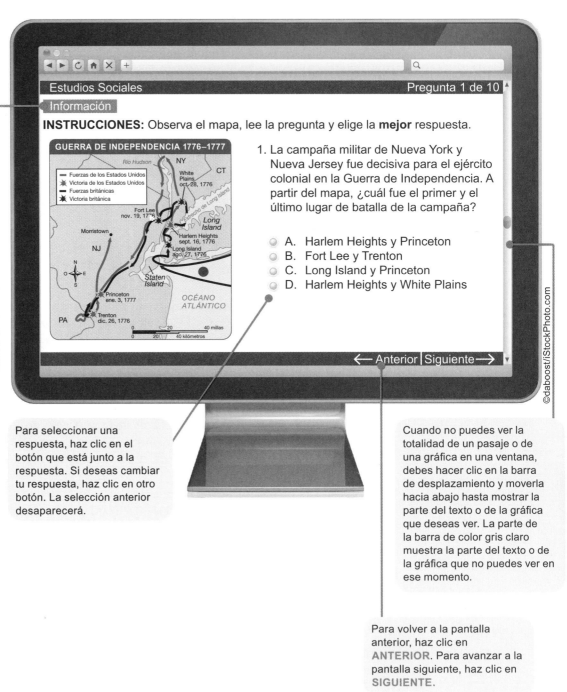

Para seleccionar una respuesta, haz clic en el botón que está junto a la respuesta. Si deseas cambiar tu respuesta, haz clic en otro botón. La selección anterior desaparecerá.

Cuando no puedes ver la totalidad de un pasaje o de una gráfica en una ventana, debes hacer clic en la barra de desplazamiento y moverla hacia abajo hasta mostrar la parte del texto o de la gráfica que deseas ver. La parte de la barra de color gris claro muestra la parte del texto o de la gráfica que no puedes ver en ese momento.

Para volver a la pantalla anterior, haz clic en **ANTERIOR**. Para avanzar a la pantalla siguiente, haz clic en **SIGUIENTE**.

En algunos ejercicios de la nueva Prueba de GED®, como en los que se te pide completar los espacios en blanco o ingresar respuestas breves/extendidas, deberás escribir las respuestas en un recuadro. En algunos casos, es posible que las instrucciones especifiquen la extensión de texto que el sistema aceptará. Por ejemplo, es posible que en el espacio en blanco de un ejercicio solo puedas ingresar un número del 0 al 9 junto con un punto decimal o una barra, pero nada más. El sistema también te dirá qué teclas no debes presionar en determinadas situaciones. La pantalla y el teclado con comentarios que se muestran a continuación proporcionan estrategias para ingresar texto y datos en aquellos ejercicios en los que se te pide completar los espacios en blanco e ingresar respuestas breves/extendidas.

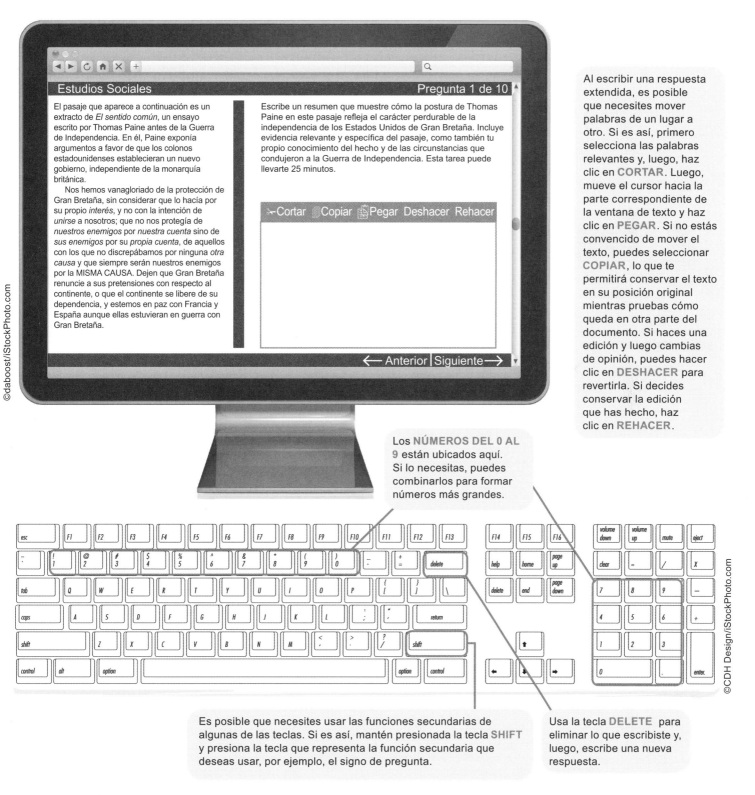

Al escribir una respuesta extendida, es posible que necesites mover palabras de un lugar a otro. Si es así, primero selecciona las palabras relevantes y, luego, haz clic en CORTAR. Luego, mueve el cursor hacia la parte correspondiente de la ventana de texto y haz clic en PEGAR. Si no estás convencido de mover el texto, puedes seleccionar COPIAR, lo que te permitirá conservar el texto en su posición original mientras pruebas cómo queda en otra parte del documento. Si haces una edición y luego cambias de opinión, puedes hacer clic en DESHACER para revertirla. Si decides conservar la edición que has hecho, haz clic en REHACER.

Los NÚMEROS DEL 0 AL 9 están ubicados aquí. Si lo necesitas, puedes combinarlos para formar números más grandes.

Es posible que necesites usar las funciones secundarias de algunas de las teclas. Si es así, mantén presionada la tecla SHIFT y presiona la tecla que representa la función secundaria que deseas usar, por ejemplo, el signo de pregunta.

Usa la tecla DELETE para eliminar lo que escribiste y, luego, escribe una nueva respuesta.

Acerca de la *Preparación para la Prueba de GED® 2014 de Steck-Vaughn*

Además de haber decidido obtener tu credencial GED®, has tomado otra decisión inteligente al elegir la *Preparación para la Prueba de GED® 2014 de Steck-Vaughn* como tu herramienta principal de estudio y preparación. Nuestro énfasis en la adquisición de conceptos clave de lectura y razonamiento te proporciona las destrezas y estrategias necesarias para aprobar con éxito la Prueba de GED®.

Las microlecciones de dos páginas en cada libro del estudiante te brindan una instrucción enfocada y eficiente. Para aquellos que necesiten apoyo adicional, ofrecemos cuadernos de ejercicios complementarios que *duplican* el apoyo y la cantidad de ejercicios de práctica. La mayoría de las lecciones de la serie incluyen una sección llamada *Ítem en foco*, que corresponde a uno de los tipos de ejercicios potenciados por la tecnología que aparecen en la Prueba de GED®.

La sección **APRENDE LA DESTREZA** brinda información acerca de la destreza que se estudiará.

Cada lección incluye correlaciones con los **OBJETIVOS DE EVALUACIÓN**, lo que te ayudará a centrarte en tus estudios.

Los **RECUADROS** proporcionan estrategias e información que puedes usar para entender e interpretar diferentes pasajes o gráficas.

Los **CONSEJOS PARA REALIZAR LA PRUEBA** y otros tipos de notas, tales como **USAR LA LÓGICA**, ofrecen apoyo específico para tener éxito en la Prueba de GED®.

Los **PASAJES, TEXTOS BREVES Y ELEMENTOS VISUALES DE COLORES** te ofrecen una experiencia similar a la que puedes experimentar en la Prueba de GED®.

Cada unidad de la *Preparación para la Prueba de GED® 2014 de Steck-Vaughn* comienza con la sección GED® SENDEROS, una serie de perfiles de personas que obtuvieron su credencial GED® y que la utilizaron como trampolín al éxito. A partir de ahí, recibirás una instrucción y una práctica intensivas a través de una serie de lecciones conectadas que se ajustan a los Temas/Objetivos de evaluación, a las Prácticas de contenidos (donde corresponda) y a los Niveles de conocimiento.

Cada unidad concluye con un repaso de ocho páginas que incluye una muestra representativa de ejercicios (incluidos los ejercicios potenciados por la tecnología) de las lecciones que conforman la unidad. Si lo deseas, puedes usar el repaso de la unidad como una prueba posterior para evaluar tu comprensión de los contenidos y de las destrezas, y tu preparación para ese aspecto de la Prueba de GED®.

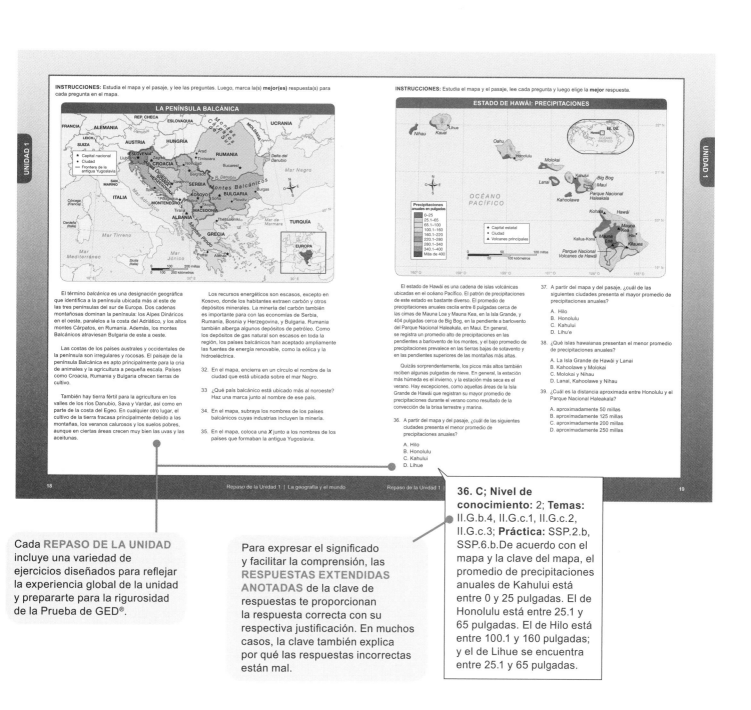

Cada **REPASO DE LA UNIDAD** incluye una variedad de ejercicios diseñados para reflejar la experiencia global de la unidad y prepararte para la rigurosidad de la Prueba de GED®.

Para expresar el significado y facilitar la comprensión, las **RESPUESTAS EXTENDIDAS ANOTADAS** de la clave de respuestas te proporcionan la respuesta correcta con su respectiva justificación. En muchos casos, la clave también explica por qué las respuestas incorrectas están mal.

36. C; Nivel de conocimiento: 2; **Temas:** II.G.b.4, II.G.c.1, II.G.c.2, II.G.c.3; **Práctica:** SSP.2.b, SSP.6.b. De acuerdo con el mapa y la clave del mapa, el promedio de precipitaciones anuales de Kahului está entre 0 y 25 pulgadas. El de Honolulu está entre 25.1 y 65 pulgadas. El de Hilo está entre 100.1 y 160 pulgadas; y el de Lihue se encuentra entre 25.1 y 65 pulgadas.

Acerca de la Prueba de Razonamiento Matemático GED®

La nueva Prueba de Razonamiento Matemático GED® es más que un simple conjunto de ejercicios matemáticos. De hecho, refleja el intento de incrementar el rigor de la Prueba de GED® a fin de satisfacer con mayor eficacia las demandas propias de una economía del siglo XXI. Con ese propósito, la Prueba de Razonamiento Matemático GED® ofrece una serie de ejercicios potenciados por la tecnología, a los que se puede acceder a través de un sistema de evaluación por computadora. Estos ejercicios reflejan el conocimiento, las destrezas y las aptitudes que un estudiante desarrollaría en una experiencia equivalente, dentro de un marco de educación secundaria.

Las preguntas de opción múltiple constituyen la mayor parte de los ejercicios que conforman la Prueba de Razonamiento Matemático GED®. Sin embargo, una serie de ejercicios potenciados por la tecnología (por ejemplo, ejercicios en los que el estudiante debe: elegir la respuesta correcta a partir de un menú desplegable; completar los espacios en blanco; arrastrar y soltar elementos; marcar el punto clave en una gráfica) te desafiarán a desarrollar y transmitir conocimientos de maneras más profundas y completas. Por ejemplo:

- Los ejercicios que incluyen preguntas de opción múltiple evalúan virtualmente cada estándar de contenido, ya sea de manera individual o conjunta. Las preguntas de opción múltiple que se incluyen en la nueva Prueba de GED® ofrecerán cuatro opciones de respuesta (en lugar de cinco), con el siguiente formato: A./B./C./D.
- El menú desplegable ofrece una serie de opciones de respuesta, lo que te permite elegir el término matemático o el valor numérico correcto para completar un enunciado. En el siguiente ejemplo, los términos *mayor que*, *igual a* y *menor que* permiten comparar dos cantidades:

$$\sqrt{65} \quad \begin{array}{l} \text{mayor que} \\ \text{igual a} \\ \text{menor que} \end{array} \quad 7^2$$

- Los ejercicios que incluyen espacios para completar te permiten ingresar una respuesta numérica a través del teclado o de un selector de caracteres. Estos ejercicios también te permiten ingresar respuestas breves, o de una sola palabra, relacionadas con el razonamiento matemático.
- Otros ejercicios consisten en actividades interactivas en las que se deben arrastrar pequeñas imágenes, palabras o expresiones numéricas para luego soltarlas en zonas designadas de la pantalla. Estas actividades te pueden ayudar a organizar datos, a ordenar los pasos de un proceso o a mover números hacia el interior de recuadros para crear expresiones, ecuaciones y desigualdades.
- Otros ejercicios consisten en una gráfica que contiene sensores virtuales estratégicamente colocados en su interior. Te permiten marcar puntos en cuadrículas de coordenadas, rectas numéricas o diagramas de puntos. También puedes crear modelos que coincidan con determinados criterios.

Tendrás un total de 115 minutos para resolver aproximadamente 46 ejercicios. La prueba de matemáticas se organiza en función de dos áreas de contenido principales: resolución de problemas cuantitativos (45 por ciento de todos los ejercicios) y resolución de problemas algebraicos (55 por ciento). La mitad de los ejercicios corresponden al Nivel de conocimiento 2. En la interfaz de la prueba se incluirá una calculadora TI-30XS y una página de fórmulas, tal como la que se muestra en la pág. xiv de este libro.

Acerca de la *Preparación para la Prueba de GED® 2014 de Steck-Vaughn: Razonamiento Matemático*

El libro del estudiante y el cuaderno de ejercicios de Steck-Vaughn te permiten abrir la puerta del aprendizaje y desglosar los diferentes elementos de la prueba al ayudarte a elaborar y a desarrollar destrezas clave de matemáticas. El contenido de nuestros libros se ajusta a los nuevos estándares de contenido de matemáticas y a la distribución de ejercicios de GED® para brindarte una mejor preparación para la prueba.

Gracias a nuestra sección *Ítem en foco*, cada uno de los ejercicios potenciados por la tecnología recibe un tratamiento más profundo y exhaustivo. En la introducción inicial, a un único tipo de ejercicio —por ejemplo, el de arrastrar y soltar elementos— se le asigna toda una página de ejercicios de ejemplo en la lección del libro del estudiante y tres páginas en la lección complementaria del cuaderno de ejercicios. La cantidad de ejercicios en las secciones subsiguientes puede ser menor; esto dependerá de la destreza, la lección y los requisitos.

Una combinación de estrategias específicamente seleccionadas, recuadros informativos, preguntas de ejemplo, consejos, pistas y una evaluación exhaustiva ayudan a destinar los esfuerzos de estudio a las áreas necesarias.

Además de las secciones del libro, una clave de respuestas muy detallada ofrece la respuesta correcta junto con su respectiva justificación. De esta manera, sabrás exactamente por qué una respuesta es correcta. El libro del estudiante y el cuaderno de ejercicios de *Razonamiento Matemático* están diseñados teniendo en cuenta el objetivo final: aprobar con éxito la Prueba de Razonamiento Matemático GED®.

Además de dominar los contenidos clave y las destrezas de lectura y razonamiento, te familiarizarás con ejercicios alternativos que reflejan, en material impreso, la naturaleza y el alcance de los ejercicios incluidos en la Prueba de GED®.

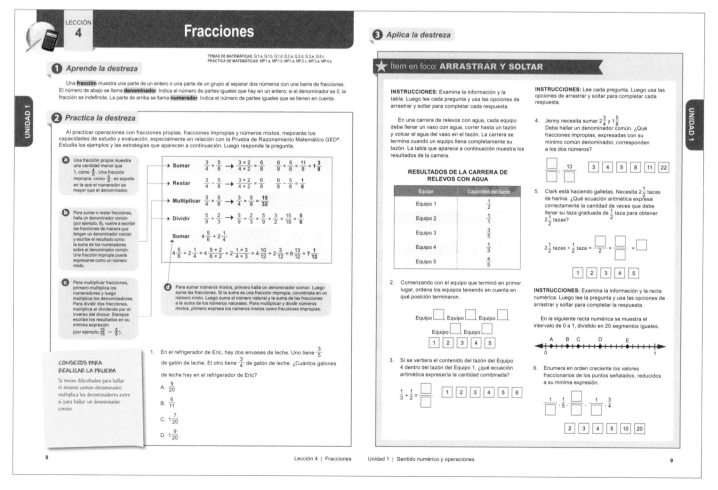

Indicaciones de la calculadora

Algunos ejercicios de la Prueba de Razonamiento Matemático GED® te permiten usar una calculadora como ayuda para responder las preguntas. Esa calculadora, la TI-30XS, está integrada en la interfaz de la prueba. La calculadora TI-30XS estará disponible para la mayoría de los ejercicios de la Prueba de Razonamiento Matemático GED® y para algunos ejercicios de la Prueba de Ciencias GED® y la Prueba de Estudios Sociales GED®. La calculadora TI-30XS se muestra a continuación, junto con algunos recuadros que detallan algunas de sus teclas más importantes. En el ángulo superior derecho de la pantalla hay un botón que permite acceder a la hoja de referencia para la calculadora.

La tecla 2nd te permite acceder a las funciones de color verde que aparecen arriba de las distintas teclas.

La tecla N/D (NUMERADOR/ DENOMINADOR) te permite escribir fracciones en la calculadora.

La tecla EXPONENTE te permite elevar un número a un exponente distinto de dos.

La tecla CUADRADO te permite elevar números al cuadrado.

Usa las teclas correspondientes a los NÚMEROS para ingresar valores numéricos.

La tecla SIGNO te permite cambiar el signo de positivo a negativo para los números enteros negativos. Recuerda que las teclas de signo negativo y de la función de resta son diferentes.

Los problemas aparecen del lado izquierdo de la pantalla y las respuestas, del lado derecho.

Gracias a las teclas de DESPLAZAMIENTO te puedes mover hacia la izquierda, hacia la derecha, hacia arriba o hacia abajo dentro de la pantalla.

La tecla CLEAR te permite borrar números, signos y ecuaciones. Úsala después de completar un problema y antes de comenzar uno nuevo.

Las teclas de las cuatro funciones matemáticas básicas –DIVISIÓN, MULTIPLICACIÓN, RESTA y SUMA– están del lado derecho, justo debajo de la tecla CLEAR.

La tecla de CONMUTACIÓN te permite convertir fracciones en decimales y viceversa.

La tecla ENTER funciona como un signo de la igualdad. Una vez que completes tus cálculos, presiona esta tecla para hallar el resultado.

©Guy Jarvis/Houghton Mifflin Harcourt

Cómo empezar

Para habilitar la calculadora, haz clic en el ángulo superior izquierdo de la pantalla de la prueba. Si la calculadora aparece y te impide ver un problema, puedes hacer clic en ella para arrastrarla y moverla hacia otra parte de la pantalla. Una vez habilitada, la calculadora podrá usarse (no es necesario presionar la tecla **ON**).

- Usa la tecla **CLEAR** para borrar todos los números y las operaciones de la pantalla.
- Usa la tecla **ENTER** para completar todos los cálculos.

Tecla 2nd

La tecla verde **2nd** se encuentra en el ángulo superior izquierdo de la calculadora TI-30XS. La tecla **2nd** habilita las funciones secundarias de las teclas, representadas con color verde y ubicadas arriba de las teclas de función primaria. Para usar una función secundaria, primero haz clic en el número, luego haz clic en la tecla **2nd** y, por último, haz clic en la tecla que representa la función secundaria que deseas implementar. Por ejemplo, para ingresar **25%**, primero ingresa el número [**25**]. Luego, haz clic en la tecla **2nd** y, por último, haz clic en la tecla de apertura de paréntesis, cuya función secundaria permite ingresar el símbolo de porcentaje (%).

Fracciones y números mixtos

Para ingresar una fracción, como por ejemplo $\frac{3}{4}$, haz clic en la tecla **n/d (numerador/denominador)** y, luego, en el número que representará el numerador [**3**]. Ahora haz clic en la **flecha hacia abajo** (en el menú de desplazamiento ubicado en el ángulo superior derecho de la calculadora) y, luego, en el número que representará el denominador [**4**]. Para hacer cálculos con fracciones, haz clic en la **flecha hacia la derecha** y, luego, en la tecla de la función correspondiente y en los otros números de la ecuación.

Para ingresar números mixtos, como por ejemplo $1\frac{3}{8}$, primero ingresa el número entero [**1**]. Luego, haz clic en la tecla **2nd** y en la tecla cuya función secundaria permite ingresar **números mixtos** (la tecla **n/d**). Ahora ingresa el numerador de la fracción [**3**] y, luego, haz clic en el botón de la **flecha hacia abajo** y en el número que representará el denominador [**8**]. Si haces clic en **ENTER**, el número mixto se convertirá en una fracción impropia. Para hacer cálculos con números mixtos, haz clic en la **flecha hacia la derecha** y, luego, en la tecla de la función correspondiente y en los otros números de la ecuación.

Números negativos

Para ingresar un número negativo, haz clic en la tecla del **signo negativo** (ubicada justo debajo del número **3** en la calculadora). Recuerda que la tecla del **signo negativo** es diferente de la tecla de **resta**, que se encuentra en la columna de teclas ubicada en el extremo derecho, justo encima de la tecla de **suma (+)**.

Cuadrados, raíces cuadradas y exponentes

- **Cuadrados**: La tecla x^2 permite elevar números al cuadrado. La tecla **exponente** (^) eleva los números a exponentes mayores que dos, como por ejemplo, al cubo. Para hallar el resultado de 5^3 en la calculadora, ingresa la base [**5**], haz clic en la tecla exponente (^) y en el número que funcionará como exponente [**3**], y, por último, en la tecla **ENTER**.
- **Raíces cuadradas**: Para hallar la raíz cuadrada de un número, como por ejemplo 36, haz clic en la tecla **2nd** y en la tecla cuya función secundaria permite calcular una **raíz cuadrada** (la tecla x^2). Ahora ingresa el número [**36**] y, por último, haz clic en la tecla **ENTER**.
- **Raíces cúbicas**: Para hallar la raíz cúbica de un número, como por ejemplo **125**, primero ingresa el cubo en formato de número [**3**] y, luego, haz clic en la tecla **2nd** y en la tecla cuya función secundaria permite calcular una **raíz cuadrada**. Por último, ingresa el número para el que quieres hallar el cubo [**125**], y haz clic en **ENTER**.
- **Exponentes**: Para hacer cálculos con números expresados en notación científica, como 7.8×10^9, primero ingresa la base [**7.8**]. Ahora haz clic en la tecla de **notación científica** (ubicada justo debajo de la tecla **DATA**) y, luego, ingresa el número que funcionará como exponente [**9**]. Entonces, obtienes el resultado de 7.8×10^9.

Fórmulas para la Prueba de Razonamiento Matemático GED®

A continuación se pueden observar las fórmulas que se usarán en la nueva Prueba de Razonamiento Matemático GED®. En el ángulo superior izquierdo de la pantalla aparecerá un botón a través del cual se podrá acceder a la hoja de fórmulas para usar como referencia.

Área de un …

Paralelogramo:	$A = base \times altura\ (bh)$
Trapecio:	$A = \frac{1}{2}h\ (base_1 + base_2)$

Área total y volumen de un/una …

Prisma rectangular:	$SA = ph + 2B$	$V = Bh$
Cilindro:	$SA = 2\pi rh + 2\pi r^2$	$V = \pi r^2 h$
Pirámide:	$SA = \frac{1}{2}ps + B$	$V = \frac{1}{3}Bh$
Cono:	$SA = \pi rs + \pi r^2$	$V = \frac{1}{3}\pi r^2 h$
Esfera:	$SA = 4\pi r^2$	$V = \frac{4}{3}\pi r^3$

(p = perímetro de la base; B = área de la base; s = altura del lado inclinado; h = altura; r = radio; v = volumen; SA = área total; π = 3.14)

Álgebra

Pendiente de una línea:	$m = \dfrac{y_2 - y_1}{x_2 - x_1}$
Ecuación de una línea en la forma pendiente-intersección:	$y = mx + b$
Ecuación de una línea en la forma punto-pendiente:	$y - y_1 = m(x - x_1)$
Forma estándar de una ecuación cuadrática:	$y = ax^2 + bx + c$
Fórmula cuadrática:	$x = \dfrac{-b \pm \sqrt{b^2 - 4ac}}{2a}$
Teorema de Pitágoras:	$a^2 + b^2 = c^2$
Interés simple:	$I = prt$

(I = interés, p = principal, r = tasa, t = tiempo)

Consejos para realizar la prueba

La nueva Prueba de GED® incluye más de 160 ejercicios distribuidos en los exámenes de las cuatro asignaturas: Razonamiento a través de las Artes del Lenguaje, Razonamiento Matemático, Ciencias y Estudios Sociales. Los exámenes de las cuatro asignaturas requieren un tiempo total de evaluación de siete horas. Si bien la mayoría de los ejercicios consisten en preguntas de opción múltiple, hay una serie de ejercicios potenciados por la tecnología. Se trata de ejercicios en los que los estudiantes deben: elegir la respuesta correcta a partir de un menú desplegable; completar los espacios en blanco; arrastrar y soltar elementos; marcar un punto clave en una gráfica; ingresar una respuesta breve e ingresar una respuesta extendida.

A través de este libro y los que lo acompañan, te ayudamos a elaborar, desarrollar y aplicar destrezas de lectura y razonamiento indispensables para tener éxito en la Prueba de GED®. Como parte de una estrategia global, te sugerimos que uses los consejos que se detallan aquí, y en todo el libro, para mejorar tu desempeño en la Prueba de GED®.

➤ **Siempre lee atentamente las instrucciones para saber exactamente lo que debes hacer.** Como ya hemos mencionado, la Prueba de GED® de 2014 tiene un formato electrónico completamente nuevo que incluye diversos ejercicios potenciados por la tecnología. Si no sabes qué hacer o cómo proceder, pide al examinador que te explique las instrucciones.

➤ **Lee cada pregunta con detenimiento para entender completamente lo que se te pide.** Por ejemplo, algunos pasajes y gráficas pueden presentar más información de la que se necesita para responder correctamente una pregunta específica. Otras preguntas pueden contener palabras en negrita para enfatizarlas (por ejemplo, "¿Qué enunciado representa la corrección **más** adecuada para esta hipótesis?").

➤ **Administra bien tu tiempo para llegar a responder todas las preguntas.** Debido a que la Prueba de GED® consiste en una serie de exámenes cronometrados, debes dedicar el tiempo suficiente a cada pregunta, pero no *demasiado* tiempo. Por ejemplo, en la Prueba de Razonamiento Matemático GED®, tienes 115 minutos para responder aproximadamente 46 preguntas, es decir, un promedio de dos minutos por pregunta. Obviamente, algunos ejercicios requerirán más tiempo y otros menos, pero siempre debes tener presente la cantidad total de ejercicios y el tiempo total de evaluación. La nueva interfaz de la Prueba de GED® te ayuda a administrar el tiempo. Incluye un reloj en el ángulo superior derecho de la pantalla que te indica el tiempo restante para completar la prueba.

Además, puedes controlar tu progreso a través de la línea de **Pregunta**, que muestra el número de pregunta actual, seguido por el número total de preguntas del examen de esa asignatura.

➤ **Responde todas las preguntas, ya sea que sepas la respuesta o tengas dudas.** No es conveniente dejar preguntas sin responder en la Prueba de GED®. Recuerda el tiempo que tienes para completar cada prueba y adminístralo en consecuencia. Si deseas revisar un ejercicio específico al final de una prueba, haz clic en **Marcar para revisar** para señalar la pregunta. Al hacerlo, aparece una bandera amarilla. Es posible que, al final de la prueba, tengas tiempo para revisar las preguntas que has marcado.

➤ **Haz una lectura rápida.** Puedes ahorrar tiempo si lees cada pregunta y las opciones de respuesta antes de leer o estudiar el pasaje o la gráfica que las acompañan. Una vez que entiendes qué pide la pregunta, repasa el pasaje o el elemento visual para obtener la información adecuada.

➤ **Presta atención a cualquier palabra desconocida que haya en las preguntas.** Primero, intenta volver a leer la pregunta sin incluir la palabra desconocida. Luego, intenta usar las palabras que están cerca de la palabra desconocida para determinar su significado.

➤ **Vuelve a leer cada pregunta y vuelve a examinar el texto o la gráfica que la acompaña para descartar opciones de respuesta.** Si bien las cuatro respuestas son *posibles* en los ejercicios de opción múltiple, recuerda que solo una es *correcta*. Aunque es posible que puedas descartar una respuesta de inmediato, seguramente necesites más tiempo, o debas usar la lógica o hacer suposiciones, para descartar otras opciones. En algunos casos, quizás necesites sacar tu mejor conclusión para inclinarte por una de dos opciones.

➤ **Hazle caso a tu intuición al momento de responder.** Si tu primera reacción es elegir la opción A como respuesta a una pregunta, lo mejor es que te quedes con esa respuesta, a menos que determines que es incorrecta. Generalmente, la primera respuesta que alguien elige es la correcta.

UNIDAD 1

UNIDAD 1

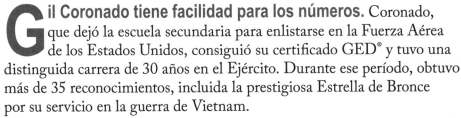

Gil Coronado

Después de obtener su certificado GED®, Gil Coronado tuvo una exitosa carrera en el Ejército y, más tarde, como jefe del Sistema de Servicio Selectivo.

©Selective Service System

Gil Coronado tiene facilidad para los números. Coronado, que dejó la escuela secundaria para enlistarse en la Fuerza Aérea de los Estados Unidos, consiguió su certificado GED® y tuvo una distinguida carrera de 30 años en el Ejército. Durante ese período, obtuvo más de 35 reconocimientos, incluida la prestigiosa Estrella de Bronce por su servicio en la guerra de Vietnam.

Cuando se retiró de las fuerzas armadas, Coronado continuó sirviendo a su país como subsecretario adjunto del Departamento de Asuntos de los Veteranos. En 1994, cuando fue nombrado noveno director del Sistema de Servicio Selectivo, Coronado aceptó un puesto que requería conocimientos de matemáticas y habilidad para la organización. Las leyes federales establecen que todos los hombres se inscriban en el Servicio Selectivo dentro de los 30 días de haber cumplido 18 años, lo que significa que se inscriben unos 1.8 millones de hombres por año.

Como director del Servicio Selectivo, Coronado dirigió a 180 empleados federales, 11,000 miembros de la Junta Directiva, más de 50 jefes estatales y 450 oficiales de reserva. También fue jefe de algunos directores regionales y del Centro de Medición de Datos. Como el primer director hispano de la agencia, Coronado modernizó el sistema para que los hombres pudieran inscribirse en línea.

A lo largo de su carrera, Coronado se mantuvo fiel a sus raíces. Abogó por la creación del Mes de la Herencia Hispana, que fue establecido por el Congreso en 1988. Fundó y dirigió el grupo "Héroes y Herencia" y fue miembro del Consorcio Nacional para el Acceso a la Educación.

RESUMEN DE LA CARRERA PROFESIONAL: *Gil Coronado*

- Nació y creció en San Antonio, Texas.
- Obtuvo su título universitario en la Universidad Our Lady of the Lake.
- Se graduó de varias escuelas de servicio militar.

- Sirvió en el Sudeste asiático durante la Guerra de Vietnam.
- Fue nombrado Comandante Europeo del Año.
- Fue incluido en el Salón de la Fama de la Escuela de Candidatos a Oficiales del Ejército de los EE. UU.

Sentido numérico y operaciones

Unidad 1: Sentido numérico y operaciones

Te encuentras rodeado de números. Ya sea para pagar cuentas, negociar un préstamo para un carro, hacer un presupuesto para pagar la renta o la comida, depositar un cheque o extraer dinero del banco, usas destrezas matemáticas básicas como la suma, la resta, la multiplicación y la división para realizar muchas tareas cotidianas.

De la misma forma, el sentido numérico y las operaciones son una parte importante de la Prueba de Razonamiento Matemático GED®. En la Unidad 1, estudiarás los números naturales, las operaciones, los números enteros, las fracciones, las razones y proporciones, los números decimales y los porcentajes, que te ayudarán a prepararte para la Prueba de Razonamiento Matemático GED®.

Contenido

LECCIÓN	PÁGINA
1: Números naturales	2–3
2: Operaciones	4–5
3: Números enteros	6–7
4: Fracciones	8–9
5: Razones y proporciones	10–11
6: Números decimales	12–13
7: Porcentaje	14–15
Repaso de la Unidad 1	**16–23**

©YinYang/E+/Getty Images

Las personas usan destrezas matemáticas esenciales para realizar tareas cotidianas como hacer presupuestos, pagar cuentas y ahorrar e invertir dinero.

Números naturales

TEMAS DE MATEMÁTICAS: Q.6.c
PRÁCTICA DE MATEMÁTICAS: MP.1.a, MP.1.b, MP.1.e, MP.2.c, MP.5.c

1 Aprende la destreza

Los **números naturales** se escriben con los dígitos del 0 al 9. El valor de un dígito en un número natural depende de su lugar. El valor de un número natural es la suma de los valores de sus dígitos. Al escribir un número natural, coloca comas cada tres dígitos comenzando desde la derecha.

Escribe un número natural en palabras tal como lo lees (por ejemplo, *doscientos doce* se escribiría en forma numérica como *212*). Para comparar y ordenar números naturales, compara los dígitos que tienen el mismo valor posicional. En algunos problemas, es posible que tengas que redondear los números naturales a un valor posicional determinado.

2 Practica la destreza

Para resolver problemas con éxito en la Prueba de Razonamiento Matemático GED®, debes comprender el valor posicional, cómo leer y escribir números naturales, cómo comparar y ordenar números naturales y cómo redondear números naturales. Lee el ejemplo y las estrategias que aparecen a continuación. Luego responde la pregunta.

a Las tablas hacen que sea más fácil comparar y organizar la información en filas y columnas rotuladas. La mayoría de las tablas, incluida esta, presentan información de izquierda a derecha y de arriba abajo.

b El valor de un número natural es la suma de los valores de sus dígitos. Por ejemplo, el valor del *4* es, en realidad, *40,000* porque está en el lugar de las decenas de millar.

c Cuando comparas números naturales, el número que tiene más dígitos es el mayor. Si dos números tienen la misma cantidad de dígitos, compara los dígitos de izquierda a derecha. Comprender estos símbolos te ayudará a comparar números naturales:
- = significa *igual a*
- > significa *es mayor que*
- < significa *es menor que*

Millones			Millares			Unidades		
centenas	decenas	unidades	centenas	decenas	unidades	centenas	decenas	unidades
				4	3	0	6	2

$$4 \times 10{,}000 = 40{,}000$$
$$3 \times 1{,}000 = 3{,}000$$
$$0 \times 100 = 000$$
$$6 \times 10 = 60$$
$$2 \times 1 = 2$$
$$= \mathbf{43{,}062}$$

$$43{,}0\underline{6}2 > 43{,}0\underline{4}1$$

El número *43,062* se lee y se escribe en palabras como **cuarenta y tres mil sesenta y dos.** Cuando se lo redondea al lugar de las centenas, 43,062 es **43,100.**

1. Carrie necesita redondear sus ingresos al lugar de los millares. ¿Cuánto es $56,832 redondeado al lugar de los millares?

A. $56,000
B. $56,800
C. $56,900
D. $57,000

CONSEJOS PARA REALIZAR LA PRUEBA

Encierra en un círculo el dígito que quieres redondear. Si el dígito que está a la derecha del dígito que encerraste es igual a o mayor que 5, agrega 1 al dígito que encerraste. Si es menor que 5, no cambies el dígito que encerraste.

③ Aplica la destreza

INSTRUCCIONES: Lee cada pregunta y elige la **mejor** respuesta.

2. Meredith hizo un cheque por $182 para pagar una cuenta. ¿Cómo se escribe 182 en palabras?

   A. ciento ocho y dos
   B. ciento ochenta y dos
   C. ciento ochentidós
   D. un ciento ochenta y dos

3. El Sr. Murphy redondea la puntuación de las pruebas de sus estudiantes al lugar de las decenas. La puntuación de Jonathan es 86. ¿Cuál es su puntuación redondeada al lugar de las decenas?

   A. 80
   B. 86
   C. 90
   D. 100

4. A cada libro de una biblioteca de historia se le asigna un número. Se ordenan los libros en estantes según su número. El rango de números de los estantes I a L se muestra a continuación.

   Estante I   1337–1420
   Estante J   1421–1499
   Estante K   1500–1622
   Estante L   1623–1708

   ¿En qué estante encontrarías un libro con el número 1384?

   A. Estante I
   B. Estante J
   C. Estante K
   D. Estante L

5. Michael nadó 2,450 yardas el lunes, 2,700 yardas el martes y 2,250 yardas el miércoles. ¿Cuál es el orden de las distancias que nadó, en yardas, de menor a mayor?

   A. 2,450; 2,700; 2,250
   B. 2,250; 2,700; 2,450
   C. 2,250; 2,450; 2,700
   D. 2,700; 2,450; 2,250

6. Michael nadó otras 2,500 yardas el jueves. Ordena los días teniendo en cuenta la distancia que nadó, en yardas, de mayor a menor.

   A. lunes, martes, miércoles, jueves
   B. martes, jueves, lunes, miércoles
   C. miércoles, lunes, jueves, martes
   D. martes, jueves, miércoles, lunes

7. Un ciclista profesional recorrió 22,755 millas en 2005, 20,564 millas en 2006 y 23,804 millas en 2007. Si se ordenaran los tres años teniendo en cuenta las millas recorridas, de menor a mayor, ¿cómo se ordenarían?

   A. 2006, 2005, 2007
   B. 2006, 2007, 2005
   C. 2005, 2007, 2006
   D. 2007, 2005, 2006

INSTRUCCIONES: Estudia la información y la tabla, lee cada pregunta y elige la **mejor** respuesta.

En la tabla que aparece a continuación, se muestran las ventas mensuales de una tienda de artículos deportivos para los seis primeros meses del año.

Ventas mensuales	
Enero	$155,987
Febrero	$150,403
Marzo	$139,605
Abril	$144,299
Mayo	$149,355
Junio	$148,260

8. A partir de la tabla, ¿en qué mes la tienda vendió más?

   A. enero
   B. febrero
   C. marzo
   D. mayo

9. ¿En qué mes es posible que la tienda quiera realizar una venta especial?

   A. marzo
   B. abril
   C. mayo
   D. junio

10. A partir de la tabla, ¿qué tendencia de ventas puedes determinar?

   A. La gente compró más artículos deportivos durante el comienzo de la primavera.
   B. Las ventas alcanzaron su punto más alto en los meses de invierno.
   C. Las ventas mensuales se mantuvieron desde enero a junio.
   D. La gente compró más artículos deportivos a medida que se acercaba el verano.

Operaciones

TEMAS DE MATEMÁTICAS: Q.1.b, Q.2.a, Q.2.e, Q.7.a
PRÁCTICA DE MATEMÁTICAS: MP.1.a, MP.1.b, MP.2.c, MP.3.a, MP.4.a, MP.5.c

UNIDAD 1

❶ Aprende la destreza

Las cuatro operaciones matemáticas básicas son la suma, la resta, la multiplicación y la división. Agrega cantidades para hallar una **suma**, o total. Resta para hallar la **diferencia** entre dos cantidades.

Multiplica cantidades para hallar un **producto** si necesitas sumar un número varias veces. Divide para separar una cantidad en grupos iguales. El **dividendo** es la cantidad inicial. El **divisor** es el número entre el cual divides. El **cociente** es el resultado.

Los **factores** son números que se pueden multiplicar entre sí para obtener otro número. Los factores de un número natural son otros números naturales, excepto el 1, entre los que se divide el número natural original sin que quede residuo.

❷ Practica la destreza

Para resolver problemas con éxito en la Prueba de Razonamiento Matemático GED®, debes determinar qué operación u operaciones debes hacer y cuál es el orden correcto en que debes hacerlas. Lee los ejemplos y las estrategias que aparecen a continuación. Luego responde la pregunta.

ⓐ Suma los números de cada columna, de derecha a izquierda. Si la suma de una columna de dígitos es mayor que 9, reagrupa en la columna siguiente hacia la izquierda.

ⓒ Multiplica el dígito de las unidades del número que está abajo por todos los dígitos del número que está arriba. Alinea cada resultado, o producto parcial, debajo del dígito por el que multiplicaste. Usa ceros como marcadores de posición. Cuando hayas multiplicado los dígitos del número que está arriba por todos los dígitos del número que está abajo, suma los productos parciales.

ⓐ Suma

$$\begin{array}{r} {}^{1} \\ 482 \\ + 208 \\ \hline 690 \end{array}$$

ⓒ Multiplicación

$$\begin{array}{r} {}^{2} \\ {}^{3} \\ 482 \\ \times\ \ 34 \\ \hline {}^{1}1{,}928 \\ \times\ 14{,}460 \\ \hline 16{,}388 \end{array}$$

ⓑ Para restar, alinea los dígitos según su valor posicional. Resta los números de cada columna, de derecha a izquierda. Cuando un dígito del número que está abajo es mayor que el dígito del número que está arriba, reagrupa.

ⓑ Resta

$$\begin{array}{r} {}^{7\,12} \\ 48\cancel{2} \\ - 208 \\ \hline 274 \end{array}$$

ⓓ División

$$\begin{array}{r} 517 \text{ R12} \\ 14\overline{)7250} \\ -70 \\ \hline 25 \\ -14 \\ \hline 110 \\ -98 \\ \hline 12 \end{array}$$

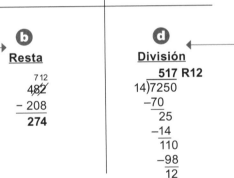

ⓓ

$$14 \times 5 = -70$$
$$14 \times 1 = -14$$
$$14 \times 7 = -98$$

517 R12
14)7250
25
110
12

TECNOLOGÍA PARA
LA PRUEBA

Para las pruebas en las que se usan computadoras, se necesitan destrezas con el ratón y el teclado. En los ítems en los que hay que completar los espacios, se debe colocar el cursor sobre el recuadro de respuesta, hacer clic para activarlo y luego teclear la respuesta.

1. Shirley tiene $1,256 en su cuenta bancaria. Extrae $340. ¿Cuánto dinero le queda en la cuenta?

   A. $816
   B. $916
   C. $926
   D. $996

★ Ítem en foco: COMPLETAR LOS ESPACIOS

INSTRUCCIONES: Lee cada pregunta. Luego escribe tus respuestas en los recuadros que aparecen a continuación.

2. Alex condujo desde Denver, Colorado, hasta Chicago, Illinois, en dos días. El primer día recorrió 467 millas. El segundo día recorrió 583 millas. ¿Cuál es la distancia total que recorrió?

3. Durante un juego de palabras, Alicia obtuvo 307 puntos. Como no pudo usar todas sus letras, tuvo que restar 19 puntos cuando terminó el juego. ¿Cuál fue su puntuación final?

4. Juan trabaja 40 h por semana. Gana $9 por h. ¿Cuánto dinero gana Juan en una semana?

5. Carl paga $45 por mes por el seguro de su carro. ¿Cuánto dinero gasta para asegurar su carro durante 1 año?

6. Cuatro amigos fueron a comer pizza. El costo total de los aperitivos, la pizza y las bebidas fue $64. Si los amigos repartieron el costo en partes iguales, ¿cuánto pagó cada uno?

7. Sin contar el 1 y el 60, ¿cuántos números naturales son factores del número 60?

8. Cada mes, Anna paga $630 de renta. ¿Cuánto dinero paga de renta en 18 meses?

9. El mariscal de campo del equipo favorito de fútbol americano de Scott está cerca de haber hecho lanzamientos por un total de 4,000 yardas esta temporada. Ha hecho lanzamientos por 3,518 yardas y todavía faltan dos juegos. ¿Cuántas yardas, en promedio, deben recorrer sus lanzamientos en los últimos dos juegos para que alcance su meta de 4,000 yardas?

10. ¿Qué número natural es el factor común mayor de los números 36 y 20?

11. Sin incluir el 1, ¿cuál es el menor número natural que tiene a 6 y 9 como factores?

INSTRUCCIONES: Estudia el diagrama. Luego escribe tu respuesta en el recuadro que aparece a continuación.

504 pies cuad

12. Claire está comprando bolsas de mantillo para cubrir su huerta. Una bolsa de mantillo cubrirá 12 pies cuadrados. ¿Cuántas bolsas de mantillo necesitará Claire?

Números enteros

TEMAS DE MATEMÁTICAS: Q.1.d, Q.2.a, Q.2.e, Q.6.c
PRÁCTICA DE MATEMÁTICAS: MP.1.a, MP.1.b, MP.1.c, MP.2.c, MP.3.a, MP.4.a

UNIDAD 1

1 Aprende la destreza

Los **números enteros** son los números naturales positivos (1, 2, 3,…), sus opuestos o números negativos (−1, −2, −3,…) y el cero. Los números positivos muestran un aumento y se pueden escribir con o sin el signo de la suma. Los números negativos muestran una disminución y se escriben con un signo negativo. Los números enteros se pueden sumar, restar, multiplicar y dividir. Existen reglas específicas para sumar, restar, multiplicar y dividir números enteros.

En algunos casos, es posible que debas determinar el **valor absoluto** de un número entero, o su distancia desde 0. Los valores absolutos siempre son mayores que o iguales a cero, nunca son negativos. Entonces, el valor absoluto tanto de 9 como de −9 es 9.

2 Practica la destreza

En muchos problemas matemáticos que se relacionan con situaciones del mundo real se usan números enteros. Debes comprender y seguir las reglas para sumar, restar, multiplicar y dividir números enteros para resolver estos problemas en la Prueba de Razonamiento Matemático GED®. Lee los ejemplos y las estrategias que aparecen a continuación. Luego responde la pregunta.

a Si los números enteros tienen el mismo signo, suma y mantén el signo que tienen en común. Si los números enteros tienen signos diferentes, halla la diferencia. Luego usa el signo del número con mayor valor absoluto.

b Para restar un número entero, súmale su opuesto. Por ejemplo, el opuesto de −5 es +5.

c Para multiplicar o dividir números enteros: si los signos son iguales, el resultado será positivo. Si los signos son diferentes, el resultado será negativo.

OPERACIONES CON NÚMEROS ENTEROS

Sumar números enteros

$(+4) + (+7) = +11$ $\qquad$ $(-5) + (-9) = -14$

$(-8) + (+4) = -4$ $\qquad$ $(-5) + (+12) = +7$

Restar números enteros

$(+8) - (-5) = (+8) + (+5) = 13$

$8 - 5 = 8 + (-5) = 3$

Multiplicar y dividir números enteros

$(4)(5) = +20$ $\qquad$ $(-4)(5) = -20$

$(-4)(-5) = 20$ $\qquad$ $(4)(-5) = -20$

$18 \div 9 = 2$ $\qquad$ $(-18) \div 9 = -2$

$(-18) \div (-9) = 2$ $\qquad$ $18 \div (-9) = -2$

CONSEJOS PARA REALIZAR LA PRUEBA

Tal vez te ayude usar una recta numérica para resolver problemas con números enteros. Para resolver 12 − (−3), comienza en −3 y cuenta los espacios hasta 12. Verás que la distancia es +15.

-4 -2 0 2 4 6 8 10 12 14

1. Por la mañana, la temperatura era −3 °F. Para la mitad de la tarde, la temperatura era 12 °F. ¿Cuál fue el cambio de temperatura entre la mañana y la tarde?

    A. −15 °F
    B. −9 °F
    C. 9 °F
    D. 15 °F

⭐ Ítem en foco: **COMPLETAR LOS ESPACIOS**

INSTRUCCIONES: Lee cada pregunta y escribe tu respuesta en el recuadro que aparece a continuación.

2. Uyen tiene un saldo de $154 en su cuenta de ahorro. Extrae $40 en un cajero automático. ¿Cuál es su nuevo saldo?

3. En un juego de mesa, Dora se mueve 3 casillas hacia delante, 4 casillas hacia atrás y otras 8 casillas hacia delante en un turno. ¿Cuál es su ganancia o pérdida de espacios neta?

Había 3,342 estudiantes inscritos en una universidad. De esos estudiantes, 587 se graduaron en mayo. Durante el verano, 32 estudiantes dejaron la universidad y durante el otoño, se inscribieron 645 estudiantes nuevos.

4. ¿Cuántos estudiantes había inscritos en otoño?

5. ¿Cuál es el cambio en el número de estudiantes inscritos entre mayo y el otoño siguiente?

INSTRUCCIONES: Lee cada pregunta y elige la **mejor** respuesta.

6. La casa de Sasha está a 212 pies sobre el nivel del mar. Ella hizo buceo y descendió hasta los 80 pies bajo el nivel del mar. ¿Qué número entero describe el cambio de posición de Sasha desde su casa hasta el punto más bajo al que llegó buceando?

A. −292
B. −132
C. 132
D. 292

INSTRUCCIONES: Estudia la recta numérica, lee la pregunta y elige la **mejor** respuesta.

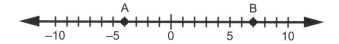

7. El valor absoluto de la diferencia entre dos números es la distancia que hay entre los dos números en la recta numérica. ¿Cuál es el valor absoluto de la diferencia entre los puntos *A* y *B*?

A. −11
B. −3
C. 3
D. 11

INSTRUCCIONES: Estudia la información y la tabla, lee la pregunta y elige la **mejor** respuesta.

Melanie jugó un juego y anotó su puntuación. En la tabla se muestran los puntos que obtuvo en cada ronda.

PUNTOS QUE OBTUVO MELANIE

Ronda	Puntos obtenidos
1	8
2	−6
3	−4
4	3
5	4

8. ¿Cuál era la puntuación de Melanie al final de la Ronda 5?

A. 25
B. 15
C. 7
D. 5

9. Melanie jugó una sexta ronda y obtuvo −8. ¿Cuál fue su puntuación total?

A. −13
B. −3
C. 13
D. 18

Fracciones

TEMAS DE MATEMÁTICAS: Q.1.a, Q.1.b, Q.1.d, Q.2.a, Q.2.d, Q.2.e, Q.6.c
PRÁCTICA DE MATEMÁTICAS: MP.1.a, MP.1.b, MP.1.e, MP.2.c, MP.3.a, MP.4.a

UNIDAD 1

❶ Aprende la destreza

Una **fracción** muestra una parte de un entero o una parte de un grupo al separar dos números con una barra de fracciones. El número de abajo se llama **denominador**. Indica el número de partes iguales que hay en un entero; si el denominador es 0, la fracción es indefinida. La parte de arriba se llama **numerador**. Indica el número de partes iguales que se tienen en cuenta.

❷ Practica la destreza

Al practicar operaciones con fracciones propias, fracciones impropias y números mixtos, mejorarás tus capacidades de estudio y evaluación, especialmente en relación con la Prueba de Razonamiento Matemático GED®. Estudia los ejemplos y las estrategias que aparecen a continuación. Luego responde la pregunta.

ⓐ Una fracción propia muestra una cantidad menor que 1, como $\frac{4}{5}$. Una fracción impropia, como $\frac{5}{4}$, es aquella en la que el numerador es mayor que el denominador.

ⓑ Para sumar o restar fracciones, halla un denominador común (por ejemplo, 8), vuelve a escribir las fracciones de manera que tengan un denominador común y escribe el resultado como la suma de los numeradores sobre el denominador común. Una fracción impropia puede expresarse como un número mixto.

ⓒ Para multiplicar fracciones, primero multiplica los numeradores y luego multiplica los denominadores. Para dividir dos fracciones, multiplica el dividendo por el inverso del divisor. Siempre escribe los resultados en su mínima expresión (por ejemplo, $\frac{15}{18} \rightarrow \frac{5}{6}$).

Sumar $\quad \frac{3}{4} + \frac{5}{8} \rightarrow \frac{3 \times 2}{4 \times 2} = \frac{6}{8} \quad \frac{6}{8} + \frac{5}{8} = \frac{11}{8} = 1\frac{3}{8}$

Restar $\quad \frac{3}{4} - \frac{5}{8} \rightarrow \frac{3 \times 2}{4 \times 2} = \frac{6}{8} \quad \frac{6}{8} - \frac{5}{8} = \frac{1}{8}$

Multiplicar $\frac{3}{4} \times \frac{5}{8} \rightarrow \frac{3}{4} \times \frac{5}{8} = \frac{15}{32}$

Dividir $\quad \frac{5}{9} \div \frac{2}{3} \rightarrow \frac{5}{9} \div \frac{2}{3} = \frac{5}{9} \times \frac{3}{2} = \frac{15}{18} = \frac{5}{6}$

Sumar $\quad 4\frac{5}{6} + 2\frac{1}{4}$

$4\frac{5}{6} + 2\frac{1}{4} = 4\frac{5 \times 2}{6 \times 2} + 2\frac{1 \times 3}{4 \times 3} = 4\frac{10}{12} + 2\frac{3}{12} = 6\frac{13}{12} = 7\frac{1}{12}$

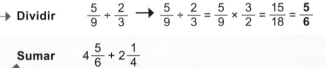

ⓓ Para sumar números mixtos, primero halla un denominador común. Luego suma las fracciones. Si la suma es una fracción impropia, conviértela en un número mixto. Luego suma el número natural y la suma de las fracciones a la suma de los números naturales. Para multiplicar y dividir números mixtos, primero expresa los números mixtos como fracciones impropias.

CONSEJOS PARA REALIZAR LA PRUEBA

Si tienes dificultades para hallar el mínimo común denominador, multiplica los denominadores entre sí para hallar un denominador común.

1. En el refrigerador de Eric, hay dos envases de leche. Uno tiene $\frac{3}{5}$ de galón de leche. El otro tiene $\frac{3}{4}$ de galón de leche. ¿Cuántos galones de leche hay en el refrigerador de Eric?

   A. $\frac{9}{20}$

   B. $\frac{6}{11}$

   C. $1\frac{7}{20}$

   D. $1\frac{9}{20}$

★ Ítem en foco: **ARRASTRAR Y SOLTAR**

INSTRUCCIONES: Examina la información y la tabla. Luego lee cada pregunta y usa las opciones de arrastrar y soltar para completar cada respuesta.

En una carrera de relevos con agua, cada equipo debe llenar un vaso con agua, correr hasta un tazón y volcar el agua del vaso en el tazón. La carrera se termina cuando un equipo llena completamente su tazón. La tabla que aparece a continuación muestra los resultados de la carrera.

RESULTADOS DE LA CARRERA DE RELEVOS CON AGUA

Equipo	Capacidad del tazón
Equipo 1	$\frac{1}{2}$
Equipo 2	$\frac{1}{1}$
Equipo 3	$\frac{3}{5}$
Equipo 4	$\frac{1}{3}$
Equipo 5	$\frac{4}{5}$

2. Comenzando con el equipo que terminó en primer lugar, ordena los equipos teniendo en cuenta en qué posición terminaron.

Equipo ☐, Equipo ☐, Equipo ☐,

Equipo ☐, Equipo ☐

| 1 | 2 | 3 | 4 | 5 |

3. Si se vertiera el contenido del tazón del Equipo 4 dentro del tazón del Equipo 1, ¿qué ecuación aritmética expresaría la cantidad combinada?

$\frac{1}{3} + \frac{1}{2} = \dfrac{\square}{\square}$

| 1 | 2 | 3 | 4 | 5 | 6 |

INSTRUCCIONES: Lee cada pregunta. Luego usa las opciones de arrastrar y soltar para completar cada respuesta.

4. Jenny necesita sumar $2\frac{3}{4}$ y $1\frac{5}{8}$. Debe hallar un denominador común. ¿Qué fracciones impropias, expresadas con su mínimo común denominador, corresponden a los dos números?

$\dfrac{\square}{\square}, \dfrac{13}{\square}$

| 3 | 4 | 5 | 8 | 11 | 22 |

5. Clark está haciendo galletas. Necesita $2\frac{1}{2}$ tazas de harina. ¿Qué ecuación aritmética expresa correctamente la cantidad de veces que debe llenar su taza graduada de $\frac{1}{2}$ taza para obtener $2\frac{1}{2}$ tazas?

$2\frac{1}{2}$ tazas $\div \frac{1}{2}$ taza $= \dfrac{\square}{2} \times \dfrac{\square}{\square} = \square$

| 1 | 2 | 3 | 4 | 5 |

INSTRUCCIONES: Examina la información y la recta numérica. Luego lee la pregunta y usa las opciones de arrastrar y soltar para completar la respuesta.

En la siguiente recta numérica se muestra el intervalo de 0 a 1, dividido en 20 segmentos iguales.

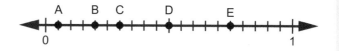

6. Enumera en orden creciente los valores fraccionarios de los puntos señalados, reducidos a su mínima expresión.

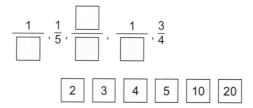

$\dfrac{1}{\square}, \dfrac{1}{5}, \dfrac{\square}{\square}, \dfrac{1}{\square}, \dfrac{3}{4}$

| 2 | 3 | 4 | 5 | 10 | 20 |

Razones y proporciones

TEMAS DE MATEMÁTICAS: Q.2.a, Q.2.e, Q.3.a, Q.3.c, Q.6.c
PRÁCTICA DE MATEMÁTICAS: MP.1.a, MP.1.b, MP.1.e, MP.2.c, MP.3.a, MP.4.a

UNIDAD 1

1 Aprende la destreza

Una **razón** es una comparación de dos números. Puedes escribir una razón como una fracción, usando la palabra *a* o con dos puntos (:). Una **proporción** es una ecuación con una razón de cada lado. Las razones son iguales. Puedes usar proporciones para resolver problemas relacionados con razones iguales.

2 Practica la destreza

Al practicar la destreza de resolver razones y proporciones, mejorarás tus capacidades de estudio y evaluación, especialmente en relación con la Prueba de Razonamiento Matemático GED®. Estudia la información que aparece a continuación. Luego responde la pregunta.

a Una razón es diferente de una fracción. El número de abajo, o el segundo número, de una razón no necesariamente representa un entero. Por lo tanto, no necesitas convertir las fracciones impropias en números mixtos. Sin embargo, las razones sí deben simplificarse.

b Una **tasa por unidad** es una razón con denominador 1. Se puede expresar usando la palabra *por*.

c En una proporción, los productos cruzados son iguales. Usa los productos cruzados para resolver proporciones. Si falta uno de los cuatro términos, haz una multiplicación cruzada y divide el producto entre el tercer número (el número que no usaste en la multiplicación cruzada) para hallar el número que falta.

Razón

Jonathan gana $10 en 1 h.

La razón de dólares que gana a h es $\frac{10}{1}$, 10 a 1 ó 10:1.

También puede escribirse como $10 por h.

Proporción

$$\frac{3}{4} = \frac{6}{8}$$

$$4 \times 6 = 8 \times 3$$
$$24 = 24$$

$$\frac{9}{12} = \frac{3}{x}$$

$$9x = 12 \times 3$$
$$9x = 36$$
$$x = 4$$

USAR LA LÓGICA

Cuando escribes una proporción para resolver un problema, los términos de ambas razones deben escribirse en el mismo orden. En el problema 1, los números de arriba pueden representar galones y los números de abajo pueden representar el costo.

1. Carleen compró 3 galones de leche por $12. ¿Cuánto costarían 4 galones de leche?

   A. $9
   B. $12
   C. $16
   D. $18

3 Aplica la destreza

INSTRUCCIONES: Lee cada pregunta y elige la **mejor** respuesta.

2. En un viaje, Sam recorre un promedio de 65 millas por h. ¿Cuántas h le tomará recorrer 260 millas?

   A. 3
   B. 4
   C. 5
   D. 6

3. El equipo de básquetbol Jammers tuvo una razón de triunfos a derrotas de 5:1 durante la temporada. Ganaron 25 juegos. ¿Cuántos juegos perdieron?

   A. 5
   B. 6
   C. 7
   D. 8

4. Una tienda vendió 92 pantalones y 64 camisas. ¿Cuál es la razón del número de pantalones vendidos al número de camisas vendidas?

   A. 23:16
   B. 16:23
   C. 64:92
   D. 16:92

5. Amanda recorrió 558 millas en 9 h. ¿Cuál es la tasa por unidad que describe su viaje?

   A. 52 millas por h
   B. 61 millas por h
   C. 62 millas por h
   D. 71 millas por h

6. Jill mezcló 2 tazas de azúcar con 10 tazas de agua para preparar limonada. ¿Qué razón de azúcar a agua usó?

   A. $\frac{1}{5}$

   B. $\frac{2}{10}$

   C. $\frac{5}{1}$

   D. $\frac{10}{2}$

INSTRUCCIONES: Lee cada pregunta y elige la **mejor** respuesta.

7. La clase de preparación para la prueba de GED® tiene una razón de maestros a estudiantes de 1:12. Si hay 36 estudiantes en la clase, ¿cuántos maestros hay presentes?

   A. 2
   B. 3
   C. 4
   D. 6

8. Sarah puede recorrer 4 millas en 20 minutos con su bicicleta. ¿Cuántas millas puede recorrer en 120 minutos?

   A. 12
   B. 15
   C. 24
   D. 480

9. En una excursión, la razón de adultos a niños es 2:7. Si hay 14 adultos en la excursión, ¿cuántos niños hay?

   A. 1
   B. 7
   C. 28
   D. 49

10. La razón de carros a camionetas en un concesionario de carros es $\frac{3}{2}$. Si hay 144 carros en el concesionario, ¿cuántas camionetas hay?

    A. 288
    B. 240
    C. 216
    D. 96

11. En la última temporada de fútbol americano universitario, Max hizo 32 anotaciones y solo 12 intercepciones. En su mínima expresión, ¿cuál es la razón de anotaciones a intercepciones?

    A. 16:6
    B. 8:3
    C. 8:2
    D. 4:1

UNIDAD 1

Números decimales

TEMAS DE MATEMÁTICAS: Q.1.a, Q.2.a, Q.2.e, Q.6.c
PRÁCTICA DE MATEMÁTICAS: MP.1.a, MP.1.b, MP.1.e, MP.2.c, MP.3.a, MP.3.c, MP.4.a

UNIDAD 1

1 Aprende la destreza

Un **número decimal** es otra forma de escribir una fracción y usa el sistema de valor posicional de base diez. Puedes comparar y ordenar números decimales usando el valor posicional. Los números decimales incluyen valores posicionales, como décimos, centésimos y milésimos, y pueden representar cantidades mucho menores que 1. Puedes redondear números decimales de la misma forma en que lo haces con los números naturales.

Al igual que con las fracciones, puedes sumar, restar, multiplicar y dividir números decimales. Cuando haces operaciones con números decimales, debes prestar especial atención a la ubicación del punto decimal. Por ejemplo, cuando sumas o restas, escribe los números de manera que los valores posicionales y los puntos decimales estén alineados.

2 Practica la destreza

Al practicar la destreza de realizar operaciones con números decimales, mejorarás tus capacidades de estudio y evaluación, especialmente en relación con la Prueba de Razonamiento Matemático GED®. Estudia la tabla y la información que aparecen a continuación. Luego responde la pregunta.

a Los números naturales se encuentran a la izquierda del punto decimal y los decimales se encuentran a la derecha. Cada lugar en un decimal vale 10 veces más que el lugar que está a su derecha y un décimo del lugar que está a su izquierda. Compara decimales de la misma manera en que lo harías con números naturales: lugar por lugar, de izquierda a derecha.

b Para sumar o restar, alinea los puntos decimales. Luego suma o resta al igual que con los números naturales.

Comparar números decimales

Compara los siguientes números decimales usando los signos > ó <.

0.285 **>** 0.231   14.359 **<** 14.374

0.458 **<** 0.559   17.117 **<** 17.329

Operaciones con números decimales

Suma	Resta	División
3.234	25.952	**12.283**
+ 5.631	− 3.711	8)98.264
8.865	22.241	−8
		18
		−16
		22
		−16
		66
		−64
		24

Multiplicación

$$5.\overset{1}{6}\overset{4}{1} \leftarrow \text{2 lugares decimales}$$
$$\times\ 3.8 \leftarrow \text{1 lugar decimal}$$
$$\overline{4488}$$
$$+\ 16830$$
$$\mathbf{21.318} \leftarrow \text{3 lugares decimales}$$

c Multiplica de la misma forma en que lo haces con los números naturales. El número de lugares decimales del producto es la suma de los números de lugares decimales de los factores. Divide de la misma forma en que lo haces con los números naturales, pero primero mueve los puntos decimales del divisor y del dividendo la misma cantidad de lugares para hacer que el divisor sea un número natural.

CONSEJOS PARA REALIZAR LA PRUEBA

Para multiplicar por 10, mueve el decimal un lugar hacia la derecha. Para dividir entre 100, mueve el decimal dos lugares hacia la izquierda. El número de ceros indica la cantidad de lugares que debes moverte.

1. Molly compró café por $2.95 y un panecillo por $1.29. Pagó con un billete de $5. ¿Cuánto recibió de cambio?

    A. $0.76
    B. $0.86
    C. $2.05
    D. $4.24

INSTRUCCIONES: Estudia la información y la tabla, lee cada pregunta y elige la **mejor** respuesta.

El entrenador Steve tenía que comprar nuevos equipos de fútbol para la próxima temporada.

Equipo	Precio	Cantidad
Pelota	$12.95	6
Canilleras	$10.95	12 conjuntos
Rodilleras	$8.95	12 conjuntos
Uniformes	$17.00	12 conjuntos

2. ¿Cuánto gastará el entrenador Steve en uniformes y pelotas?

   A. $47.95
   B. $97.80
   C. $211.77
   D. $281.70

3. ¿Cuánto más gastará el entrenador Steve en canilleras que en rodilleras?

   A. $16.00
   B. $24.00
   C. $36.00
   D. $48.00

INSTRUCCIONES: Estudia la información y la tabla, lee cada pregunta y elige la **mejor** respuesta.

Los fiambres en fetas se venden por libra. Shana compró cuatro fiambres distintos en la tienda de comestibles.

Fiambre	Peso
Pollo	1.59 libras
Pavo	2.07 libras
Jamón	1.76 libras
Rosbif	2.15 libras

4. ¿Qué paquete de fiambre pesaba menos?

   A. el de pollo
   B. el de pavo
   C. el de jamón
   D. el de rosbif

5. ¿Cuántos paquetes de fiambre pesaban menos de 2.25 libras?

   A. 1
   B. 2
   C. 3
   D. 4

INSTRUCCIONES: Lee cada pregunta y elige la **mejor** respuesta.

6. La empresa Más Papel vende resmas de papel a $5.25 cada una. La empresa Papel en Oferta vende las mismas resmas de papel a $3.99 cada una. ¿Cuánto ahorrarías si compras 15 resmas de papel en Papel en Oferta en lugar de comprarlas en Más Papel?

   A. $1.26
   B. $18.90
   C. $78.75
   D. $138.60

INSTRUCCIONES: Estudia la información y la tabla, lee cada pregunta y elige la **mejor** respuesta.

El equipo de softball Guerreros tenía cinco jugadores que competían por el título de mejor bateador de la liga.

Jugador	Promedio de bateo
Jennifer	.3278
Ellen	.3292
Krysten	.3304
Marti	.3289

7. Marti cree que si la temporada terminara hoy, ella ganaría el título de mejor bateador. ¿Cuál de las opciones explica cuál es el error en su razonamiento?

   A. Buscó el promedio de bateo más bajo.
   B. Comparó los dígitos del lugar de los décimos.
   C. Redondeó todos los promedios de bateo al milésimo más próximo.
   D. Comparó los dígitos de derecha a izquierda.

8. ¿Qué jugador tenía el promedio de bateo más alto?

   A. Jennifer
   B. Ellen
   C. Krysten
   D. Marti

Porcentaje

TEMAS DE MATEMÁTICAS: Q.2.a, Q.2.e, Q.3.c, Q.3.d, Q.6.c
PRÁCTICA DE MATEMÁTICAS: MP.1.a, MP.1.b, MP.1.e, MP.2.c, MP.3.a, MP.4.a

UNIDAD 1

① Aprende la destreza

Al igual que las fracciones y los números decimales, los **porcentajes** muestran una parte de un entero. Recuerda que, en las fracciones, un entero puede estar dividido entre cualquier número de partes iguales. En un número decimal, el número de partes iguales debe ser una potencia de 10. Los porcentajes siempre comparan cantidades con 100. El signo de porcentaje, %, significa "de 100".

Existen tres partes principales en un problema con porcentaje: la base, la parte y la tasa. La **base** es la cantidad total. La **parte** es una porción del entero o base. La **tasa** indica cómo se relacionan la base y el entero. La tasa siempre está junto a un signo de porcentaje. Puedes usar proporciones para resolver problemas con porcentajes.

② Practica la destreza

Al practicar las destrezas de hallar porcentajes y resolver problemas con porcentajes, mejorarás tus capacidades de estudio y evaluación, especialmente en relación con la Prueba de Razonamiento Matemático GED®. Estudia la tabla y la información que aparecen a continuación. Luego responde la pregunta.

ⓐ Para convertir una fracción en un número decimal, divide el numerador entre el denominador. Para convertir un número decimal en una fracción, escribe los dígitos decimales como el numerador y el valor posicional del último dígito como el denominador. Simplifica. Para escribir un número decimal como un porcentaje, multiplica por 100. Haz el proceso a la inversa para escribir un porcentaje como un número decimal. Para escribir un porcentaje como una fracción, escribe el porcentaje como el numerador de una fracción con denominador 100 y luego simplifica.

Fracción	Número decimal	Porcentaje
$\frac{1}{5}$	$1 \div 5 = 0.2$	$0.2 \times 100 = 20 \rightarrow 20\%$
$\frac{1}{4} = \frac{25}{100}$	$25 \div 100 = 0.25$	25%
$\frac{1}{2} = \frac{50}{100}$		50%

Usar una proporción

Zach respondió correctamente el 86% de las preguntas de un examen de matemáticas. Si había 50 preguntas, ¿cuántas preguntas respondió correctamente?

$$\frac{\text{Parte}}{\text{Base}} = \frac{\text{Tasa}}{100} \quad \frac{?}{50} = \frac{86}{100} \quad 50 \times 86 = 4300 \rightarrow 4300 \div 100 = \textbf{43 preguntas}$$

ⓑ Para hallar un porcentaje de cambio, resta la cantidad original de la cantidad nueva para hallar la cantidad de cambio. Divide la diferencia entre la cantidad original. Convierte el número decimal en un porcentaje. Para calcular el interés (*I*), multiplica la cantidad prestada (*p*) por la tasa (*r*), escrita como un número decimal, y el tiempo (*t*), escrito en años.

Hallar el porcentaje de aumento o disminución

El año pasado, Kareem pagó $750 por mes de renta. Este año paga $820 por mes. ¿Cuál es el porcentaje de aumento?

$820 − $750 = $70.00

$70.00 ÷ $750 = 0.09

0.09 × 100 = **9%**

Problemas con interés

Kelly obtuvo un préstamo de $20,000 por 4 años a un interés del 3%. ¿Cuánto interés (*I*) pagará?

$I = prt$

$I = \$20,000 \times 0.03 \times 4$

$I = \textbf{\$2,400}$

USAR LA LÓGICA

Recuerda que una fracción es una razón de una parte a un entero. Un porcentaje es una razón con denominador 100. Cuando uses una proporción, coloca la tasa sobre 100 para igualarla con la parte sobre la base.

1. En un vecindario, 27 de los 45 niños están en la escuela primaria. ¿Qué porcentaje de los niños del vecindario están en la escuela primaria?

   A. 20%
   B. 40%
   C. 60%
   D. 166%

Aplica la destreza

⭐ Ítem en foco: MENÚ DESPLEGABLE

INSTRUCCIONES: Lee cada situación y elige la opción que **mejor** complete cada oración.

2. La Boutique de Shelly está anunciando un 25% de descuento en toda la mercadería.

   Mientras dure esta oferta, los clientes ahorrarán [Menú desplegable] del precio original.

   A. $\frac{1}{4}$ B. $\frac{1}{2}$ C. $\frac{2}{3}$ D. $\frac{3}{4}$

3. Electricidad Urbana suministra electricidad a $\frac{1}{8}$ de los hogares de Ciudad Central.

   Electricidad Urbana suministra electricidad al [Menú desplegable] % de los hogares.

   A. 8   B. 10.5   C. 12.5   D. 80

4. En una encuesta, 0.22 de los encuestados respondió "Sí" a la pregunta "¿Consideraría votar a un candidato de un tercer partido?"

   [Menú desplegable] de los encuestados respondió "No".

   A. $\frac{11}{50}$ B. $\frac{39}{50}$ C. $\frac{78}{10}$ D. $\frac{22}{100}$

5. El equipo de fútbol infantil femenino Delanteras ganó 9 de 13 juegos.

   Las Delanteras ganaron aproximadamente el [Menú desplegable] % de los juegos.

   A. 61.5   B. 66.7   C. 69.2   D. 76.9

6. En el Centro Educativo Mentes Brillantes, el 75% de los empleados trabajan como instructores. Hay 300 empleados en el Centro Educativo Mentes Brillantes.

   [Menú desplegable] empleados trabajan como instructores.

   A. 150
   B. 175
   C. 200
   D. 225

INSTRUCCIONES: Lee cada situación y elige la opción que **mejor** complete cada oración.

7. Tina gana $552 por semana. De esta cantidad, le deducen el 12% de impuestos.

   Cada semana le deducen $ [Menú desplegable] .

   A. 6.62   B. 55.20   C. 66.24   D. 485.76

8. Andrew recibió un aumento de $24,580.00 por año a $25,317.40 por año.

   Recibió un aumento del [Menú desplegable] %.

   A. 2   B. 3   C. 7.4   D. 29

9. Isabella pagó $425 por una bicicleta nueva, más el 6% de impuesto sobre las ventas.

   Pagó un total de $ [Menú desplegable] .

   A. 25.50   B. 27.50   C. 450.50   D. 457.50

10. Un sofá tiene un precio habitual de $659, pero ahora tiene un descuento del 20%.

    El precio de venta del sofá con el descuento es $ [Menú desplegable] .

    A. 639.00   B. 527.20   C. 450.80   D. 131.80

11. Una empresa de computadoras recibió 420 llamadas de atención al cliente en un día. El cuarenta y cinco por ciento de las llamadas se debían a problemas con programas de computadora.

    [Menú desplegable] llamadas se debían a problemas con programas de computadora.

    A. 19   B. 189   C. 229   D. 231

12. Daria invirtió $5,000 en una cuenta que obtiene el 5% de interés anual.

    Ella ganará $ [Menú desplegable] en intereses en el transcurso de nueve meses.

    A. 5,250.00
    B. 1,875.00
    C. 250.00
    D. 187.50

Repaso de la Unidad 1

INSTRUCCIONES: Lee cada pregunta y elige la **mejor** respuesta.

1. Dos tercios de la clase de la maestra Jensen aprobaron el examen de ciencias. Si hay 24 estudiantes en su clase, ¿cuántos aprobaron el examen?

   A. 13
   B. 14
   C. 15
   D. 16

2. Dina compró una mesa nueva para su sala por $764.50 y cuatro sillas nuevas por $65.30 cada una. ¿Cuánto fue el costo del juego completo?

   A. $829.80
   B. $895.10
   C. $1,025.70
   D. $1,091.00

3. Los Martin manejaron 210.5 millas el primer día de su viaje y 135.8 millas el segundo día. ¿Cuántas millas más recorrieron el primer día que el segundo día?

   A. 74.7
   B. 149.4
   C. 271.6
   D. 346.3

4. Erin tiene que agregar $4\frac{1}{2}$ tazas de harina a su masa de galletas usando una taza graduada que mide $1\frac{1}{2}$ tazas. ¿Cuántas veces debe llenar la taza graduada con harina?

   A. una
   B. dos
   C. tres
   D. cuatro

5. ¿Cuál es el menor número natural que tiene como factores tanto a 6 como a 8?

   A. 14
   B. 18
   C. 24
   D. 48

INSTRUCCIONES: Lee cada pregunta y elige la **mejor** respuesta.

6. Una película nueva tiene una recaudación por venta de boletos de $21,343,845 el día de su estreno. ¿Cómo se escribe $21,343,845 en palabras?

   A. veintiún millones trescientos y cuarenta y tres mil ochocientos cuarenta y cinco
   B. veintiún millones trescientos cuarenta y tres mil ochocientos cuarenta y cinco
   C. veintiún millones tres cuarenta y tres mil ochocientos cuarenta y cinco
   D. veintiún millones trescientos cuarenta y tres mil ocho cuatro y cinco

7. Sin contar el 1 y el 24, ¿cuántos números naturales son factores de 24?

   A. 4
   B. 5
   C. 6
   D. 7

INSTRUCCIONES: Estudia la información y la tabla que aparecen a continuación, lee cada pregunta y elige la opción del menú desplegable que **mejor** responda cada pregunta.

La tabla muestra las opciones que tienen los estudiantes de la Escuela Primaria Oak Ridge para regresar a sus casas.

QUÉ HACEN LOS ESTUDIANTES DESPUÉS DE LA ESCUELA

Opción	Número de estudiantes
Los buscan los padres	118
Caminan	54
Toman el autobús	468
Programas extracurriculares	224

8. ¿Qué fracción de los estudiantes caminan a casa?

   Menú desplegable

   A. $\frac{1}{48}$ B. $\frac{1}{32}$ C. $\frac{1}{16}$ D. $\frac{3}{16}$

9. ¿Qué fracción de los estudiantes toman el autobús o se quedan en la escuela después de clases?

   Menú desplegable

   A. $\frac{56}{117}$ B. $\frac{468}{864}$ C. $\frac{117}{216}$ D. $\frac{173}{216}$

10. Kara invirtió $1,250 en la producción de un CD de música de una amiga. Su amiga le devolvió el dinero con un interés anual simple del 6% luego de 36 meses. ¿Cuánto dinero recibió Kara?

    A. $225
    B. $1,025
    C. $1,325
    D. $1,475

11. Ken necesita un cable que mida $4\frac{3}{4}$ metros de longitud. Tiene un cable que mide $5\frac{1}{3}$ metros de longitud. ¿Qué fracción de un metro debe cortar Ken?

    A. $\frac{1}{2}$

    B. $\frac{7}{12}$

    C. $\frac{2}{3}$

    D. $\frac{3}{4}$

12. Evan está haciendo una tabla de datos poblacionales de las ciudades de su estado y está redondeando los números a la centena más próxima. ¿Qué número ingresaría para una ciudad con una población de 93,548 habitantes?

    A. 93,500
    B. 93,550
    C. 93,600
    D. 94,000

13. Fred recibe una llamada de su contador, que le dice que sus inversiones ganaron ciento tres mil setecientos cincuenta dólares durante los últimos 12 meses. ¿Qué número escribiría Fred?

    A. $103,705
    B. $103,715
    C. $103,750
    D. $130,750

INSTRUCCIONES: Lee cada pregunta y elige la **mejor** respuesta.

14. Tracy compró dos *pretzels* por $1.95 cada uno y dos refrescos por $0.99 cada uno. Si pagó con un billete de $10, ¿cuánto le devolvieron?

    A. $4.12
    B. $5.11
    C. $5.88
    D. $7.06

INSTRUCCIONES: Estudia la información y la tabla que aparecen a continuación, lee cada pregunta y elige la opción del menú desplegable que **mejor** responda cada pregunta.

Algunas mujeres participan en cinco diferentes deportes universitarios internos. La fracción de las mujeres que participan en cada deporte se muestra en la tabla.

DEPORTES INTERNOS PARA MUJERES

Deporte	Fracción de las mujeres
Básquetbol	$\frac{1}{6}$
Voleibol	$\frac{1}{20}$
Fútbol	$\frac{1}{3}$
Ultimate frisbee	$\frac{1}{5}$
Lacrosse	$\frac{1}{4}$

15. ¿En qué deporte participa el mayor número de mujeres? | Menú desplegable |

    A. básquetbol
    B. voleibol
    C. fútbol
    D. lacrosse

16. ¿Qué fracción de las mujeres participan en lacrosse y básquetbol? | Menú desplegable |

    A. $\frac{2}{10}$ B. $\frac{5}{12}$ C. $\frac{1}{2}$ D. $\frac{1}{3}$

17. ¿Qué porcentaje de las mujeres participan en voleibol y *ultimate frisbee*? | Menú desplegable |

    A. 4%   B. 5%   C. 20%   D. 25%

INSTRUCCIONES: Lee cada pregunta. Luego escribe tu respuesta en el recuadro que aparece a continuación.

18. Benjamín manejó una distancia de 301.5 millas en 4.5 h. Si manejó a una tasa constante, ¿cuántas millas por h manejó?

19. Scarlett compró 20 acciones de AD a $43 cada una. Vendió las 20 acciones a $52 cada una. ¿Cuánto dinero ganó Scarlett con su inversión?

20. Un grupo de 426 personas irá a ver una carrera de rally. Cada autobús puede llevar a 65 personas. ¿Cuál es el número mínimo de autobuses que se necesitan?

21. ¿Cuál es el cociente de (−1) (2) (−3) (4) y (−5) dividido entre 6?

22. La proporción de estudiantes a acompañantes en una excursión no debe ser mayor que 7 a 1. Si 45 estudiantes van a la excursión, ¿cuál es el número mínimo de acompañantes que deben ir con ellos?

23. Donovan recorrió 135 millas con su bicicleta a una tasa por unidad de 27 millas por h. ¿Cuántas h anduvo en bicicleta?

24. El bistec que está rebajado en la tienda de comestibles local cuesta $8 por libra. ¿Cuántos dólares costarían $3\frac{1}{2}$ libras?

INSTRUCCIONES: Lee la pregunta. Luego escribe tu respuesta en el recuadro que aparece a continuación.

25. ¿Qué número es el máximo factor común de 18 y 42?

INSTRUCCIONES: Estudia la información y la tabla que aparecen a continuación, lee cada pregunta y elige la **mejor** respuesta.

Kurt y su familia fueron a la feria estatal. Almorzaron en el restaurante de carne de caza. A continuación se muestra el menú.

MENÚ EN LA FERIA ESTATAL

Plato	Precio
Filete de lucio	$5.89
Emparedado de alce	$9.65
Jabalí asado	$9.19
Brochetas de salmón	$5.45
Plato de búfalo para niños	$3.50

26. ¿Cuál es el plato más caro del menú?

A. Filete de lucio
B. Emparedado de alce
C. Jabalí asado
D. Brochetas de salmón

27. Kurt pidió 1 porción de jabalí asado, 1 filete de lucio y 3 platos de búfalo para niños. Si llevó $50 a la feria, ¿cuánto le queda?

A. $18.58
B. $24.42
C. $25.58
D. $31.42

28. ¿Cuánto más caros son 2 emparedados de alce que 3 platos para niños?

A. $6.15
B. $7.88
C. $8.80
D. $15.80

29. Alice tecleó sus ingresos en un programa para calcular los impuestos. Si sus ingresos fueron cincuenta y seis mil doscientos veintiocho dólares, ¿cuáles son los dígitos que tecleó?

    A. 5, 6, 2, 2, 0, 8
    B. 5, 0, 6, 2, 2, 8
    C. 5, 6, 2, 0, 8
    D. 5, 6, 2, 2, 8

30. Delaney tiene $198 en su cuenta corriente. Deposita $246 y emite cheques por $54 y $92. ¿Cuánto dinero le queda en la cuenta?

    A. $98
    B. $298
    C. $482
    D. $590

31. La razón de hombres a mujeres en un coro es 2:3. Si hay 180 mujeres en el coro, ¿cuántos hombres hay?

    A. 72
    B. 108
    C. 120
    D. 270

32. Anna puede tejer una bufanda en $1\frac{2}{3}$ horas. ¿Cuántas bufandas puede tejer en 4 horas?

    A. $2\frac{2}{5}$

    B. $2\frac{3}{3}$

    C. 3

    D. $3\frac{1}{5}$

33. El ochenta y cuatro por ciento de los estudiantes que son atletas asistieron a una reunión de pretemporada. Si hay 175 estudiantes que son atletas, ¿cuántos asistieron a la reunión?

    A. 28
    B. 84
    C. 128
    D. 147

34. El treinta y cinco por ciento de los habitantes encuestados estaban a favor de hacer una carretera nueva. Los demás no estaban de acuerdo. Si se encuestó a 1,200 personas, ¿cuántas no estaban de acuerdo en hacer una nueva carretera?

    A. 780
    B. 420
    C. 360
    D. 35

35. Tom gana $200 por semana en un trabajo de medio tiempo. Paga $300 por mes por su parte de la renta del lugar donde vive. ¿Cuánto dinero le queda para otros gastos en un año?

    A. $1,200
    B. $5,200
    C. $6,000
    D. $6,800

INSTRUCCIONES: Estudia la tabla que aparece a continuación, lee la pregunta y elige la **mejor** respuesta.

ENTRENAMIENTO DE BICICLETA DURANTE EL FIN DE SEMANA

Millas recorridas	
Jackson	26.375
Ben	$25\frac{4}{5}$
Stefan	32.95

36. ¿Cuántas millas más recorrió Stefan que Ben?

    A. 7.0
    B. 7.15
    C. $7\frac{3}{5}$
    D. 7.25

37. ¿En alrededor de qué porcentaje es mayor la distancia que recorrió Stefan que la distancia que recorrió Jackson?

    A. 23%
    B. 24%
    C. 25%
    D. 26%

UNIDAD 1

INSTRUCCIONES: Estudia la información y la tabla que aparecen a continuación, lee cada pregunta y elige la **mejor** respuesta.

Durante un año electoral, se encuestó a 200 personas sobre su afiliación política. Los resultados se muestran en la tabla.

ENCUESTA DE VOTANTES

Afiliación a partidos	Número de personas
Demócrata	78
Republicano	64
Independiente	46
Verde	10
Libertario	2

38. ¿Cuál es la razón de personas que apoyan al Partido Verde a personas que apoyan al Partido Libertario?

    A. 5 a 1
    B. 1 a 5
    C. 10 a 1
    D. 2 a 10

39. Si se encuestara a 400 personas, ¿cuántas esperarías que estén afiliadas al Partido Demócrata?

    A. 278
    B. 156
    C. 78
    D. 39

40. Qué porcentaje de los encuestados no eran demócratas ni republicanos?

    A. 71%
    B. 59%
    C. 41%
    D. 29%

INSTRUCCIONES: Lee cada pregunta y elige la **mejor** respuesta.

41. La población de una ciudad creció de 43,209 a 45,687 en solo cinco años. ¿Cuál fue el porcentaje de aumento de la población al porcentaje natural más próximo?

    A. 4%
    B. 5%
    C. 6%
    D. 7%

42. El cincuenta y cuatro por ciento de los clientes de una tienda de alimentos compraron leche el viernes. ¿Qué fracción de los clientes representan?

    A. $\frac{27}{50}$

    B. $\frac{14}{25}$

    C. $\frac{9}{17}$

    D. $\frac{3}{5}$

43. Rodrigo paga $165.40 por mes para el préstamo de su auto. ¿Cuánto paga de préstamo en 1 año?

    A. $992.40
    B. $1,654.00
    C. $1,984.80
    D. $3,969.60

44. Una receta de panecillos lleva $1\frac{3}{8}$ tazas de aceite. Si John triplica la receta, ¿cuántas tazas de aceite necesita?

    A. $3\frac{1}{8}$ tazas

    B. $4\frac{1}{8}$ tazas

    C. $4\frac{1}{4}$ tazas

    D. $4\frac{3}{8}$ tazas

45. Un tipo de queso se vende a $8.99 por libra. ¿Cuál es el costo de un pedazo de queso de 1.76 libras?

    A. $5.10
    B. $14.38
    C. $15.80
    D. $15.82

46. Si el costo de una hipoteca es $324,000 a lo largo de 15 años, ¿cuánto se debe pagar por mes (sin incluir el interés)?

    A. $1,800
    B. $2,160
    C. $3,600
    D. $21,600

INSTRUCCIONES: Estudia la información y la tabla, lee cada pregunta y elige la **mejor** respuesta.

En la siguiente tabla se enumeran los recibos promedio diarios de un restaurante de mariscos durante una semana típica.

VENTAS DEL RESTAURANTE ATRAPADO EN EL MAR

Recibos del restaurante	
Lunes	$14,960
Martes	$14,610
Miércoles	$13,430
Jueves	$16,420
Viernes	$21,100
Sábado	$29,280
Domingo	$25,460

47. Escribe en orden decreciente los recibos de los cinco días con mayores ventas.

    A. sábado, domingo, viernes, jueves, lunes
    B. sábado, domingo, viernes, lunes, jueves
    C. sábado, domingo, viernes, jueves, martes
    D. sábado, domingo, viernes, lunes, martes

48. ¿Qué día tiene los recibos más bajos?

    A. lunes
    B. martes
    C. miércoles
    D. jueves

49. A partir de la tabla, ¿qué tendencia de ventas puedes identificar?

    A. Las ventas disminuyen de manera constante durante los días hábiles.
    B. Es más probable que las personas coman en el restaurante los fines de semana.
    C. Las ventas aumentan de manera constante de viernes a domingo.
    D. Los especiales del fin de semana contribuyen a aumentar las ganancias del restaurante.

INSTRUCCIONES: Lee la pregunta y elige la **mejor** respuesta.

50. Fred y Mary invitan a Joe a almorzar por su cumpleaños. La comida de Fred cuesta $13, la de Mary cuesta $15 y la de Joe cuesta $16. Si Fred y Mary se reparten de manera equitativa el costo total y una propina de $10, ¿cuánto paga cada uno?

    A. $18
    B. $22
    C. $27
    D. $54

51. En una venta de pasteles de la escuela, los estudiantes vendieron 125 galletas de chocolate, 89 galletas de avena, 32 galletas de azúcar y 56 galletas de coco. ¿En qué orden estarían los tipos de galletas si se ordenaran de la menos vendida a la más vendida?

    A. chocolate, avena, coco, azúcar
    B. chocolate, avena, azúcar, coco
    C. azúcar, coco, chocolate, avena
    D. azúcar, coco, avena, chocolate

52. Justina deposita $2,000 por mes en su cuenta corriente. Se debitan automáticamente los pagos de la hipoteca y del carro, los servicios y los impuestos a la propiedad por un total de $2,300 por mes. Si no hace otras transacciones, ¿cuál es el cambio en el saldo de su cuenta corriente al cabo de un año, sin incluir comisiones ni penalidades del banco?

    A. −$3,600
    B. −$300
    C. $300
    D. $3,600

53. El recorrido de una montaña rusa comienza con una caída de 300 pies, continúa con una subida de 240 pies, una caída de 180 pies y una subida de 130 pies antes de la caída final de 300 pies hasta el final del recorrido. ¿Cuál es la altura del comienzo del recorrido, en relación con el final?

    A. −410 pies
    B. −190 pies
    C. 190 pies
    D. 410 pies

INSTRUCCIONES: Lee cada pregunta y elige la **mejor** respuesta.

54. Si se resta 15 de un número, el resultado es −12. ¿Cuál es ese número?

   A. −27
   B. −3
   C. 3
   D. 27

55. Sara tiene $1,244 en su cuenta corriente. Deposita un cheque por $287 y retira $50 en efectivo. ¿Cuál es su nuevo saldo?

   A. $1,294
   B. $1,481
   C. $1,531
   D. $1,581

56. Ellie tiene un pase que le permite pasar por las cabinas de peaje sin detenerse para pagar. El valor del peaje se carga automáticamente a su tarjeta de crédito. Paga un cargo de $5 mensuales por este servicio. Cada peaje que paga cuesta $1.25. Ella asigna $65 por mes para la cuenta total de peaje. ¿Cuál es el número máximo de peajes por los que puede pasar cada mes sin salirse de su presupuesto?

   A. 12
   B. 24
   C. 48
   D. 60

57. Un esquiador toma una aerosilla que lo lleva 786 pies hacia arriba por la ladera de una montaña. Luego esquía 137 pies hacia abajo y toma otra aerosilla que lo sube 542 pies en la montaña. ¿Cuál es su posición cuando se baja de la aerosilla en relación con el lugar donde comenzó?

   A. −1,191 pies
   B. −381 pies
   C. +381 pies
   D. +1,191 pies

INSTRUCCIONES: Lee la pregunta y elige la **mejor** respuesta.

58. Cada día, durante tres días, Emmit extrajo $64 de su cuenta. ¿Qué número muestra el cambio en su cuenta al cabo de tres días?

   A. −$192
   B. −$128
   C. $128
   D. $192

INSTRUCCIONES: Estudia la información y la tabla, lee cada pregunta y elige la **mejor** respuesta.

En la siguiente tabla se enumeran los gastos mensuales de una pequeña empresa.

CAFETERÍA INFUSIONES

Gastos mensuales	
Salarios	$38,400
Renta	$3,600
Servicios	$800
Suministros	$1,200
Otros	$1,600

59. ¿Cuál es el gasto mensual total de la empresa?

   A. $31,200
   B. $38,400
   C. $44,000
   D. $45,600

60. ¿Cuál es el gasto mensual total sin incluir los salarios de los empleados?

   A. $3,600
   B. $7,200
   C. $31,200
   D. $38,400

61. ¿Qué porcentaje de los gastos se usa para suministros y otros gastos, redondeado al décimo de un porcentaje más próximo?

   A. 15.8%
   B. 7.3%
   C. 6.1%
   D. 2.6%

INSTRUCCIONES: Estudia la información y la tabla, lee cada pregunta y elige la **mejor** respuesta.

En la siguiente tabla se enumeran los puntos que obtuvieron Morgan, Tom y Dana en cada hoyo de un campo de minigolf de 9 hoyos.

PUNTOS EN CADA HOYO

Hoyo	1	2	3	4	5	6	7	8	9
Morgan	1	0	3	1	−1	1	−1	0	1
Tom	0	−1	1	0	2	1	−1	2	0
Dana	2	1	2	0	1	0	−1	−1	−2

62. ¿Cuál fue el puntaje final de Morgan?

A. 2
B. 3
C. 4
D. 5

63. Enumera a los tres amigos según su puntaje final, de menor a mayor.

A. Morgan, Tom, Dana
B. Morgan, Dana, Tom
C. Dana, Tom, Morgan
D. Dana, Morgan, Tom

INSTRUCCIONES: Examina la información y la recta numérica, lee cada pregunta y escribe tu respuesta en el recuadro que aparece a continuación.

La recta numérica que aparece a continuación representa la temperatura en tres momentos del día.

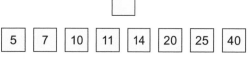

64. ¿Cuál fue el cambio en la temperatura entre las 10 a. m. y las 6 p. m.?

65. ¿Cuál fue el cambio en la temperatura entre las 6 p. m. y las 2 p. m.?

INSTRUCCIONES: Lee cada pregunta y usa las opciones de arrastrar y soltar para completar cada respuesta.

66. Elige dos números que hagan que la siguiente expresión fraccionaria sea indefinida. Observa que puede haber más de una respuesta posible.

$$5 - \cfrac{\boxed{}}{(2)\boxed{} - 6}$$

2	3	4	5	6

67. Un repositor de una tienda de comestibles pone 15 galones de leche entera, 20 galones de leche descremada al 2%, 20 galones de leche descremada al 1% y 20 galones de leche descremada en su lugar en la tienda. ¿Qué fracción de la leche que almacenó era leche entera?

$$\frac{\boxed{}}{\boxed{}}$$

1	3	5	7	10	20

68. Escribe los valores fraccionarios de los tres puntos en orden creciente, reducidos a su mínima expresión.

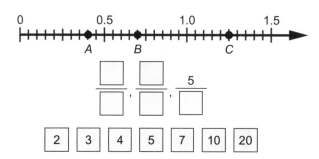

$$\frac{\boxed{}}{\boxed{}}, \frac{\boxed{}}{\boxed{}}, \frac{5}{\boxed{}}$$

2	3	4	5	7	10	20

69. ¿Cuál es la magnitud de la diferencia entre $\frac{7}{10}$ y $\frac{5}{4}$, expresada como una fracción reducida a su mínima expresión?

$$\frac{\boxed{}}{\boxed{}}$$

5	7	10	11	14	20	25	40

70. Se hicieron pruebas eléctricas a cuatro mil circuitos. Noventa y tres de cada cien de los circuitos analizados pasaron la inspección. ¿Qué relación proporcional expresa correctamente el número de circuitos que pasó la inspección?

$$\frac{\boxed{}}{\boxed{}} = \frac{\boxed{}}{\boxed{}} = \boxed{}$$

93	100	4,000	3,720	# circuitos

UNIDAD 2

Christopher Blizzard

Christopher Blizzard desarrolla aplicaciones para que las personas puedan explorar y disfrutar Internet.

©Johnathan Nightingale/Flickr/Getty Images

Christopher Blizzard quiere que la red llegue a todos... **y que sea gratuita.** Como experto líder en el mundo eminentemente matemático del desarrollo de aplicaciones de red, Blizzard piensa que Internet debe seguir siendo un recurso público al que todos puedan tener acceso. Para ello, Blizzard, que obtuvo su certificado GED® en 1994, ayuda a desarrollar aplicaciones para que las personas puedan explorar Internet.

Durante años, Blizzard se desempeñó como Director de Plataforma Web de Mozilla, un desarrollador líder en aplicaciones de código abierto. En Mozilla, ayudó a dirigir la migración de Internet de un compartimiento en línea para el almacenamiento de documentos a una matriz de aplicaciones dinámica que en la actualidad se ejecuta en computadoras, teléfonos móviles, tabletas y hasta en televisores.

Blizzard ha colaborado en varios proyectos de código abierto, en especial para Mozilla y en el proyecto Una Computadora por Niño (OLPC, por sus siglas en inglés). El producto más conocido de Mozilla es el buscador de Internet Firefox, lanzado en 2005. Desde entonces, ha sido descargado más de mil millones de veces en todo el mundo.

El objetivo de Una Computadora por Niño es demostrar la eficacia de las computadoras como herramientas de aprendizaje para niños de los países en vías de desarrollo. A ese fin, Blizzard buscó crear un ambiente socialmente atractivo en el que los niños pudieran aprender y compartir juntos.

Antiguo partidario y profesional de las redes sociales, en 2012 Blizzard comenzó a aportar su talento a Facebook y a sus mil millones de usuarios mensuales. En Facebook, Blizzard se desempeña como líder de Relaciones entre Desarrolladores de la compañía.

RESUMEN DE LA CARRERA PROFESIONAL: *Christopher Blizzard*

- Trabajó para uno de los proveedores líderes en aplicaciones de código abierto.

- Colabora en proyectos de código abierto, como Una Computadora por Niño.

- Previamente trabajó como ingeniero en sistemas y desarrollador de *software*.

- Integró la Junta Directiva de la Fundación Mozilla.

24   GED® Senderos | Christopher Blizzard

Medición/Análisis de datos

Unidad 2: Medición/ Análisis de datos

Cada vez que subes a una balanza, programas un viaje o cocinas, usas destrezas relacionadas con la medición y el análisis de datos. El uso creciente de las computadoras y de Internet ha ayudado a recopilar, almacenar e interpretar grandes conjuntos de datos. A menudo, esa información se presenta en gráficas.

Las destrezas usadas para medir y analizar datos son importantes tanto en la vida diaria como para tu éxito en la Prueba de Razonamiento Matemático GED®. En la Unidad 2, estudiarás diferentes sistemas y formas de medición, junto con la probabilidad y las formas visuales de representar datos. Estas destrezas te ayudarán a prepararte para la Prueba de Razonamiento Matemático GED®.

Contenido

LECCIÓN	PÁGINA
1: Medición y unidades de medida	26–27
2: Longitud, área y volumen	28–29
3: Media, mediana y moda	30–31
4: Probabilidad	32–33
5: Gráficas de barras y lineales	34–35
6: Gráficas circulares	36–37
7: Diagramas de puntos, histogramas y diagramas de caja	38–39
Repaso de la Unidad 2	**40–47**

©Thinkstock/Getty Images

Los profesionales de diversas industrias usan bases de datos electrónicas e Internet para recopilar, almacenar e interpretar datos.

Medición y unidades de medida

TEMAS DE MATEMÁTICAS: Q.2.a, Q.2.e, Q.3.a, Q.3.c, Q.6.c
PRÁCTICA DE MATEMÁTICAS: MP.1.a, MP.1.b, MP.1.e, MP.2.c, MP.3.a, MP.4.a

1 Aprende la destreza

Para resolver problemas de medición, puedes usar el sistema usual de EE. UU. o el sistema métrico. Las unidades de medida del **sistema usual de EE. UU.** incluyen la pulgada y el pie (longitud), la onza y la libra (peso), y la pinta y el cuarto (capacidad). Las unidades de medida del **sistema métrico** incluyen el centímetro y el metro (longitud), el gramo y el kilogramo (masa), y el mililitro y el litro (capacidad).

La unidad de medida de **tiempo** es el segundo y es una medida universal. Los minutos y las horas también son unidades de tiempo comunes. El tiempo transcurrido entre dos sucesos es la cantidad de tiempo que ha pasado entre un suceso y el otro. Muchos problemas relacionados con el tiempo aplican la fórmula **distancia = tasa × tiempo.**

UNIDAD 2

2 Practica la destreza

Al practicar la destreza de usar los sistemas de medidas y convertir entre unidades de medida dentro de cada sistema, mejorarás tus capacidades de estudio y evaluación, especialmente en relación con la Prueba de Razonamiento Matemático GED®. Lee la información y las estrategias que aparecen a continuación. Luego responde la pregunta.

UNIDADES DE MEDIDA DEL SISTEMA USUAL DE EE. UU.

Longitud	**Volumen**	**Peso**
1 pie (pie) = 12 pulgadas (pulg) 1 yarda (yd) = 3 pies 1 milla (mi) = 5,280 pies 1 milla = 1,760 yardas	1 taza (tz) = 8 onzas fluidas (oz fl) 1 pinta (pt) = 2 tazas 1 cuarto (ct) = 2 pintas 1 galón (gal) = 4 cuartos	1 libra (lb) = 16 onzas (oz) 1 tonelada (t) = 2,000 libras

UNIDADES DE MEDIDA DEL SISTEMA MÉTRICO

(a) Cuando conviertes y vuelves a escribir una unidad en el sistema métrico, multiplica o divide entre 10, 100 ó 1,000. Los siguientes prefijos te pueden ayudar a hacer conversiones métricas:

mili- significa $\frac{1}{1,000}$

centi- significa $\frac{1}{100}$

deci- significa $\frac{1}{10}$

deca- significa 10
hecto- significa 100
kilo- significa 1,000

Longitud
1 kilómetro (km) = 1,000 metros (m) 1 metro = 100 centímetros (cm) 1 centímetro = 10 milímetros (mm)

Capacidad	**Masa**
1 kilolitro (kl) = 1,000 litros (l) 1 litro = 100 centilitros (cl) 1 centilitro = 10 mililitros (ml)	1 kilogramo (kg) = 1,000 gramos (g) 1 gramo = 100 centigramos (cg) 1 centigramo = 10 miligramos (mg)

TIEMPO

Tiempo
1 hora (h) = 60 minutos (min) 1 minuto = 60 segundos (s)

CONSEJOS PARA REALIZAR LA PRUEBA

Cuando conviertes de una unidad menor (ej. decilitro) a una unidad mayor (ej. litro), divide entre 10 en cada paso. Cuando conviertes de una unidad mayor a una unidad menor, multiplica por 10 en cada paso.

1. Dante mezcla 30 mililitros de un líquido con 2 centilitros de un segundo líquido. ¿Cuántos centilitros de líquido tiene en total?

   A. 5 cl
   B. 32 cl
   C. 50 cl
   D. 302 cl

⭐ Ítem en foco: COMPLETAR LOS ESPACIOS

INSTRUCCIONES: Lee cada pregunta y luego escribe tu respuesta en el recuadro que aparece a continuación.

2. Samantha está construyendo un laberinto en miniatura para un experimento de ciencias. Necesita 6 yardas de madera para las paredes exteriores y 12 pies de la misma madera para las paredes interiores. ¿Cuántos pies de madera tiene que comprar para construir su laberinto?

3. Un ovillo de estambre de 40 g tiene 125 m de longitud. ¿Cuál es la masa de un ovillo del mismo estambre si tiene 2 km de longitud?

4. Durante una competencia de atletismo de dos días, Jason corrió una carrera de 2 kilómetros, dos carreras de 1,500 metros y cinco carreras de 100 metros. ¿Cuántos metros corrió Jason durante los dos días?

5. En agosto de 2012, Usain Bolt fue nombrado el hombre más rápido del mundo cuando corrió una carrera de 200 metros en 19.32 segundos. Si corrió a una velocidad constante, ¿cuánto tiempo tardó en correr 1 metro?

UNIDAD 2

INSTRUCCIONES: Lee cada pregunta y elige la **mejor** respuesta.

6. El señor Trask quiere llenar sus cuatro comederos de colibríes de alimento líquido. Dos comederos tienen 6 onzas fluidas de capacidad cada uno. Un comedero más grande tiene 1 taza de capacidad. El comedero más grande tiene 1 pinta de capacidad. ¿Cuántas onzas fluidas de alimento líquido necesita el señor Trask para llenar los cuatro comederos de pájaros?

   A. 14 oz fl
   B. 28 oz fl
   C. 30 oz fl
   D. 36 oz fl

7. Producción Añadida usa impresoras 3-D para construir cuerpos geométricos agregando el material capa por capa. Si el plástico fluye de la impresora a una tasa de 10 ml por segundo, ¿qué cantidad total de plástico descarga en 1 hora?

   A. 3.6 l
   B. 10 ml
   C. 36 l
   D. 100 ml

INSTRUCCIONES: Estudia la tabla, lee cada pregunta y elige la **mejor** respuesta.

La tabla que aparece a continuación muestra la información aproximada de tres derrames de petróleo durante las dos últimas décadas.

Derrame de petróleo	Duración del derrame	Cantidad de petróleo derramado
A	5 h	287,000 kl
B	8 h	260,000 l
C	30 min	292,000 l

8. ¿Cuál de los desastres tuvo la mayor tasa de derrame?

   A. Derrame de petróleo A
   B. Derrame de petróleo B
   C. Derrame de petróleo C
   D. Tuvieron la misma tasa de derrame.

9. Después de los primeros 30 minutos, ¿cuál fue la mayor cantidad de petróleo derramado en el mar por los derrames A, B o C?

   A. 287,000 kl
   B. 292,000 l
   C. 260,000 l
   D. 28,700 kl

Longitud, área y volumen

TEMAS DE MATEMÁTICAS: Q.2.a, Q.2.e, Q.4.a, Q.4.c, Q.4.d, Q.5.a, Q.5.f
PRÁCTICA DE MATEMÁTICAS: MP.1.a, MP.1.b, MP.1.c, MP.1.e, MP.2.c, MP.3.a, MP.4.a

UNIDAD 2

1 Aprende la destreza

El **perímetro** es la distancia alrededor de un polígono, como un triángulo o un rectángulo. Para determinar el perímetro de un polígono, mide y suma las longitudes de sus lados. El **área** es la cantidad de espacio que cubre una figura bidimensional y se mide en unidades cuadradas. El área de un rectángulo es el producto de su ancho y su longitud.

Las figuras tridimensionales tienen **volumen**, o la cantidad de espacio que hay dentro de una figura. El volumen se mide en unidades cúbicas. Un prisma rectangular es una figura tridimensional con lados rectangulares en forma de caja. El volumen de un prisma rectangular es el producto de su longitud, su altura y su ancho. El **área total** de un prisma rectangular es la suma de las áreas de sus seis lados. Un **cubo** es un tipo de prisma rectangular que tiene seis lados cuadrados congruentes.

2 Practica la destreza

Al practicar las destrezas de medir longitudes y hallar el perímetro, el área y el volumen, mejorarás tus capacidades de estudio y evaluación, especialmente en relación con la Prueba de Razonamiento Matemático GED®. Lee el ejemplo y las estrategias que aparecen a continuación. Luego responde la pregunta.

Los trabajadores de la empresa Aqua Construcciones han diseñado una piscina para un patio trasero rodeada por un área de losetas. Las dimensiones de la piscina son: 5 cm (ancho), 2 cm (longitud) y 4 cm (profundidad). Cada centímetro representa 3 pies de la estructura real.

a Identifica la información importante dada en el problema y en la figura. El párrafo te indica que las mediciones del plano son significativamente más pequeñas y en una unidad de medición diferente que la de la estructura real.

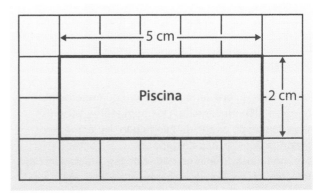

b El volumen de un prisma rectangular, o un prisma cuadrado, es el área de la base por la altura. La fórmula del volumen de un prisma rectangular es longitud × ancho × altura ($l × a × h$). Como todos los lados de un cubo tienen la misma longitud, el volumen de un cubo es $l × l × l$.

DENTRO DEL EJERCICIO

Revisa siempre con atención las unidades con las que estás trabajando. Recuerda que las medidas de área siempre se dan en unidades cuadradas, mientras que las medidas de volumen se dan en unidades cúbicas.

1. ¿Cuál es el volumen **real** de la piscina?

   A. 40 pies cúbicos
   B. 90 metros cuadrados
   C. 1,080 pies cúbicos
   D. 10 centímetros cuadrados

INSTRUCCIONES: Estudia las figuras, lee cada pregunta y elige la **mejor** respuesta.

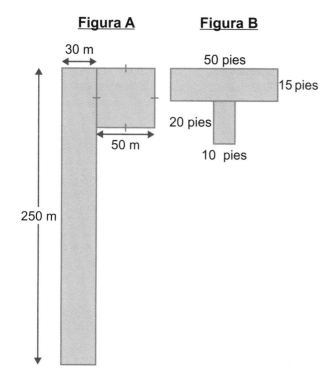

Figura A Figura B

30 m

50 pies

15 pies

20 pies

50 m

10 pies

250 m

2. ¿Cuál es el área de la Figura A?

A. 750 metros cuadrados
B. 310 metros cuadrados
C. 1 kilómetro cuadrado
D. 10,000 metros cuadrados

3. ¿Cuál es el perímetro de la Figura A?

A. 360 m
B. 460 m
C. 560 m
D. 660 m

4. ¿Cuál es el área de la Figura B?

A. 1,700 pies cuad
B. 950 pies cuad
C. 150 pies cuad
D. 150 pies

5. Si 1 metro = 3.28 pies, halla la diferencia de perímetro entre las Figuras A y B.

A. 1994.8 pies
B. 1328.8 pies
C. 280 pies
D. 640 pies

6. Si la Figura B es la vista superior de un recipiente que tiene 30 pies de profundidad, ¿cuál es el volumen del tanque de agua?

A. 2,250 pies cúbicos
B. 5,100 pies cúbicos
C. 13,800 pies cúbicos
D. 28,500 pies cúbicos

INSTRUCCIONES: Lee cada pregunta y elige la **mejor** respuesta.

7. Un prisma rectangular tiene un volumen de 600 pies cúbicos. Si la longitud es 20 pies y el ancho es 15 pies, ¿cuál es la altura del prisma?

A. 2 pies^3
B. 2 pies
C. 300 pies
D. 300 pies^2

8. Mary usa 56 pulgadas de estambre para formar un rectángulo. Si el rectángulo tiene 4 pulgadas de ancho, ¿cuál es su longitud?

A. 4 pulgadas
B. 8 pulgadas
C. 48 pulgadas
D. 24 pulgadas

9. Un cubo tiene un volumen de 27 pies cúbicos. ¿Cuál es la longitud de su base?

A. 9 pies
B. 6 pies
C. 3 pies
D. 1 pie

10. El señor Peters abrió recientemente un nuevo centro de distribución de su compañía. El piso tiene 2 kilómetros cuadrados de área y 1 kilómetro cúbico de volumen. ¿Cuál es la altura del centro de distribución?

A. 5 km
B. 0.5 km
C. 2 km
D. 2.5 km

UNIDAD 2

Media, mediana y moda

TEMAS DE MATEMÁTICAS: Q.1.a, Q.2.a, Q.2.e, Q.6.c, Q.7.a
PRÁCTICA DE MATEMÁTICAS: MP.1.a, MP.1.b, MP.1.e, MP.2.c, MP.3.a

① Aprende la destreza

La media, la mediana, la moda y el rango son valores que se usan para describir un conjunto de datos. La **media** es el valor promedio de un conjunto de datos. La **mediana** es el número del medio de un conjunto de datos cuando los valores se ordenan de menor a mayor. En el conjunto de números 23, 24, 28, 30 y 75, la mediana es 28, lo que significa que es mayor que la mitad de los números del conjunto y menor que la otra mitad. Observa que la mediana no fue afectada por el número 75, que es mucho mayor que los otros números del conjunto. En este caso, la mediana describe con mayor precisión el conjunto que la media, 36.

La **moda** es el valor que ocurre con mayor frecuencia en un conjunto de datos. En el conjunto de números 23, 24, 24, 28, 30 y 75, la moda es 24. El **rango** es la diferencia entre el valor mayor y el valor menor de un conjunto de datos. En el ejemplo de arriba, el rango es 52.

② Practica la destreza

Al practicar las destrezas de hallar la media, la mediana y la moda, mejorarás tus capacidades de estudio y evaluación, especialmente en relación con la Prueba de Razonamiento Matemático GED®. Lee el ejemplo y las estrategias que aparecen a continuación. Luego responde la pregunta.

ⓐ Para hallar la mediana de un conjunto de datos, haz una lista de valores ordenados de menor a mayor. El número 65 aparece tres veces en la tabla. Cuando ordenes los números, asegúrate de incluir tres veces el número 65.

ⓑ Cuando un conjunto de números consiste en un número impar de valores, el número del medio es la mediana. Cuando el conjunto consiste en un número par de puntos de datos, halla la media de los dos números del centro. Observa que la mediana puede no ser un número del conjunto de datos. Podría ser otro número natural o un número natural que tiene un punto decimal.

Felipe midió y anotó las alturas de los corredores que participan en la carrera de relevos de su barrio.

ALTURAS DE LOS CORREDORES DE LA CARRERA DE RELEVOS

Corredor	Altura (pulgadas)
Carol	63
Steven	68
Pedro	(65) ⓐ
Julia	(65)
Chantell	67
Camille	64
Frank	72
William	71
Jane	(65) ⓐ
Jake	72

USAR LA LÓGICA

Hay 10 valores en la tabla. Cuando hagas una lista de valores de menor a mayor, comprueba que la lista tenga un total de 10 valores, incluidas las repeticiones del mismo valor.

1. ¿Cuál es la mediana de la altura de los corredores?

A. 65 pulgadas
B. 65.2 pulgadas
C. 66 pulgadas
D. 67 pulgadas

UNIDAD 2

INSTRUCCIONES: Estudia la información y la tabla, lee cada pregunta y elige la **mejor** respuesta.

A continuación se muestran los tiempos de una carrera de 100 metros patrocinada por la YMCA.

TIEMPOS DE LA CARRERA DE 100 METROS

Corredor	Tiempo (segundos)
David	13.5
Sanya	16.0
Jeremy	12.6
Erica	15.2
Chen	12.8
Yusuf	11.8
Matt	17.2
Sarah	12.1

2. ¿Cuál es el rango del tiempo de los corredores de la carrera de 100 metros?

   A. 4.2 s
   B. 5.4 s
   C. 6.4 s
   D. 13.9 s

3. ¿Cuál es la mediana de tiempo de la carrera?

   A. 5.4 s
   B. 12 s
   C. 13.15 s
   D. 13.9 s

4. ¿Cuál es la diferencia entre el tiempo de Sarah y la media del tiempo de los corredores?

   A. 1.35 s
   B. 1.8 s
   C. 13.9 s
   D. 13.15 s

5. Describe la relación entre la mediana y la media de los tiempos de la carrera.

   A. La mediana fue ligeramente menor que la media.
   B. La mediana fue ligeramente mayor que la media.
   C. La mediana y la media fueron iguales.
   D. La moda fue mayor que la mediana y la media.

INSTRUCCIONES: Estudia la información y la tabla, lee la pregunta y elige la **mejor** respuesta.

El dueño de El Palacio del Helado hizo una lista del número de batidos que vendió por día durante una semana.

VENTA DIARIA DE BATIDOS

Día	Lun.	Mar.	Mié.	Jue.	Vie.	Sáb.
Batidos vendidos	22	16	20	26	24	85

6. ¿Qué valor describe mejor el número de batidos vendidos en El Palacio del Helado en un día típico de verano?

   A. 20
   B. 21.6
   C. 23
   D. 32.16

INSTRUCCIONES: Estudia la información y la tabla, lee la pregunta y elige la **mejor** respuesta.

Se anotaron las ventas de tenis en Mundo Tenis cada día durante una semana.

VENTAS DE MUNDO TENIS

Día	Total de ventas
Lunes	$5,229
Martes	$3,598
Miércoles	$6,055
Jueves	$3,110
Viernes	$3,765
Sábado	?

7. La venta media de esta semana fue $4,443. La administradora traspapeló sus anotaciones del sábado. ¿Cuáles fueron las ventas del sábado?

   A. $458
   B. $4,901
   C. $4,987
   D. $9,344

INSTRUCCIONES: Lee la pregunta y elige la **mejor** respuesta.

8. Dex obtuvo 80%, 75%, 79% y 83% en sus exámenes finales. ¿Qué opción representa el puntaje medio en forma de porcentaje?

   A. 79.25
   B. 79.5
   C. 83
   D. 317

LECCIÓN 4

Probabilidad

TEMAS DE MATEMÁTICAS: Q.1.b, Q.6.c, Q.8.b
PRÁCTICA DE MATEMÁTICAS: MP.1.a, MP.1.b, MP.1.e, MP.2.c, MP.3.a

1 Aprende la destreza

Cuando tiras una moneda, tienes las mismas probabilidades de que caiga en cara o cruz. La probabilidad de que caiga en cara se puede representar como 1:2, donde 1 representa el número de resultados favorables, sacar cara, y 2 representa el número de resultados posibles. Esta razón expresa la **probabilidad teórica** del suceso. En teoría, cada vez que tiras una moneda, tienes un 50% de probabilidades de que caiga en cara. Puedes expresar la probabilidad teórica como fracción $\frac{1}{2}$, como razón (1:2) o como porcentaje (50%).

La probabilidad con base en los resultados de un experimento se denomina **probabilidad experimental**. Como en la probabilidad teórica, puedes expresar la probabilidad experimental como una fracción, una razón o un porcentaje. Si tiras una moneda de 25¢ 10 veces y sacas cara 6 veces, la probabilidad experimental es $\frac{6}{10}$, que se simplifica a $\frac{3}{5}$.

2 Practica la destreza

Al practicar la destreza de la probabilidad, mejorarás tus capacidades de estudio y evaluación, especialmente en relación con la Prueba de Razonamiento Matemático GED®. Lee el ejemplo y las estrategias que aparecen a continuación. Luego responde la pregunta.

a Al sacar una canica rayada de la bolsa durante el primer suceso y no reemplazarla, Marc está influyendo en el resultado del segundo suceso. Los dos sucesos se denominan **dependientes**. Cuando los sucesos son dependientes, el número de resultados cambia.
Si Marc hubiera reemplazado la canica después del primer suceso, este no habría influido en el resultado del segundo suceso. En este caso, el primer suceso y el segundo habrían sido **independientes**.

Una bolsa de 10 canicas contiene 7 canicas rayadas y 3 canicas negras.

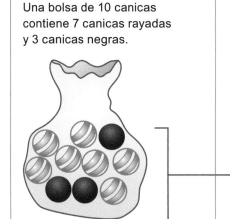

b La probabilidad se puede expresar como una razón. Si la bolsa contenía dos canicas negras y tres canicas rayadas, la probabilidad de sacar una canica negra sería 2:5, que significa que hay dos canicas negras y cinco resultados posibles. La misma probabilidad se puede expresar como fracción $\left(\frac{2}{5}\right)$, como decimal (0.4) o como porcentaje (40%).

CONSEJOS PARA REALIZAR LA PRUEBA

Cuando resuelvas un problema de probabilidad, comprueba siempre si los sucesos son independientes o dependientes. Luego determina la probabilidad en la forma que te resulte más sencilla.

a

1. En el primer suceso, Marc saca una canica rayada. <u>No la reemplaza</u>. En los siguientes tres sucesos, Marc saca 2 canicas rayadas y 1 canica negra. Tampoco reemplaza esas canicas. ¿Cuál es la probabilidad de que elija una canica negra en el quinto suceso?

A. 1:10
B. 1:3
C. 2:7
D. 2:3

Lección 4 | Probabilidad

INSTRUCCIONES: Estudia la rueda giratoria, lee cada pregunta y elige la **mejor** respuesta.

Maude usa esta rueda giratoria para hacer un experimento de probabilidad.

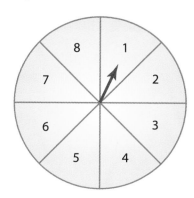

2. En el primer giro, ¿cuál es la probabilidad de que la flecha caiga en 6?

   A. 1:8
   B. 1:7
   C. 1:6
   D. 6:8

3. En el segundo giro, ¿cuál es la probabilidad de que la flecha caiga en 4 o en 8?

   A. 0.48
   B. 0.28
   C. 0.25
   D. 0.16

4. Maude hace girar la rueda dos veces. Cae en 4 y en 6. Hasta ahora, ¿cuál es su probabilidad experimental de que caiga en un número impar?

   A. $\frac{0}{2}$

   B. $\frac{1}{6}$

   C. $\frac{1}{8}$

   D. $\frac{1}{1}$

5. Maude hace girar la rueda dos veces. ¿Cuál es la probabilidad de que caiga en un número impar y luego en el número 2?

   A. 0.5
   B. 0.0625
   C. 0.5
   D. 0.625

INSTRUCCIONES: Examina la información y la tabla, lee cada pregunta y elige la **mejor** respuesta.

Una gran cadena de tiendas lleva la cuenta de las quejas diarias de sus clientes.

LLAMADAS DE QUEJA

Departamento	Número de quejas
Electrónica	6
Artículos del hogar	4
Automotores	2
Ropa	3

6. ¿Cuál es la probabilidad de que la siguiente llamada de queja a la tienda sea para el departamento de ropa?

   A. 20%
   B. 25%
   C. 30%
   D. 50%

7. ¿Cuál es la probabilidad de que la siguiente llamada de queja sea para el departamento de electrónica o el departamento de artículos del hogar?

   A. $\frac{4}{15}$

   B. $\frac{1}{2}$

   C. $\frac{3}{5}$

   D. $\frac{2}{3}$

8. ¿Cuál es la probabilidad de que la siguiente llamada de queja sea para un departamento que no sea el de electrónica?

   A. 0.2
   B. 0.4
   C. 0.6
   D. 1.0

INSTRUCCIONES: Lee la pregunta y elige la **mejor** respuesta.

9. Ian lee en el periódico que hay un 40% de probabilidades de lluvia para mañana. ¿Cuál es la probabilidad de que **no** llueva mañana?

   A. $\frac{1}{25}$

   B. $\frac{3}{50}$

   C. $\frac{3}{5}$

   D. $\frac{1}{1}$

UNIDAD 2

Gráficas de barras y lineales

TEMAS DE MATEMÁTICAS: Q.6.a, Q.6.c
PRÁCTICA DE MATEMÁTICAS: MP.1.a, MP.1.b, MP.1.e, MP.2.c, MP.3.a, MP.4.c, MP.5.a

UNIDAD 2

1 Aprende la destreza

Las gráficas organizan y presentan los datos de manera visual. Las **gráficas de barras** utilizan barras verticales u horizontales para mostrar y, a menudo, comparar datos. Las **gráficas lineales** suelen mostrar cómo cambia un conjunto de datos con el paso del tiempo. Las gráficas pueden incluir escalas y claves que dan detalles sobre los datos.

Los **diagramas de dispersión** son un tipo de gráfica lineal que muestran cómo un conjunto de datos influye en otro. La relación entre conjuntos de datos se conoce como su **correlación**. Una correlación puede ser positiva, que se extiende hacia arriba desde el origen hasta los puntos x- y y-, o negativa, que se extiende hacia abajo desde el eje de la y hasta el eje de la x, o puede no existir.

2 Practica la destreza

Al practicar la destreza de interpretar gráficas de barras y lineales, mejorarás tus capacidades de estudio y evaluación, especialmente en relación con la Prueba de Razonamiento Matemático GED®. Lee el ejemplo y las estrategias que aparecen a continuación. Luego responde la pregunta.

a En una gráfica de barras o en una gráfica lineal pueden aparecer múltiples conjuntos de datos. Cuando esto ocurre en una gráfica lineal como esta, verás dos o más patrones de líneas. A menudo, las líneas aparecen en diferentes colores como en esta gráfica.

b Cuando uses una gráfica, primero examina todas sus partes. El título describe el tema de la gráfica. Los rótulos a lo largo de los ejes vertical y horizontal describen los datos. La escala del eje vertical muestra qué intervalo se usa. Hallarás las categorías a lo largo del eje horizontal. Esta gráfica lineal también tiene una clave que muestra el código de color que se usó para los diferentes parques.

Esta gráfica lineal muestra la precipitación mensual durante la primavera y el verano en dos parques estatales.

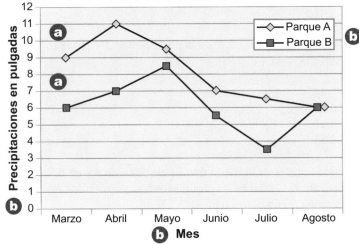

PRECIPITACIONES MENSUALES EN DOS PARQUES ESTATALES

1. ¿Durante qué mes fue mayor la diferencia de precipitaciones entre los dos parques?

   A. marzo
   B. abril
   C. junio
   D. julio

★ Ítem en foco: **PUNTO CLAVE**

INSTRUCCIONES: Estudia la información y la gráfica y lee cada pregunta. Luego, marca la **mejor** respuesta para cada pregunta en la gráfica.

Fred anotó los resultados del salto en largo en una competencia de atletismo. Hizo la gráfica de barras que aparece a continuación para mostrar los resultados en línea.

RESULTADOS DEL SALTO EN LARGO

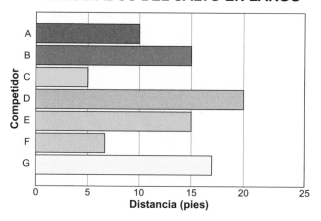

2. ¿Qué competidor saltó exactamente la mitad de la distancia del ganador? Encierra en un círculo esa barra en la gráfica.

3. Katie y Alana saltaron la misma distancia. ¿Qué distancia saltaron? Encierra en un círculo la distancia en la escala de la gráfica.

4. Coloca una **X** sobre el nombre del participante que no está de acuerdo con la afirmación "Ningún competidor saltó más de 18 pies".

5. El competidor C mejoró significativamente su salto en largo en su siguiente intento. De hecho, triplicó su distancia anterior. Anota la nueva distancia del competidor C en la gráfica extendiendo su barra a la distancia apropiada.

6. El competidor D cometió una falta de pie en su último intento, por eso vuelve a su mejor distancia anterior de 17 pies. Modifica el resultado del competidor D marcando la nueva distancia correcta con una X en su barra.

INSTRUCCIONES: Estudia la información y el diagrama de dispersión y lee cada pregunta. Luego, marca la **mejor** respuesta para cada pregunta en el diagrama de dispersión.

Una compañía educativa comparó los puntajes de los estudiantes en la Prueba de Razonamiento Matemático GED® con la cantidad de horas que dedicaron para prepararse. Sus conclusiones se muestran en el diagrama de dispersión que aparece a continuación.

TIEMPO DE ESTUDIO PARA LA PRUEBA DE MATEMÁTICAS GED®

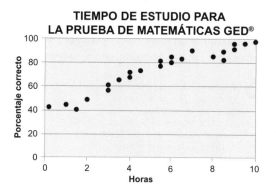

7. Anton espera sacar al menos 80% en su Prueba de Razonamiento Matemático GED®. Encierra en un círculo en la escala la cantidad de horas que Anton deberá reservar para estudiar para la prueba.

INSTRUCCIONES: Estudia la información y la gráfica y lee cada pregunta. Luego, marca la **mejor** respuesta para cada pregunta en la gráfica.

La gráfica que aparece a continuación muestra el efecto que los niveles crecientes de educación tienen sobre los ingresos.

8. Encierra en un círculo en la gráfica los niveles de educación que resultaron en desempleo por debajo del promedio nacional en 2012.

SALARIO SEGÚN EL NIVEL DE EDUCACIÓN

Fuente: BLS

Gráficas circulares

TEMAS DE MATEMÁTICAS: Q.6.a
PRÁCTICA DE MATEMÁTICAS: MP.1.a, MP.1.b, MP.2.c, MP.3.a, MP.4.c

UNIDAD 2

1 Aprende la destreza

Como las gráficas de barras y lineales, las gráficas circulares muestran los datos de manera visual. Mientras que una gráfica lineal muestra cómo cambian los datos a lo largo del tiempo, una **gráfica circular** muestra cómo partes de los datos se comparan con el total. Por ejemplo, una gráfica circular de ventas de cada departamento de una tienda puede mostrar de un vistazo el departamento más productivo, así como la manera en que las ventas de cada departamento se comparan con las ventas totales de la tienda.

Los valores de las secciones de una gráfica circular se pueden expresar como fracciones, números decimales, porcentajes o incluso como números naturales. En algunos casos, podrías necesitar convertir de una forma a otra, como de fracciones a porcentajes.

2 Practica la destreza

Al practicar la destreza de interpretar gráficas circulares, mejorarás tus capacidades de estudio y evaluación, especialmente en relación con la Prueba de Razonamiento Matemático GED®. Estudia la gráfica y la información que aparecen a continuación. Luego responde la pregunta.

a Algunas gráficas circulares, como esta, están rotuladas solo con categorías, en lugar de categorías y porcentajes. Independientemente de cómo esté rotulada una gráfica circular, el total del círculo representa 1 ó 100%.

b Usa el tamaño de una categoría para estimar su valor. Observa que el mantenimiento del carro y la gasolina representan aproximadamente un cuarto del total cada uno, o el 25%. Esto te ayudará a estimar los porcentajes de otras categorías.

Jerry hizo una gráfica circular para mostrar su presupuesto mensual.

PRESUPUESTO DE JERRY

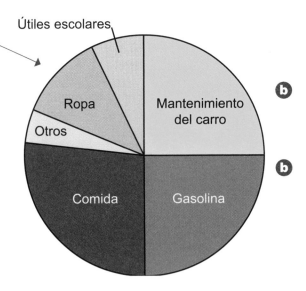

USAR LA LÓGICA

Como la sección para comida es más grande que la sección para mantenimiento del carro o gasolina, puedes estimar que Jerry presupuesta más del 25% para comida.

1. ¿Aproximadamente qué porcentaje mensual presupuesta Jerry para comida?

A. 10%
B. 20%
C. 30%
D. 45%

Ítem en foco: **ARRASTRAR Y SOLTAR**

INSTRUCCIONES: Estudia la gráfica y la tabla. Luego completa la gráfica arrastrando los rótulos hasta las secciones correctas de la gráfica.

2. **FUENTES DE DINERO PARA COLEGIATURA**

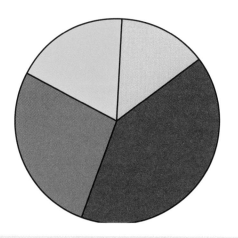

Ayuda financiera	45%
Salario	30%
Becas	20%
Padres	15%

INSTRUCCIONES: Estudia la información y la gráfica, lee cada pregunta y elige la **mejor** respuesta.

La gráfica circular que aparece a continuación muestra los medios de transporte que usan los empleados para ir a su trabajo.

CÓMO VIAJAN LOS EMPLEADOS A SU TRABAJO

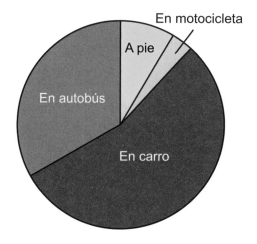

3. ¿Aproximadamente qué parte de los empleados van en carro a trabajar?

A. 25%
B. 30%
C. 50%
D. 60%

INSTRUCCIONES: Estudia la información y la gráfica, lee cada pregunta y elige la **mejor** respuesta.

Una biblioteca hizo una gráfica circular de los tipos de libros que sacaron los lectores en septiembre.

LECTURAS DE SEPTIEMBRE

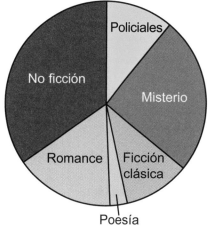

4. ¿Qué categorías de libros podría usar un bibliotecario como argumento para ordenar este agosto?

A. no ficción y misterio
B. misterio y romance
C. no ficción y policiales
D. ficción clásica y poesía

Diagramas de puntos, histogramas y diagramas de caja

TEMAS DE MATEMÁTICAS: Q.2.a, Q.6.b, Q.7.a
PRÁCTICA DE MATEMÁTICAS: MP.1.e, MP.2.c, MP.3.a, MP.4.c

UNIDAD 2

1 Aprende la destreza

Los **diagramas de puntos** ofrecen una manera rápida y sencilla de organizar conjuntos de datos con un número pequeño de valores (ej. aquellos menores que 50). Constan de una recta numérica en la que se anota cada aparición de un valor con un punto; el número de puntos asociado con cada valor indica la frecuencia de ese valor en el conjunto de datos. Los **histogramas** están formados por barras adyacentes del mismo ancho. La longitud de las barras de un histograma responde a la escala asociada. A diferencia de los diagramas de puntos, los histogramas se pueden usar con conjuntos de datos de cualquier tamaño y se usan para representar frecuencia.

Los **diagramas de caja** son una manera conveniente de representar y comparar conjuntos de datos numéricos usando cinco características de cada conjunto de datos: el valor de la mediana, los valores del primer cuartil (25%) y del tercer cuartil (75%), y los valores máximo y mínimo.

2 Practica la destreza

Al practicar las destrezas de representar, mostrar e interpretar datos con diagramas de puntos, histogramas y diagramas de caja, mejorarás tus capacidades de estudio y evaluación, especialmente en relación con la Prueba de Razonamiento Matemático GED®. Estudia la información y los diagramas que aparecen a continuación. Luego responde la pregunta.

a Un diagrama de puntos contiene información detallada acerca de un conjunto de datos y permite determinar cantidades como la media, la moda y el rango. Por ejemplo, como hay un número impar de estudiantes (33), el puntaje promedio de la mediana será el 17.° valor (8.0) contando hacia el centro desde cualquier extremo. Esto aparece como la línea del centro en el diagrama de caja.

b Como el valor de la mediana es un punto de datos real, ese punto de datos no se considera parte de la mitad superior o inferior del conjunto de datos. El *primer cuartil* es la mediana de la mitad inferior del conjunto de datos. El *tercer cuartil* es la mediana de la mitad superior del conjunto de datos. Como hay 16 puntos en cada mitad, los valores de cuartil estarán a mitad de camino entre el 8.° y el 9.° valor. En el caso del tercer cuartil, ambos valores son 9; entonces el valor del tercer cuartil es 9.0. Este es el límite superior de la caja en el diagrama de caja.

Una clase de 33 estudiantes resuelve una prueba de 10 puntos. El diagrama de puntos (arriba) y el diagrama de caja (abajo) que aparecen a continuación representan la distribución de las puntuaciones de los estudiantes.

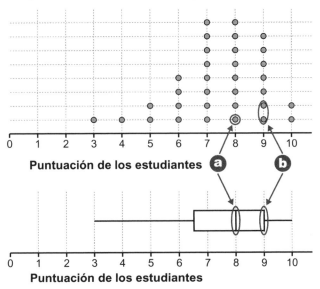

Puntuación de los estudiantes **a** **b**

Puntuación de los estudiantes

USAR LA LÓGICA

Los puntos encerrados en un círculo se hallaron contando de izquierda a derecha, comenzando en la parte superior de cada columna de puntos. Puedes comprobar tu trabajo contando de derecha a izquierda, comenzando también en la parte superior de cada columna de puntos.

1. Usando el diagrama de puntos, ¿cuál es la puntuación de los estudiantes del primer cuartil en esta prueba?

A. 6.0
B. 6.5
C. 7.0
D. 7.5

INSTRUCCIONES: Estudia la información y el diagrama de puntos, lee cada pregunta y elige la **mejor** respuesta.

Se realizó un estudio del sueño en 40 personas durante una semana. El número promedio de horas por noche que durmió cada sujeto está redondeado a la hora más próxima. Los resultados tabulados aparecen en el diagrama de puntos de abajo.

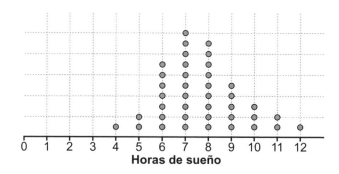

Horas de sueño

2. ¿Cuál es el valor de la mediana de horas de sueño según este estudio?

   A. 6.5 h
   B. 7.0 h
   C. 7.5 h
   D. 8.0 h

3. ¿Cuál es el valor de la moda de la distribución?

   A. 6.5 h
   B. 7.0 h
   C. 7.5 h
   D. 8.0 h

4. ¿Cuál es el rango de la distribución?

   A. 4 h
   B. 5 h
   C. 7 h
   D. 8 h

5. ¿Cuántos sujetos durmieron 9 horas?

   A. 5
   B. 6
   C. 7
   D. 9

INSTRUCCIONES: Estudia la información y el histograma, lee la pregunta y elige la **mejor** respuesta.

Recientemente se emitió el primer episodio de una nueva comedia de dibujos animados en el horario central de televisión. Aunque está dirigido a adultos jóvenes, el nuevo programa entusiasmó a los funcionarios de la cadena porque resultó atractivo a un amplio espectro de grupos etarios. El histograma que aparece a continuación ilustra el índice de audiencia medido en millones de telespectadores de varios grupos etarios.

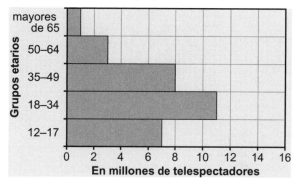

En millones de telespectadores

6. ¿Qué patrón puedes identificar a partir de los datos de telespectadores?

   A. El programa tuvo el mismo éxito entre todos los grupos etarios.
   B. El programa tuvo más éxito entre los telespectadores de 35 a 49 años.
   C. El programa tuvo altos índices de audiencia entre los adolescentes y adultos menores de 50 años.
   D. El programa tuvo poco éxito entre los telespectadores jóvenes.

INSTRUCCIONES: Estudia la información y el diagrama de puntos, lee la pregunta y elige la **mejor** respuesta.

La lista de la clase de una maestra muestra que sus estudiantes tienen las siguientes edades.

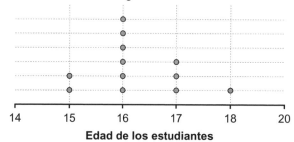

Edad de los estudiantes

7. ¿Cuál es el rango de los datos?

   A. 3
   B. 4
   C. 6
   D. 16

UNIDAD 2

Repaso de la Unidad 2

INSTRUCCIONES: Lee cada pregunta y elige la **mejor** respuesta.

1. Un artista necesita 840 pies de cinta para una obra de arte al aire libre. La compañía que fabrica la cinta la vende solo en rollos de 100 yardas. Dada la información de la tabla, ¿cuántas yardas de cinta quiere usar el artista?

Longitud
1 pie = 12 pulgadas (pulg)
1 yarda (yd) = 3 pies
1 milla (mi) = 5,280 pies
1 milla = 1,760 yardas

    A. 70 yd
    B. 280 yd
    C. 300 yd
    D. 2,520 yd

2. Un cordón tiene 1 gramo de masa. Un libro de texto tiene aproximadamente 1 kilogramo de masa. Dada la información de la tabla, ¿cuántos cordones necesitarías juntar para tener una masa igual a la de dos libros de texto?

Masa
1 kilogramo (kg) = 1,000 gramos (g)
1 gramo = 100 centigramos (cg)
1 centigramo = 10 miligramos (mg)

    A. 100
    B. 200
    C. 1,000
    D. 2,000

3. Un jardinero está plantando flores a lo largo del borde de dos sectores triangulares de un gran jardín, como aparece a continuación. Ambos sectores triangulares tienen el mismo tamaño. ¿Cuál es el perímetro de los dos sectores triangulares del jardín?

    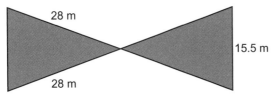

    28 m
    28 m
    15.5 m

    A. 56 m
    B. 71.5 m
    C. 127.5 m
    D. 143 m

INSTRUCCIONES: Lee cada pregunta y elige la **mejor** respuesta.

4. Un arquitecto diseña una pared divisoria con tres secciones móviles, que aparece a continuación, para una sala de conferencias de un gran hotel. Las dos figuras triangulares tienen el mismo tamaño. ¿Cuál es el área de la pared divisoria cuando se juntan las tres partes?

    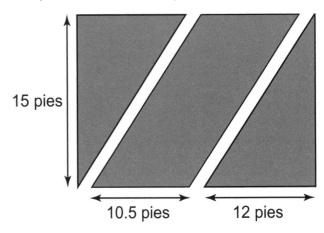

    15 pies
    10.5 pies
    12 pies

    A. 75.0 pies^2
    B. 247.5 pies^2
    C. 337.5 pies^2
    D. 1890 pies^2

5. Jane está haciendo un adorno con polvos de diferentes colores. Quiere 250 gramos de polvo azul, 250 gramos de polvo plateado, 300 gramos de polvo rojo y 375 gramos de polvo verde. ¿Cuántos kilogramos de polvo necesitará Jane en total?

    A. 1.175 kg
    B. 11.75 kg
    C. 117.5 kg
    D. 1,175 kg

6. La distancia de vuelo entre Boston y Chicago es aproximadamente 850 millas. Un avión de pasajeros sale de Boston a las 11:30 a. m. La velocidad promedio del avión es 500 m.p.h. En Boston hay una hora más que en Chicago. ¿Qué hora será en Chicago cuando aterrice el avión?

    A. 12:12 p. m.
    B. 1:12 p. m.
    C. 1:42 p. m.
    D. 2:12 p. m.

INSTRUCCIONES: Lee cada pregunta y elige la **mejor** respuesta.

7. Para instalar una cerca de alambre alrededor de dos canchas de tenis, los contratistas necesitan hallar el perímetro para saber cuánta cerca comprar. Cada cancha de tenis tiene 60 pies de ancho y 120 pies de longitud. ¿Cuánta cerca necesitan comprar los contratistas para cercar las canchas de tenis con los márgenes que aparecen a continuación?

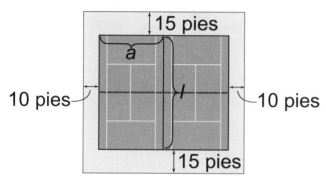

A. 290 pies
B. 360 pies
C. 520 pies
D. 580 pies

INSTRUCCIONES: Estudia la figura que aparece a continuación, lee cada pregunta y elige la **mejor** respuesta.

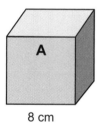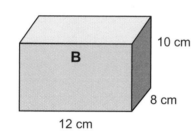

8 cm   12 cm

8. El recipiente A es un cubo. ¿Cuál es el volumen del recipiente A en centímetros cúbicos?

A. 24 cm³
B. 64 cm³
C. 512 cm³
D. 384 cm³

9. Henry llena los dos recipientes con agua. ¿Cuánta agua usará?

A. 1,472 cm³
B. 1,024 cm³
C. 968 cm³
D. 54 cm³

INSTRUCCIONES: Estudia la información y la tabla, lee cada pregunta y elige la **mejor** respuesta.

Una compañía de televisión por cable pide a una familia que anote el número de horas que pasa mirando televisión. La familia registra los datos semanales durante dos meses.

HORAS SEMANALES DE TELEVISIÓN

Semana	Horas de televisión
1	21.5
2	28.0
3	15.5
4	23.0
5	29.0
6	34.0
7	27.0
8	35.0

10. Al décimo más próximo, ¿cuál es la media de horas que la familia pasa mirando televisión por semana?

A. 26.0
B. 26.6
C. 27.0
D. 27.5

11. ¿Qué enunciado describe mejor la media y la mediana?

A. La mediana es levemente mayor que la media.
B. La mediana y la media son iguales.
C. La media es levemente mayor que la mediana.
D. La media es mucho mayor que la mediana.

12. ¿Cuál es el rango de horas por semana que la familia pasa mirando televisión?

A. 15.5
B. 18.5
C. 19.5
D. 35.0

INSTRUCCIONES: Estudia la información y la figura que aparecen a continuación, lee cada pregunta y elige la **mejor** respuesta.

El dado tiene uno de los dígitos de 1 a 6 en cada lado.

13. ¿Cuál es la probabilidad de lanzar y sacar un número par?

A. 25%
B. 33%
C. 50%
D. 66%

14. ¿Cuál es la probabilidad de lanzar y sacar 2 ó 4?

A. 25%
B. 33.$\bar{3}$%
C. 50%
D. 66.$\bar{6}$%

15. Se lanzan dos dados al mismo tiempo. ¿Cuál es la probabilidad, expresada como fracción, de sacar números que sumen 2 ó 4?

A. $\frac{1}{18}$
B. $\frac{1}{9}$
C. $\frac{1}{6}$
D. $\frac{1}{3}$

INSTRUCCIONES: Lee la pregunta y elige la **mejor** respuesta.

16. Devaughn recorre un promedio de 45 m.p.h. manejando por un camino de montaña. ¿Cuántas millas, expresadas como número decimal, puede viajar en 45 minutos?

A. 60.0
B. 52.5
C. 45.0
D. 33.75

17. Todas las tardes, la señora Jackson recorre por su vecindario una distancia de aproximadamente 1.25 millas. La caminata le lleva alrededor de 25 minutos. ¿A qué velocidad camina?

A. 0.5 m.p.h.
B. 1.0 m.p.h.
C. 3.0 m.p.h.
D. 5.0 m.p.h.

18. Un equipo de hockey que viaja en autobús salió de una escuela a las 11:50 a. m. Llegó a otra escuela con el mismo huso horario a las 2:10 p. m. ¿Cuánto tiempo llevó el viaje?

A. 2 h 20 min
B. 2 h 10 min
C. 2 h 00 min
D. 1 h 50 min

INSTRUCCIONES: Estudia la información y la gráfica lineal, lee cada pregunta y elige la **mejor** respuesta.

Una compañía tomó nota de las gratificaciones que sus empleados reciben cada año.

GRATIFICACIONES DE LA COMPAÑÍA: 2003–2008

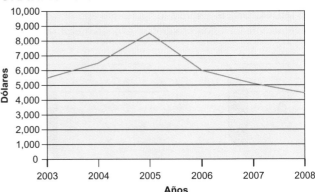

19. ¿Entre qué dos años hubo mayor aumento en la cantidad de gratificaciones otorgadas?

Menú desplegable

A. 2003–2004   C. 2005–2006
B. 2004–2005   D. 2006–2007

20. ¿Durante qué año la cantidad de gratificaciones otorgadas fue menor que $5,000?

Menú desplegable

A. 2005   B. 2006   C. 2007   D. 2008

INSTRUCCIONES: Estudia la información y la tabla, lee cada pregunta y usa las opciones de arrastrar y soltar para elegir la **mejor** respuesta.

Cuatro jugadores de básquetbol tratan de encestar desde distancias que van de 5 pies a 30 pies, lanzando 10 veces desde cada distancia. La tabla que aparece a continuación muestra las veces que los diferentes jugadores encestaron.

Distancia (pies)	Jugador 1	Jugador 2	Jugador 3	Jugador 4
5	10	9	10	8
10	10	8	9	7
15	9	7	8	5
20	6	7	5	2
25	3	1	2	0
30	1	0	0	0

21. A continuación, aparece un diagrama de dispersión de los resultados. ¿La correlación es positiva o negativa?

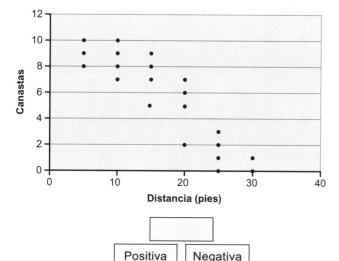

Positiva   Negativa

22. ¿Qué distancia tiene mayor margen de rendimiento?

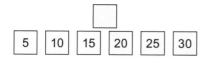

5   10   15   20   25   30

INSTRUCCIONES: Lee cada pregunta y elige la **mejor** respuesta.

23. Una caja de cartón tiene las dimensiones que aparecen a continuación. Si la longitud, el ancho y la altura se duplicaran, ¿cuál sería el nuevo volumen?

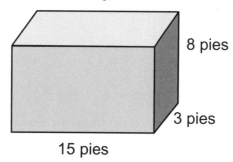

8 pies

3 pies

15 pies

A. 2,880 pies³
B. 1,440 pies³
C. 720 pies³
D. 52 pies³

24. Se lanzan un cubo de seis caras y dos monedas al mismo tiempo. ¿Cuál es la probabilidad, expresada como fracción, de sacar un tres con el dado y dos caras con las monedas?

A. $\frac{1}{4}$

B. $\frac{1}{6}$

C. $\frac{1}{10}$

D. $\frac{1}{24}$

25. Hay dos cajas verdes y dos cajas rojas. ¿Cuántas formas posibles hay de organizar las cajas en una hilera?

A. 4
B. 6
C. 12
D. 24

26. Si se lanzan tres dados de seis caras, ¿cuál es la probabilidad, expresada como fracción, de que se saque el mismo número en todos los dados?

A. $\frac{1}{6}$

B. $\frac{1}{12}$

C. $\frac{1}{36}$

D. $\frac{1}{216}$

27. Se lanza un par de monedas dos veces y ambas caen en cara cada vez. ¿Cuál es la probabilidad, en porcentaje, de que la siguiente vez que se lancen ambas caigan en cara?

    A. 1.56%
    B. 6.25%
    C. 12.5%
    D. 25%

INSTRUCCIONES: Estudia el diagrama y la información, lee cada pregunta y elige la **mejor** respuesta.

El juego más popular en una feria es la *Rueda de la fortuna* que aparece a continuación. El resultado "Sigue participando" quiere decir que el jugador no ganó un premio.

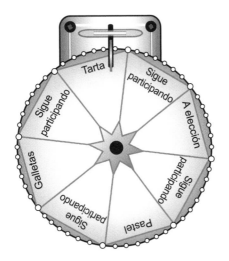

28. ¿Cuáles son las probabilidades, expresadas como número decimal, de que el jugador que gire la rueda gane un premio?

    A. 0.5
    B. 0.375
    C. 0.25
    D. 0.125

29. Imagina que un jugador realmente quiere ganar un pastel. ¿Cuáles son las probabilidades de que el jugador gane un pastel, expresadas como porcentaje?

    A. 50%
    B. 37.5%
    C. 25%
    D. 12.5%

INSTRUCCIONES: Estudia la información y la tabla, lee cada pregunta y elige la **mejor** respuesta.

Una estación pública de radio está haciendo una campaña de una semana para recolectar fondos. Los resultados de los primeros cinco días aparecen a continuación.

RECOLECCIÓN DE FONDOS DE LA ESTACIÓN DE RADIO

Resultados de la campaña	
Lunes	$5,400
Martes	$6,200
Miércoles	$4,900
Jueves	$4,400
Viernes	$7,600
Sábado	
Domingo	

30. ¿Cuál es el rango de los resultados diarios de la campaña para recolectar fondos hasta el momento?

    A. $1,600
    B. $3,200
    C. $4,400
    D. $7,600

31. ¿Cuál es la media diaria de los resultados de la campaña para recolectar fondos de los primeros cinco días?

    A. $4,750
    B. $5,400
    C. $5,700
    D. $7,125

32. ¿Cuál es la mediana de los resultados de la campaña para recolectar fondos de los primeros cinco días?

    A. $4,400
    B. $4,900
    C. $5,400
    D. $7,600

33. Si el objetivo de la campaña es recolectar $45,000, ¿cuál debe ser la media de recolección de fondos el sábado y el domingo?

    A. $16,500
    B. $8,250
    C. $6,430
    D. $5,110

INSTRUCCIONES: Estudia la información y la tabla, lee cada pregunta y escribe la respuesta en el recuadro que aparece a continuación.

En la tabla que aparece a continuación, se mencionan los puntajes de Morgan, Tom y Dana en cada hoyo de un campo de minigolf de 9 hoyos. El resultado 0 = par del hoyo.

PUNTAJE PARA CADA HOYO

Hoyo	1	2	3	4	5	6	7	8	9
Morgan	1	0	3	1	−1	1	−1	0	1
Tom	0	−1	1	0	2	1	−1	2	0
Dana	2	1	2	0	1	0	−1	−1	−2

34. Considerando los puntajes de los tres jugadores juntos, ¿cuál es el resultado medio al décimo más próximo?

35. Considerando los resultados de los tres jugadores juntos, ¿cuál es la moda de la distribución de los puntajes?

36. Haz un diagrama de puntos para los puntajes de los tres jugadores.

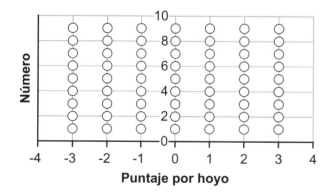

37. Haz un diagrama de caja para los puntajes de los tres jugadores.

INSTRUCCIONES: Estudia el diagrama y la información, lee cada pregunta y escribe la respuesta en el recuadro que aparece a continuación.

El área de juego de una cancha de fútbol es de 100 yardas de longitud y 160 pies de ancho, como se muestra a continuación.

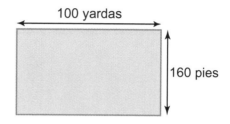

100 yardas

160 pies

38. Al décimo más próximo, ¿cuántas veces tendrías que recorrer la longitud de la cancha de fútbol para haber caminado una milla?

39. Al décimo más próximo, ¿cuántas veces tendrías que caminar alrededor del perímetro de la cancha de fútbol para haber recorrido una milla?

INSTRUCCIONES: Lee la pregunta y elige la **mejor** respuesta.

40. Imagina que alguien recibe cuatro tarjetas numeradas de 1 a 4. Se mezclan las tarjetas y se dan de una a la vez. ¿Cuál es la probabilidad, expresada como fracción, de que serán dadas en orden, primero 1, luego 2, después 3 y por último 4?

A. $\frac{1}{4}$

B. $\frac{1}{6}$

C. $\frac{1}{12}$

D. $\frac{1}{24}$

INSTRUCCIONES: Estudia la información, luego usa las opciones de arrastrar y soltar para completar cada respuesta.

Un salón de banquetes recibe los pedidos que aparecen a continuación para una cena de 60 personas.

PEDIDOS

Comida	Número
Filete	17
Pescado	15
Pasta	12
Pollo	11
Vegetariana	5

41. Arrastra los nombres de las comidas y suéltalos en el lugar apropiado de la gráfica de barras que aparece a continuación:

Filete	Pescado	Pasta	Pollo	Vegetariana

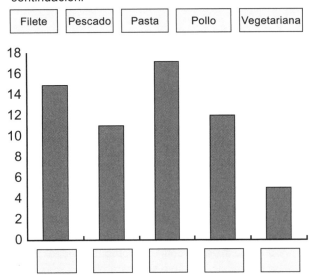

42. Arrastra los nombres de las comidas y suéltalos en el lugar apropiado de la gráfica circular:

Filete	Pescado	Pasta	Pollo	Vegetariana

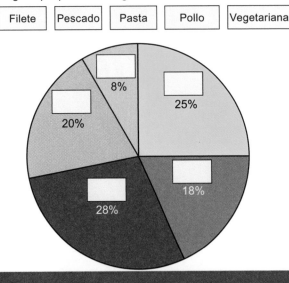

43. ¿Qué tipo de gráfica es mejor para comparar el número de porciones de cada tipo de comida que se pidió, y cuál es el mejor para comparar el número de porciones de cada tipo de comida que se pidió con el número total de porciones pedidas? Arrastra cada gráfica y suéltala en el lugar apropiado.

Barras	Circular

Comparaciones entre sí: ☐

Comparaciones con el total: ☐

INSTRUCCIONES: Estudia la información y la gráfica lineal, lee cada pregunta y elige la **mejor** respuesta.

La estatura de tres personas durante los primeros 20 años de vida está marcada en la gráfica que aparece a continuación.

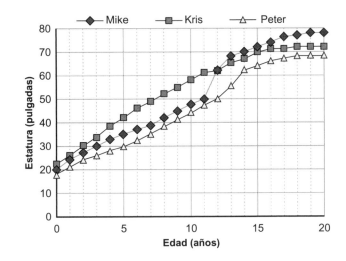

44. ¿Cuál es el orden de las tres personas a los 10 años de edad, desde la estatura mayor a la menor?

A. Mike, Kris, Peter
B. Mike, Peter, Kris
C. Kris, Mike, Peter
D. Kris, Peter, Mike

45. ¿Cuál de las personas sufre el mayor cambio de estatura en un año y a qué edad ocurre?

A. Peter, en el año siguiente a su 13.° cumpleaños
B. Mike, en el año siguiente a su 11.° cumpleaños
C. Kris, en el año siguiente a su 10.° cumpleaños
D. Kris, en el año siguiente a su 11.° cumpleaños

INSTRUCCIONES: Estudia la información y las gráficas, lee cada pregunta y elige la **mejor** respuesta.

La composición étnica de los estudiantes de dos escuelas secundarias se muestra en las gráficas circulares que aparecen a continuación.

Escuela Secundaria West Park

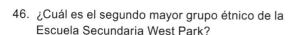

Escuela Secundaria North Hill

46. ¿Cuál es el segundo mayor grupo étnico de la Escuela Secundaria West Park?

   A. afroamericano
   B. asiátiaco
   C. hispano
   D. blanco

47. ¿Cuál es la razón aproximada del porcentaje de estudiantes hispanos de West Park al porcentaje de estudiantes hispanos de North Hill?

   A. 1:2
   B. 1:3
   C. 2:1
   D. 3:1

INSTRUCCIONES: Estudia la información y completa los diagramas indicados.

Un jugador de básquetbol anota los puntos siguientes ordenados de menor a mayor en 25 partidos: 14, 14, 16, 16, 17, 17, 18, 18, 18, 19, 20, 20, 21, 21, 21, 22, 22, 23, 24, 24, 26, 27, 29, 30, 35.

48. Haz un diagrama de puntos de los datos.

49. Haz un histograma de los datos y agrúpalos en intervalos de cuatro puntos indicados en la escala de las *x* que aparece a continuación. Los valores que caen sobre un límite entre los intervalos deben incluirse en el intervalo de la derecha.

INSTRUCCIONES: Estudia la información y el diagrama de caja, lee cada pregunta y elige la **mejor** respuesta de las opciones del menú desplegable.

Se miden los diámetros de cuatro partidas diferentes de tornillos de $\frac{1}{8}$ de pulgada y las distribuciones de los diámetros se muestran en el diagrama de caja que aparece a continuación.

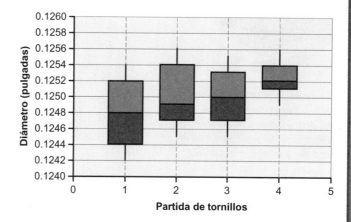

50. ¿Qué partida tiene una mediana más próxima a $\frac{1}{8}$ de pulgada? | Menú desplegable |

   A. 1   B. 2   C. 3   D. 4

51. Si los diámetros deben medir entre 0.1242 pulgadas y 0.1252 pulgadas para encajar en las tuercas correspondientes fabricadas por el productor, ¿qué partida tendrá la menor tasa de artículos defectuosos? | Menú desplegable |

   A. 1   C. 3

   B. 2   D. 4

GED® SENDEROS

Philip Emeagwali

Philip Emeagwali utilizó su éxito en la versión británica de la Prueba de GED como un trampolín a múltiples títulos universitarios y a una carrera en el campo de la supercomputación.

©emeagwali.com

A **Philip Emeagwali se lo conoce como el "Bill Gates de África"** Es fácil ver por qué. Al igual que Gates, el famoso fundador de Microsoft, Emeagwali dejó la escuela antes de recibir su diploma de secundaria. Como Gates, Emeagwali ha disfrutado de un tremendo éxito en la industria de la computación.

Emeagwali, nacido en Nigeria, dejó la escuela cuando sus padres no pudieron seguir pagando sus estudios. Él aprendió de forma autodidacta materias como matemáticas, física, química e inglés. Tales esfuerzos le permitieron a Emeagwali aprobar el examen del Certificado General de Educación (la versión británica de la Prueba GED®) y obtener una beca para la Universidad Estatal de Oregón. Antes de su llegada a los Estados Unidos, jamás había utilizado un teléfono, conocido una biblioteca ni visto una computadora. Emeagwali se graduó en la Estatal de Oregón y luego obtuvo títulos de maestrías en ingeniería civil, ingeniería marina y matemáticas.

La tenacidad de Emeagwali fue la clave de su éxito en el campo de la supercomputación. En 1989, un programa informático que él desarrolló se convirtió en el primero en efectuar 3,100 millones de cálculos por segundo. Emeagwali usó este programa para contribuir a que los científicos comprendieran cómo fluía el petróleo debajo de la tierra. Por sus esfuerzos, Emeagwali recibió el prestigioso Premio Gordon Bell, considerado el Premio Nobel de la computación.

RESUMEN DE LA CARRERA PROFESIONAL: *Philip Emeagwali*

- Inventó un programa para la Máquina de Conexión, la computadora más rápida del mundo.

- Diseñó un sistema de computadoras paralelas utilizado por motores de búsqueda como Yahoo.

- Desarrolló la computadora *Hyperball*, que puede predecir patrones de calentamiento global.

- Realizó una investigación para ayudar a resolver problemas en las áreas de meteorología, energía, salud y el medio ambiente.

Álgebra, funciones y patrones

Unidad 3: Álgebra, funciones y patrones

El álgebra se basa en las áreas centrales de las matemáticas, como el sentido numérico y la medición y análisis de datos, traduciendo cada situación cotidiana a lenguaje matemático.

Usamos el álgebra para resolver problemas complejos y para explorar áreas más sofisticadas de las matemáticas. Ciertos empleos, como aquellos relacionados con campos de la alta tecnología, requieren una profunda formación en álgebra y otras formas de matemáticas más complejas.

Los puntos algebraicos constituyen el 55 por ciento de las preguntas en la Prueba de Razonamiento Matemático GED®. En la Unidad 3, estudiarás expresiones algebraicas, ecuaciones, cuadrados, cubos, exponentes, descomposición en factores, representación gráfica, pendiente y otras destrezas que te ayudarán a prepararte para la Prueba de Razonamiento Matemático GED®.

©RDaniel/Shutterstock

Muchos trabajos relacionados con la alta tecnología requieren destrezas matemáticas avanzadas, sobre todo en el área del álgebra.

Contenido

LECCIÓN	PÁGINA
1: Expresiones algebraicas y variables	50–51
2: Ecuaciones	52–53
3: Elevar al cuadrado, elevar al cubo y extraer las raíces	54–55
4: Exponentes y notación científica	56–57
5: Patrones y funciones	58–59
6: Ecuaciones lineales con una variable	60–61
7: Ecuaciones lineales con dos variables	62–63
8: Descomponer en factores	64–65
9: Expresiones racionales y ecuaciones	66–67
10: Resolver desigualdades y representarlas gráficamente	68–69
11: La cuadrícula de coordenadas	70–71
12: Representar gráficamente ecuaciones lineales	72–73
13: Pendiente	74–75
14: Usar la pendiente para resolver problemas de geometría	76–77
15: Representar gráficamente ecuaciones cuadráticas	78–79
16: Evaluación de funciones	80–81
17: Comparación de funciones	82–83
Repaso de la Unidad 3	**84–91**

UNIDAD 3

Expresiones algebraicas y variables

TEMAS DE MATEMÁTICAS: Q.2.a, Q.2.e, A.1.a, A.1.c, A.1.g
PRÁCTICA DE MATEMÁTICAS: MP.1.a, MP.1.b, MP.1.e, MP.2.a, MP.2.c, MP.3.a, MP.4.a, MP.4.b, MP.5.c

❶ Aprende la destreza

Una **variable** es una letra que se usa para representar un número. Las variables se usan en expresiones algebraicas. Una **expresión algebraica** contiene números y variables que, a veces, están conectados por un signo de operación.

Una variable puede cambiar su valor, lo que permite que la expresión en sí tenga distintos valores. Cuando evalúas una expresión algebraica, reemplazas la variable por un número y resuelves. Por ejemplo, si $b = 3$, entonces $b + 12 = 15$. Si $b = -1$, entonces $b + 12 = 11$.

❷ Practica la destreza

Al practicar las destrezas de utilizar variables y simplificar y evaluar expresiones algebraicas, mejorarás tus capacidades de estudio y evaluación, especialmente en relación con la Prueba de Razonamiento Matemático GED®. Estudia el ejemplo y las estrategias que aparecen a continuación. Luego responde la pregunta.

ⓐ El orden es importante para la división y la resta. Por ejemplo, "6 menos que 3" es $3 - 6$, pero "la diferencia entre 6 y 3" es $6 - 3$.

ⓑ Para simplificar una expresión, suma los términos semejantes. Los términos semejantes tienen la misma variable o variables elevadas a la misma potencia. Por ejemplo, $2x$ y $4x$ son términos semejantes.
Si una expresión contiene paréntesis, usa la propiedad distributiva para simplificar. Para evaluar una expresión, reemplaza las variables por los valores dados y luego sigue el orden de las operaciones.

Palabras	Símbolos
4 más que un número	$4 + x$
5 menos que un número	$x - 5$
3 por un número	$3x$
Un número por sí mismo	x^2
El producto de 8 y un número	$8x$
El producto de 6 y x sumado a la diferencia entre 5 y x	$6x + (5 - x)$
El cociente de 6 y x	$\dfrac{6}{x}$ ó $6 \div x$
Un tercio de un número con un incremento de 5	$\dfrac{1}{3}x + 5$

Simplifica $4x(5x + 7) - 2x$

$$(4x)(5x) + (4x)\,7 - 2x$$
$$20x^2 + 28x - 2x$$
$$20x^2 + 26x$$

1. La edad actual de Gabe es 3 por la edad actual de su hermana. Si x es la edad actual de su hermana, ¿qué expresión representa la edad actual de Gabe?

   A. $3x$

   B. $\dfrac{x}{3}$

   C. $x - 3$

   D. $x + 3$

Ítem en foco: **COMPLETAR LOS ESPACIOS**

INSTRUCCIONES: Lee cada pregunta. Luego escribe tus respuestas en los recuadros que aparecen a continuación.

2. Un plomero cobra $55 por hora y gasta $20 por día en gasolina. Escribe una expresión algebraica que represente su ganancia neta para un día.

3. La longitud de una cancha de fútbol americano es aproximadamente 30 yardas más que su ancho. Expresa la longitud de la cancha de fútbol americano en función de su ancho (*a*).

4. Escribe y simplifica la siguiente expresión: El producto de 5 y *x* multiplicado por 6 menos que el producto de 3 y *x*.

5. Escribe y simplifica la siguiente expresión: Un número por sí mismo sumado al producto de 5 y *x* y restado de la diferencia de 6 y *x*.

UNIDAD 3

INSTRUCCIONES: Estudia la información y la figura, lee cada pregunta y elige la **mejor** respuesta.

El rectángulo que aparece a continuación tiene una longitud y un ancho definidos en función de una variable, *a*, como se muestra.

$2a - 3$

6. ¿Qué expresión representa el perímetro del rectángulo?

A. $3a - 3$
B. $a(2a - 3)$
C. $5a - 3$
D. $6a - 6$

7. ¿Qué expresión representa el área del rectángulo?

A. $a + 2a - 3$
B. $a(2a - 3)$
C. a^2
D. $a + 2a - 3 + a + 2a - 3$

INSTRUCCIONES: Lee cada pregunta y elige la **mejor** respuesta.

8. El ancho del patio de Kevin es 10 pies más que dos veces el ancho de su cochera. ¿Cuál de las expresiones que aparecen a continuación describe el ancho de su patio si *c* representa el ancho de la cochera?

A. $2\,c(10)$
B. $\dfrac{2c}{10}$
C. $2c + 10$
D. $2c - 10$

9. La puntuación de Michael en una prueba de matemáticas fue 8 más que la mitad de su puntuación en la prueba de ciencias. Si *c* es su puntuación en la prueba de ciencias, ¿cuál de las expresiones que aparecen a continuación describe la puntuación de Michael en la prueba de matemáticas?

A. $\dfrac{c}{2} + 8$
B. $\dfrac{c}{8} + 2$
C. $\dfrac{1}{2}c - 8$
D. $\dfrac{1}{2}(8) + c$

LECCIÓN 2

Ecuaciones

TEMAS DE MATEMÁTICAS: Q.2.a, Q.2.e, A.1.a, A.1.b, A.1.c, A.1.j, A.2.a, A.2.c
PRÁCTICA DE MATEMÁTICAS: MP.1.a, MP.1.b, MP.1.e, MP.2.a, MP.2.c, MP.3.a, MP.4.a, MP.4.b

❶ Aprende la destreza

Como recordarás, en una expresión algebraica se usan números y variables que, a veces, están conectados por un signo de operación. Sin embargo, las expresiones no incluyen signos de la igualdad. Una **ecuación**, no obstante, es un enunciado matemático que muestra una expresión algebraica a cada lado de un signo de la igualdad. Una ecuación puede contener variables o no.

Para resolver una ecuación halla el valor de la variable que hace que el enunciado sea verdadero. Para ello, despeja la variable en un lado de la ecuación. Para despejar la variable, haz operaciones inversas. Recuerda: la suma y la resta son operaciones inversas, al igual que la multiplicación y la división.

❷ Practica la destreza

Al practicar la destreza de resolver ecuaciones, mejorarás tus capacidades de estudio y evaluación, especialmente en relación con la Prueba de Razonamiento Matemático GED®. Estudia la información que aparece a continuación. Luego responde la pregunta.

a Haz operaciones inversas en *ambos* lados de la ecuación. Cuando haces una operación en un lado de una ecuación, haz lo mismo en el otro lado. Haz las operaciones inversas para la suma y la resta primero y luego para la multiplicación y la división. Cuando termines, reemplaza la variable por tu solución en la ecuación para comprobar tu respuesta.

b Notas sobre la resolución de ecuaciones:
• Algunas ecuaciones se pueden simplificar antes de resolverlas. Combina los términos semejantes en ambos lados de la ecuación.
• Algunas ecuaciones contienen dos variables en ambos lados. En este caso, agrupa todas las variables en un lado.

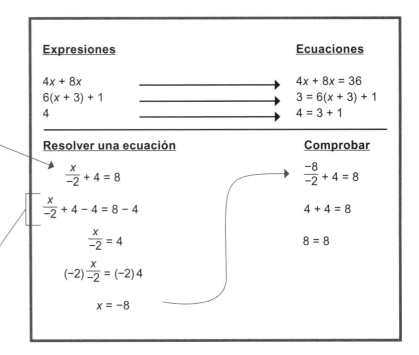

Expresiones

$4x + 8x$
$6(x + 3) + 1$
4

Ecuaciones

$4x + 8x = 36$
$3 = 6(x + 3) + 1$
$4 = 3 + 1$

Resolver una ecuación

$$\frac{x}{-2} + 4 = 8$$

$$\frac{x}{-2} + 4 - 4 = 8 - 4$$

$$\frac{x}{-2} = 4$$

$$(-2)\frac{x}{-2} = (-2)4$$

$$x = -8$$

Comprobar

$$\frac{-8}{-2} + 4 = 8$$

$$4 + 4 = 8$$

$$8 = 8$$

TEMAS

Si una situación contiene dos cantidades desconocidas, o variables, necesitarás dos ecuaciones para resolver el problema. Resuelve una de las ecuaciones para hallar una de las variables y luego reemplaza esa variable en la segunda ecuación.

1. Levi pagó dos cuentas. El costo de las dos cuentas era de $157. El monto de la segunda cuenta era $5 más que el doble del monto de la primera cuenta. ¿Cuál de las siguientes ecuaciones se podría usar para hallar el monto de la primera cuenta?

A. $5 - 2x = 157$
B. $2x - 5 = 157$
C. $x - (2x + 5) = 157$
D. $x + (2x + 5) = 157$

UNIDAD 3

INSTRUCCIONES: Lee cada pregunta y elige la **mejor** respuesta.

2. La suma de dos números enteros consecutivos es 15. ¿Qué ecuación se podría usar para hallar el primer número?

   A. $x + 2x = 15$
   B. $2x + 1 = 15$
   C. $x - 1 = 15$
   D. $\frac{1}{2}x - 1 = 15$

3. El costo de un boleto para adultos al espectáculo de ballet es $4 menos que 2 por el costo de un boleto para niños. Si un boleto para adultos cuesta $20, ¿cuánto cuesta un boleto para niños?

   A. $8
   B. $10
   C. $12
   D. $14

4. La edad de Stephanie es 3 años mayor que la mitad de la edad actual de su hermana. Si su hermana tiene 24 años, ¿cuál es la edad de Stephanie?

   A. 12
   B. 15
   C. 17
   D. 21

5. El número de violonchelos en una orquesta es igual a 2 más que un tercio del número de violines. Si hay 24 violines en la orquesta, ¿cuántos violonchelos hay?

   A. 6
   B. 8
   C. 9
   D. 10

6. Caroline tiene el doble de cantidad de clases de yoga que de clases de ejercicios aeróbicos. Si toma 3 clases de yoga y de ejercicios aeróbicos, ¿cuál de las siguientes ecuaciones se podría usar para hallar la cantidad de clases de ejercicios aeróbicos que toma?

   A. $3x = 3$
   B. $3x - 1 = 3$
   C. $2x - 1 = 3$
   D. $x = 3$

INSTRUCCIONES: Estudia la información, lee la pregunta y elige la **mejor** respuesta.

El perímetro de un triángulo es de 16.5 pies.

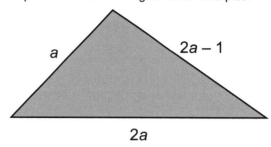

7. ¿Qué ecuación se puede usar para hallar el valor de *a*?

   A. $5a - 1 = 16.5$
   B. $2a - 1 - a - 2a = 16.5$
   C. $a(2a - 1)(2a) = 16.5$
   D. $4a - 1 = 16.5$

INSTRUCCIONES: Lee cada pregunta y elige la **mejor** respuesta.

8. Cuatro por un número es cuatro menos que el doble del número. ¿Cuál es el número?

   A. −4
   B. −2
   C. 2
   D. 4

9. Julián colecciona broches poco comunes de convenciones de partidos políticos. El número de broches que tiene del Partido Demócrata es 14 menos que 3 por el número de broches que tiene del Partido Republicano. Si tiene 98 broches en total, ¿cuántos broches del Partido Republicano tiene?

   A. 14
   B. 28
   C. 42
   D. 70

10. Si $y = 2.5$, ¿a qué equivale *x* en la ecuación $10y - 4(y + 2) + 3x = 5(3 - x)$?

    A. 2
    B. 1
    C. −1
    D. −2

Elevar al cuadrado, elevar al cubo y extraer las raíces

TEMAS DE MATEMÁTICAS: Q.2.a, Q.2.b, Q.2.c, Q.2.d, Q.2.e, A.1.e
PRÁCTICA DE MATEMÁTICAS: MP.1.a, MP.1.b, MP.1.e, MP.2.c, MP.3.a, MP.4.a, MP.5.a, MP.5.b, MP.5.c

① Aprende la destreza

Cuando un número o una variable se multiplica por sí mismo, el resultado se denomina **cuadrado** de ese número o variable. Elevar al cuadrado el número 5, por ejemplo, es hallar el producto de 5 × 5 = 25. Este producto se expresa como 5^2, donde el ^{2} indica que el producto está compuesto de dos factores de 5.

Cuando un número o variable se multiplica por sí mismo una vez más, el resultado se denomina **cubo** del número o variable. Por ejemplo, el cubo de 5 es 5 × 5 × 5 = 125. Este producto se expresa como 5^3.

Para hallar la **raíz cuadrada** de un número, halla el número que, al elevarlo al cuadrado, es igual al número dado. La **raíz cúbica** de un número es el número que, al elevarlo al cubo, es igual al número dado. Las raíces cuadrada y cúbica se indican con signos de raíz, como $\sqrt{25}$ y $\sqrt[3]{125}$, respectivamente.

② Practica la destreza

Al practicar las destrezas de elevar al cuadrado, elevar al cubo y extraer las raíces correspondientes de cantidades, mejorarás tus capacidades de estudio y evaluación, especialmente en relación con la Prueba de Razonamiento Matemático GED®. Estudia la información que aparece a continuación. Luego responde la pregunta.

ⓐ El cuadrado de un número negativo es positivo; si dos números difieren solamente en su signo, sus cuadrados son positivos e iguales. Como resultado, la raíz cuadrada de un número positivo puede tener dos valores. Como no existen números reales que, al ser multiplicados por sí mismos, den como resultado un número negativo, las raíces cuadradas de los números negativos son indefinidas cuando se trata de números reales.

ⓑ El cubo de un número negativo es negativo. Como resultado, la raíz cúbica de un número negativo existe, es negativa y es igual en magnitud a la raíz cúbica del valor absoluto del número.

$$1^2 = 1 \times 1 = 1 \qquad 1^3 = 1 \times 1 \times 1 = 1$$

$$2^2 = 2 \times 2 = 4 \qquad 2^3 = 2 \times 2 \times 2 = 8$$

$$(-1)^2 = (-1) \times (-1) = 1 \qquad (-1)^3 = (-1) \times (-1) \times (-1) = -1$$

$$(-2)^2 = (-2) \times (-2) = 4 \qquad (-2)^3 = (-2) \times (-2) \times (-2) = -8$$

$$\sqrt{1} = 1, -1 \qquad \sqrt[3]{1} = 1$$

$$\sqrt{4} = 2, -2 \qquad \sqrt[3]{8} = 2$$

$$\sqrt{9} = 3, -3 \qquad \sqrt[3]{27} = 3$$

$$\sqrt{-9} = \text{indefinida} \qquad \sqrt[3]{-27} = -3$$

CONSEJOS PARA REALIZAR LA PRUEBA

Extraer la raíz cuadrada de un número no es lo mismo que dividir un número entre 2. Al hallar la raíz cuadrada de x, ten en cuenta lo siguiente: ¿Qué número por sí mismo es igual a x? Al dividir x entre 2, piensa: ¿Qué número sumado a sí mismo es igual a x?

1. La longitud de un cuadrado se puede determinar hallando la raíz cuadrada de su área. Si un cuadrado tiene un área de 81 m², ¿cuál es la longitud del cuadrado?

   A. 8.0 m
   B. 8.5 m
   C. 9.0 m
   D. 9.5 m

Aplica la destreza

⭐ Ítem en foco: ARRASTRAR Y SOLTAR

INSTRUCCIONES: Examina la información. Luego lee cada pregunta y usa las opciones de arrastrar y soltar para completar cada respuesta.

2. Completa lo siguiente, suponiendo que $x < 0$.

 x^2 [____] x^3 [____]

$\sqrt{x}$ [____] $\sqrt[3]{x}$ [____]

 $[> 0]$ $[< 0]$ $[= \text{indefinida}]$

3. Elige de la lista que aparece a continuación la solución (o soluciones) de la ecuación $x^3 = 512$. La ecuación puede tener una solución, más de una solución o ninguna solución.

Solución o soluciones: [____]

$[-16]$ $[-8]$ $[8]$ $[16]$ $[32]$

INSTRUCCIONES: Lee cada pregunta y elige la **mejor** respuesta.

4. Carlos completó x^3 sentadillas como parte de su entrenamiento de fútbol americano. Si $x = 5$, ¿cuántas sentadillas hizo?

   A. 10
   B. 15
   C. 25
   D. 125

5. La longitud de una cara de un cubo puede determinarse hallando la raíz cúbica de su volumen. Si un cubo tiene un volumen de 64 cm³, ¿cuál es la longitud de una cara?

   A. 4.0 cm
   B. 8.0 cm
   C. 16.0 cm
   D. 32.0 cm

6. Para determinar los pedazos de estambre que se necesitan para un proyecto, Josie debe resolver $\dfrac{\sqrt{x}}{4}$ para $x = 64$. ¿Cuál es la solución?

   A. 2
   B. 4
   C. 8
   D. 16

7. Mark multiplicó un número por sí mismo. Halló un producto de 30. ¿Cuál es el número, redondeado a la décima más próxima?

   A. 4.5
   B. 5.4
   C. 5.5
   D. 15.0

8. Un cuadrado tiene un área de 50 pies cuadrados. ¿Cuál es el perímetro del cuadrado, redondeado al pie más próximo?

   A. 7 pies
   B. 28 pies
   C. 49 pies
   D. 100 pies

9. A un estudiante se le indica que un carro en movimiento recorre una distancia x, donde x, expresado en millas, es la solución de la ecuación $(8 - x)^2 = 64$. El estudiante argumenta que el carro no puede estar en movimiento, ya que x debe ser igual a cero. ¿Cuál de las siguientes opciones describe la distancia, x?

   A. El estudiante tiene razón; x debe ser igual a cero.
   B. x es mayor que cero, pero menor que 10.
   C. x está entre 10 y 20.
   D. x es mayor que 20.

10. Un galón tiene un volumen de 231 pulgadas cúbicas. Si un galón de leche se vendiera en un recipiente perfectamente cúbico, ¿qué altura tendría el recipiente a la décima de pulgada más próxima?

    A. 6.0 pulgadas
    B. 6.1 pulgadas
    C. 6.2 pulgadas
    D. 6.3 pulgadas

UNIDAD 3

Exponentes y notación científica

TEMAS DE MATEMÁTICAS: Q.1.c, Q.2.a, Q.2.b, Q.2.c, Q.2.d, Q.2.e, Q.4.a, A.1.d, A.1.e, A.1.f
PRÁCTICA DE MATEMÁTICAS: MP.1.a, MP.1.b, MP.1.e, MP.2.c, MP.3.a, MP.3.c, MP.4.a, MP.4.b, MP.5.c

1 Aprende la destreza

Los **exponentes** se usan cuando un número, denominado base, se multiplica por sí mismo muchas veces. El exponente representa el número de veces que la base aparece en el producto. Cuando a una cantidad se le atribuye un exponente n, se dice que está elevado a la enésima **potencia**. Por ejemplo, 2^5 es lo mismo que 2 elevado a la 5ta potencia. Existen reglas para sumar, restar, multiplicar y dividir cantidades con exponentes.

En la **notación científica** se usan exponentes y potencias de 10 para escribir números muy pequeños y muy grandes en una forma compacta que simplifique los cálculos. La notación científica requiere que el punto decimal esté ubicado justo a la derecha del primer dígito distinto de cero.

2 Practica la destreza

Al practicar la destreza de trabajar con exponentes y notación científica, mejorarás tus capacidades de estudio y evaluación, especialmente en relación con la Prueba de Razonamiento Matemático GED®. Estudia los ejemplos que aparecen a continuación. Luego responde la pregunta.

a Un número o cantidad elevado a la primera potencia es igual a sí mismo. Un número o cantidad (excepto el cero) elevado a la potencia cero es igual a uno. Cuando un número es elevado a una potencia negativa, escribe el recíproco y cambia el exponente negativo a positivo.

b Los términos se pueden sumar y restar si son semejantes, lo que significa que deben tener la misma variable elevada al mismo exponente.

c Para multiplicar términos con la misma base, conserva la base y suma los exponentes. Haz lo opuesto para la división. Si las bases no son las mismas, simplifica aplicando el orden de las operaciones.

$5^1 = 5$ $\qquad$ $5^0 = 1$ **a**		$5^{-2} = \dfrac{1}{5^2} = \dfrac{1}{25}$ **a**
$2x^2 + 4x^2 + 1 = 6x^2 + 1$ **b**		$4x^2 - x^2 = 3x^2$ **b**
$(3^2)(3^3) = (3)^{2+3} = 3^5$ **c**		$\dfrac{6^5}{6} = 6^{5-1} = 6^4$ **c**
$4.2 \times 10^7 = 42{,}000{,}000$		$5{,}800{,}000 = 5.8 \times 10^6$
$3.7 \times 10^{-5} = 0.000037$ **d**	**d**	$0.000052 = 5.2 \times 10^{-5}$

d Para escribir un número representado en notación científica como un número en forma desarrollada, observa la potencia de 10. El exponente indica cuántos lugares debes desplazar el punto decimal, hacia la derecha para los positivos y hacia la izquierda para los negativos. Para escribir un número en notación científica, coloca el punto decimal directamente después del dígito de las unidades. A continuación, cuenta la cantidad de lugares que necesitas desplazarte. Luego elimina los ceros de los extremos.

TECNOLOGÍA PARA LA PRUEBA

La calculadora en línea TI-30XS MultiView™ tiene una función a la que se accede en el modo de notación numérica SCI, que permite hacer los cálculos usando la notación científica.

1. La distancia entre el Sol y Mercurio es aproximadamente 58,000,000 km. ¿Cuál es la distancia escrita en notación científica?

    A. 5.8×10^6
    B. 5.8×10^7
    C. 58×10^6
    D. 58×10^7

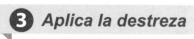

③ Aplica la destreza

INSTRUCCIONES: Lee cada pregunta y elige la **mejor** respuesta.

2. En una pulgada hay 25,400,000 nanómetros. ¿Cuál es el número escrito en notación científica?

   A. 2.54×10^6
   B. 2.54×10^7
   C. 2.54×10^8
   D. 2.54×10^9

3. El ancho de un rectángulo es 2^6 y la longitud es 2^5. ¿Cuál es el área del rectángulo?

   A. 2^1
   B. 2^{11}
   C. 2^{30}
   D. 4^{11}

4. El ancho de cierta hebra de cabello humano es de aproximadamente 1.5×10^{-3} cm. ¿Cuál es el ancho de 2.0×10^5 de estos cabellos si se colocan uno al lado del otro? .

   A. 3.5×10^8 cm
   B. 3.0×10^{-2} cm
   C. 3.0×10^8 cm
   D. 3.0×10^2 cm

5. ¿Cuál de las siguientes opciones tiene el mismo valor que $5^1 + 4^0$?

   A. 9
   B. 8
   C. 6
   D. 5

6. ¿Cuál de las siguientes expresiones es equivalente a $5(7^2 7^2) + 5(7^4 7^{-4}) - (7^8 7^{-4})$?

   A. $4(7^4) + 5$
   B. $6(7^8) + 1$
   C. $10(7^4) - (7^{-2})$
   D. $10(7^4) - (7^2)$

7. ¿Para qué valor de x la expresión $(x^2 + 4)^2 (x^3 + 8)^{-3} (x^4 + 16)^4$ es indefinida?

   A. -8
   B. -4
   C. -2
   D. 2

INSTRUCCIONES: Lee cada pregunta y elige la **mejor** respuesta.

8. ¿Cuál de las siguientes opciones tiene el mismo valor que $6(2^{-3}) + (5)(2^{-4}) + (4)(2^{-5})$?

   A. $\dfrac{15}{2}$

   B. $\dfrac{19}{8}$

   C. $\dfrac{19}{16}$

   D. -256

9. ¿Cuál de las siguientes expresiones es equivalente a $(3x^2 + 3x + 2) + 2(x^2 - 5x - 2)$?

   A. $(5x^2 - 2x)$
   B. $(5x^2 - 13x - 6)$
   C. $(5x^2 + 13x + 6)$
   D. $(5x^2 - 7x - 2)$

10. ¿Cuál de las siguientes expresiones es equivalente a $(3x^2 + 3x + 2) - 2(x^2 - 5x - 2)$?

    A. $(x^2 + 13x + 6)$
    B. $(x^2 - 7x - 2)$
    C. $(x^2 + 8x + 4)$
    D. $(x^2 - 2x)$

11. ¿Cuál de las siguientes expresiones es equivalente a $\dfrac{[(6x^2 + 4) - 2(2 - 3x^2)]}{4x}$?

    A. $\left(\dfrac{x}{2} + \dfrac{5}{2x}\right)$

    B. $3x$

    C. $\dfrac{2}{x}$

    D. $3x^2$

12. Max dice que x^2 es siempre mayor que x^{-2}. ¿Qué valor de x muestra que Max no tiene razón?

    A. $\dfrac{1}{3}$

    B. $\sqrt{3}$

    C. 3

    D. 30

UNIDAD 3

Patrones y funciones

TEMAS DE MATEMÁTICAS: Q.2.a, Q.2.b, Q.2.e, Q.3.d, Q.6.c, A.1.b, A.1.e, A.1.i, A.7.a, A.7.b
PRÁCTICA DE MATEMÁTICAS: MP.1.a, MP.1.b, MP.1.e, MP.2.a, MP.2.c, MP.3.a, MP.4.a, MP.4.b, MP.5.c

1 Aprende la destreza

Un **patrón matemático** es una disposición de números y términos creada al seguir una regla específica. Puedes identificar la regla que se usó para crear un patrón y aplicarla para hallar otros términos del patrón. Una regla algebraica suele denominarse función. Una **función** contiene valores de *x* y *y*. Hay solamente un valor de *y* para cada valor de *x*. Piensa en una función como si fuese una máquina. Para cada valor de *x* que ingresas en la máquina, solamente saldrá un valor de *y*.

2 Practica la destreza

Al practicar la destreza de identificar y ampliar patrones, mejorarás tus capacidades de estudio y evaluación, especialmente en relación con la Prueba de Razonamiento Matemático GED®. Estudia la tabla y la información que aparecen a continuación. Luego responde la pregunta.

a Para identificar la regla que se usó para crear el patrón, estudia la secuencia de números o términos. Pregúntate la relación que hay entre cada término y el siguiente. En este ejemplo, la regla es "sumar 5".

Patrón numérico

−10, −5, 0, 5, 10, 15, . . .

Patrón geométrico

b Un patrón también puede ser geométrico. En este ejemplo, se agregan tres triángulos a la primera figura para formar la segunda y se agregan cinco triángulos a la segunda figura y siete a la tercera. La cantidad de triángulos que hay que agregar aumenta en dos cada vez.

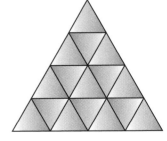
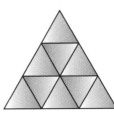
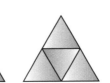

Función

$f(x) = 4x − 2$

x	−2	−1	0	1	2
f(x)	−10	−6	−2	2	6

c Las funciones se escriben como ecuaciones. Pueden mostrar *f(x)* en lugar de *y*. Reemplaza cada valor de *x* (entrada) en las ecuaciones para hallar el valor de *f(x)* (salida). Recuerda que hay solamente una salida para cada entrada.

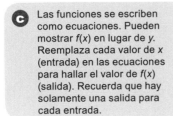

HACER SUPOSICIONES

Es probable que tengas que probar varias reglas antes de hallar la regla correcta de un patrón. Ciertas reglas pueden implicar más de una operación.

1. ¿Cuál es el valor de $f(x)$ si $x = 4$ en la función $f(x) = x^2 − 5$?

A. −3
B. −1
C. 11
D. 21

UNIDAD 3

★ Ítem en foco: **COMPLETAR LOS ESPACIOS**

INSTRUCCIONES: Estudia la información y la tabla que aparecen a continuación. Lee la pregunta y escribe la respuesta en el recuadro.

x	5	10	15	20	25
y	$0.40	$0.80	$1.20	$1.60	

Susan hizo una tabla para representar la cantidad del impuesto sobre las ventas a pagar en montos de compra típicos. La función que usó es $y = 0.08x$, donde x es el costo de la compra y y es el impuesto sobre las ventas, del 8%.

2. ¿Cuánto debe Susan de impuesto sobre las ventas si sus compras suman un total de $25?

INSTRUCCIONES: Lee cada pregunta y elige la **mejor** respuesta.

3. Para la función $f(x) = \dfrac{x}{5}$, ¿cuál de los siguientes valores de x tiene una salida que es un número natural?

A. 19
B. 21
C. 22
D. 25

4. ¿Cuál es la regla del siguiente patrón?

2; 4; 16; 256; 65,536; …

A. multiplicar el término anterior por 2
B. sumar dos veces el término anterior
C. elevar al cuadrado el término anterior
D. multiplicar el término anterior por 4

5. ¿Cuál es el sexto término en la siguiente secuencia?

192, 96, 48, 24, …

A. 15
B. 12
C. 6
D. 3

6. Si $f(x) = 2 - \dfrac{2}{3}x$, ¿cuál es el valor de x cuando $f(x) = 4$?

A. −3
B. $-\dfrac{4}{9}$
C. $\dfrac{4}{9}$
D. 3

INSTRUCCIONES: Estudia la información y la tabla que aparecen a continuación, lee la pregunta y elige la **mejor** respuesta.

7. La siguiente tabla contiene datos que deben completar la función $y = \dfrac{x + 1}{x^2 + 1}$.

x	−2	−1	0	1	2
y	−0.2	0.0	1.0	0.5	0.6

¿Todos los valores de y anteriores **excepto** cuál completan la función?

A. −0.2
B. 0.0
C. 0.5
D. 0.6

INSTRUCCIONES: Estudia la información y la tabla que aparecen a continuación, lee la pregunta y elige la **mejor** respuesta.

La siguiente tabla contiene datos de la distancia d que recorre un avión en t horas. Se supone que se corresponde con la función $d = vt$, donde v es la velocidad del avión.

t	2.0	3.0	4.0	5.0	6.0	7.0
d	500	900	1,000	1,250	1,500	1,750

8. ¿Todos los valores anteriores de d **excepto** cuál se corresponden con los datos?

A. 900
B. 1,000
C. 1,250
D. 1,500

Ecuaciones lineales con una variable

TEMAS DE MATEMÁTICAS: Q.2.a, Q.2.e, Q.3.d, A.2.a, A.2.b, A.2.c
PRÁCTICA DE MATEMÁTICAS: MP.1.a, MP.1.b, MP.1.e, MP.2.a, MP.3.a, MP.4.b, MP.5.a, MP.5.c

1 Aprende la destreza

Una **ecuación lineal con una variable** es una ecuación que consiste en expresiones que tienen solamente valores numéricos y productos de constantes y una variable, como $2x + 6 = 12$. La solución de una ecuación lineal con una variable es el valor de la variable que hace que la ecuación sea verdadera.

Para resolver una ecuación lineal con una variable, usa operaciones inversas para agrupar los términos con variables en un lado de la ecuación y los términos constantes en el otro lado de la ecuación. En el ejemplo anterior, resta 6 de cada lado del signo de la igualdad para que $2x = 6$.

Luego usa **operaciones inversas** para despejar la variable. Las operaciones inversas son operaciones que se cancelan mutuamente. La suma y la resta son operaciones inversas, al igual que la multiplicación y la división. En el ejemplo anterior, tanto $2x$ como 6 se pueden dividir entre 2, de modo que $x = 3$.

2 Practica la destreza

Al practicar la destreza de resolver ecuaciones lineales con una variable, mejorarás tus capacidades de estudio y evaluación, especialmente en relación con la Prueba de Razonamiento Matemático GED®. Estudia la información que aparece a continuación. Luego responde la pregunta.

a Una ecuación lineal con una variable puede tener un término variable a uno o ambos lados del signo de la igualdad. Para resolver la ecuación, agrupa todos los términos con variables a un lado del signo de la igualdad.

b Para resolver, primero cancela la suma y la resta. Luego cancela la multiplicación y la división.

c Puedes comprobar tu solución reemplazando la variable con ella en la ecuación original. Si la solución hace que la ecuación sea verdadera, es correcta.

Resuelve la ecuación:

$$5x + 7 = 19 - 3x$$
$$5x + 3x + 7 = 19 - 3x + 3x \qquad \leftarrow \text{Suma } 3x \text{ a ambos lados.}$$
$$8x + 7 = 19 \qquad \leftarrow \text{Agrupa los términos semejantes.}$$
$$8x + 7 - 7 = 19 - 7 \qquad \leftarrow \text{Resta 7 de ambos lados.}$$
$$8x = 12 \qquad \leftarrow \text{Agrupa los términos semejantes.}$$
$$\frac{8x}{8} = \frac{12}{8} \qquad \leftarrow \text{Divide a ambos lados entre 8.}$$
$$x = 1.5 \qquad \leftarrow \text{Simplifica.}$$

Comprueba:

$$5(1.5) + 7 \overset{?}{=} 19 - 3(1.5)$$
$$7.5 + 7 \overset{?}{=} 19 - 4.5$$
$$14.5 = 14.5$$

USAR LA LÓGICA

Una ecuación establece que dos expresiones son iguales. Cuando trabajas con una ecuación, debes hacer las mismas operaciones en el mismo orden en ambos lados de la ecuación.

1. ¿Qué valor de x hace que la ecuación $3x + 9 = 6$ sea verdadera?

   A. −1
   B. −3
   C. 5
   D. 15

UNIDAD 3

❸ Aplica la destreza

INSTRUCCIONES: Lee cada pregunta y elige la **mejor** respuesta.

2. Resuelve la ecuación para hallar x.

$$0.5x - 4 = 12$$

A. 4
B. 8
C. 16
D. 32

3. ¿Qué valor de y hace que la ecuación sea verdadera?

$$5y + 6 = 3y - 14$$

A. −1
B. −2.5
C. −4
D. −10

4. Resuelve la ecuación para hallar t.

$$\frac{1}{2}t + 8 = \frac{5}{2}t - 10$$

A. 9
B. 3
C. −1
D. −6

5. Cada mes, Cameron gana un salario de $1,200 más un 8% de comisión sobre las ventas. La ecuación $T = 1,200 + 0.08v$ representa el total de lo que gana Cameron por mes. En julio, Cameron ganó un total T de $2,800. ¿Cuál fue el valor de las ventas de Cameron en julio?

A. $15,000
B. $16,000
C. $20,000
D. $50,000

6. El ancho de un patio rectangular es x pies. El patio es 4 pies más largo que ancho. El perímetro P del patio está dado por la ecuación $P = 4x + 8$. Si el perímetro del patio es 84 pies, ¿cuál es la longitud del patio?

A. 19 pies
B. 23 pies
C. 24 pies
D. 28 pies

7. Todas las operaciones siguientes **excepto** una se usan para resolver la ecuación que figura a continuación para hallar x. ¿Cuál es?

$$9x - 2 = 4x + 8$$

A. suma
B. división
C. multiplicación
D. resta

8. Lucas resolvió la ecuación que aparece a continuación y obtuvo $x = 1.25$ como resultado.

$$3x = (8 - 0.25x) - (3 - 0.75x)$$

¿Cuál de las opciones describe la solución de Lucas?

A. La solución es correcta porque $x = 1.25$ hace que la ecuación sea verdadera.
B. La solución es incorrecta porque Lucas dividió ambos lados de la ecuación entre 2.5.
C. La solución es incorrecta porque Lucas sumó $0.75x$ a ambos lados de la ecuación.
D. La solución es incorrecta porque Lucas restó $0.5x$ de ambos lados de la ecuación.

INSTRUCCIONES: Lee cada pregunta y elige la **mejor** respuesta.

9. Resuelve la ecuación para hallar x.

$$-3x + 11 = x - 5$$

A. −1.5
B. −4
C. 2
D. 4

10. Resuelve la ecuación para hallar y.

$$0.6y + 1.2 = 0.3y - 0.9 + 0.8y$$

A. 1.6
B. 2.4
C. 2.6
D. 4.2

11. Halla el valor de n que hace que la ecuación sea verdadera.

$$\frac{n}{4} - \frac{1}{2} = \frac{3n}{2} + \frac{3}{4}$$

A. −1
B. 0
C. 1
D. 2

Ecuaciones lineales con dos variables

TEMAS DE MATEMÁTICAS:: Q.2.a, Q.2.e, A.2.a, A.2.b, A.2.d
PRÁCTICA DE MATEMÁTICAS: MP.1.a, MP.1.b, MP.1.e, MP.2.a, MP.2.c, MP.3.a, MP.4.a, MP.4.b, MP.5.c

UNIDAD 3

1 Aprende la destreza

Una **ecuación lineal con dos variables** es un enunciado matemático que iguala dos expresiones, como $4x + 2y = 14$, cuyos términos están compuestos por valores numéricos y productos de constantes y variables. En un término puede haber solo una variable, como x o y, pero no ambas. Un sistema de ecuaciones lineales con dos variables suele resolverse aplicando:

- el método de la **sustitución**, en el que se resuelve una de las ecuaciones para hallar una variable y se reemplaza esa variable con el valor en la ecuación original para hallar la segunda variable; o
- el método de la **combinación lineal**, o eliminación, en el que una o ambas ecuaciones se multiplican por una constante para producir nuevos coeficientes que son opuestos, de modo que una variable se puede cancelar y la ecuación resultante se puede resolver para hallar la otra variable.

2 Practica la destreza

Al practicar la destreza de resolver ecuaciones lineales con dos variables, mejorarás tus capacidades de estudio y evaluación, especialmente en relación con la Prueba de Razonamiento Matemático GED®. Estudia la información que aparece a continuación. Luego responde la pregunta.

a Cualquiera de las ecuaciones se puede resolver para hallar cualquiera de las variables. Es más fácil resolver para hallar la variable con un coeficiente de 1 ó −1.

b Este sistema también se podría resolver multiplicando la primera ecuación por −2, sumándola a la segunda ecuación y resolviendo la nueva ecuación para hallar y.

c La variable se puede reemplazar con su valor en cualquiera de las ecuaciones originales. Obtendrás el mismo valor para la segunda variable.

$$4(2) - 2y = 2$$
$$8 - 2y = 2$$
$$-2y = -6$$
$$y = 3$$

Resuelve el conjunto de ecuaciones lineales con dos variables.

$$\begin{cases} 2x + y = 7 \\ 4x - 2y = 2 \end{cases}$$

Método de la sustitución

a Resuelve la primera ecuación para hallar y:
$$2x - 2x + y = 7 - 2x$$
$$y = 7 - 2x$$
Reemplaza y con $7 - 2x$ para hallar x:
$$4x - 2(7 - 2x) = 2$$
$$4x - 14 + 4x = 2$$
$$8x - 14 + 14 = 2 + 14$$
$$8x = 16$$
$$x = 2$$

c Reemplaza x con 2 y resuelve para hallar y:
$$2(2) + y = 7$$
$$4 + y = 7$$
$$y = 3$$
La solución es (2, 3).

Método de la combinación lineal

b Multiplica la primera ecuación por 2:
$$4x + 2y = 14$$
Súmala a la segunda ecuación:
$$\begin{array}{r} 4x + 2y = 14 \\ \underline{4x - 2y = 2} \\ 8x + 0y = 16 \end{array}$$
Resuelve la nueva ecuación para hallar x:
$$8x = 16$$
$$x = 2$$

c Reemplaza x con 2 y resuelve para hallar y:
$$2(2) + y = 7$$
$$4 + y = 7$$
$$y = 3$$
La solución es (2, 3).

CONSEJOS PARA REALIZAR LA PRUEBA

La solución de una ecuación lineal refleja los valores de las variables que hacen que ambas ecuaciones sean verdaderas. Comprueba que tu solución sea correcta reemplazando las variables con valores de pares ordenados en las dos ecuaciones originales.

1. ¿Qué par ordenado es la solución del sistema de ecuaciones lineales?

$$\begin{cases} x + 3y = 1 \\ 2x + 2y = 6 \end{cases}$$

A. (−2, 1)
B. (3, 1)
C. (4, −1)
D. (7, −2)

⭐ Ítem en foco: **COMPLETAR LOS ESPACIOS**

INSTRUCCIONES: Lee cada pregunta. Luego escribe tus respuestas en los recuadros que aparecen a continuación.

2. Resuelve el sistema de ecuaciones lineales.

$$\begin{cases} 3x - y = 10 \\ 2x + y = 5 \end{cases}$$

$x =$

$y =$

3. Resuelve el sistema de ecuaciones lineales.

$$\begin{cases} 4x - 3y = -1 \\ -2x + 5y = 11 \end{cases}$$

$x =$

$y =$

4. Resuelve el sistema de ecuaciones lineales.

$$\begin{cases} 0.5x - 2y = 6 \\ 3x + 8y = 16 \end{cases}$$

$x =$

$y =$

5. La edad de Marta es 4 menos que 2 por la edad de Gavin. La suma de sus edades es 20. El sistema de ecuaciones que aparece a continuación representa la edad de Marta, m, y la edad de Gavin, g. ¿Qué edades tienen?

$$\begin{cases} m = 2g - 4 \\ m + g = 20 \end{cases}$$

Marta tiene años.

Gavin tiene años.

6. Resuelve el sistema de ecuaciones lineales.

$$\begin{cases} 3x + 2y = 2 \\ 2x - 3y = -16 \end{cases}$$

$x =$

$y =$

INSTRUCCIONES: Lee cada pregunta y elige la **mejor** respuesta.

7. Resuelve el sistema de ecuaciones lineales.

$$\begin{cases} x + y = 10 \\ 2x - y = 8 \end{cases}$$

A. $(-6, 16)$
B. $(-4, 12)$
C. $(4, 6)$
D. $(6, 4)$

8. ¿Qué sistema de ecuaciones se puede resolver multiplicando la primera ecuación por 3 y luego sumando la segunda ecuación?

A. $\begin{cases} x - 3y = -5 \\ 2x - 2y = 4 \end{cases}$

B. $\begin{cases} 2x + y = 4 \\ 4x - 3y = -2 \end{cases}$

C. $\begin{cases} x + 3y = 7 \\ 5x + y = 7 \end{cases}$

D. $\begin{cases} 3x - 2y = -1 \\ x + 4y = 9 \end{cases}$

Descomponer en factores

TEMAS DE MATEMÁTICAS: Q.1.b, Q.4.a, A.1.a, A.1.d, A.1.f, A.4.a, A.4.b
PRÁCTICA DE MATEMÁTICAS: MP.1.a, MP.1.b. MP.1.e, MP.2.a, MP.2.c, MP.3.a, MP.4.b

❶ Aprende la destreza

Los **factores** son números o expresiones que se multiplican entre sí para formar un producto. Los factores pueden tener un término (por ejemplo, 4, 4y), dos términos (por ejemplo, 4y + 5) o más términos. Los productos de dos factores con dos términos cada uno pueden hallarse aplicando el método *FOIL* (del inglés *First, Outer, Inner y Last*), mediante el cual se multiplican los primeros términos, los términos externos, los términos internos y los últimos términos en ese orden.

Las **ecuaciones cuadráticas** se pueden escribir como $ax^2 + bx + c = 0$, donde a, b y c son números enteros y a no es igual a cero. Pueden resolverse descomponiendo las ecuaciones en dos factores de dos términos e igualando cada factor a cero. También se pueden resolver reemplazando a, b y c en la fórmula cuadrática.

❷ Practica la destreza

Al practicar la destreza de descomponer ecuaciones cuadráticas en factores y resolverlas, mejorarás tus capacidades de estudio y evaluación, especialmente en relación con la Prueba de Razonamiento Matemático GED®. Lee el ejemplo y las estrategias que aparecen a continuación. Luego responde la pregunta.

ⓐ Para resolver una ecuación cuadrática, vuelve a escribir la ecuación para igualar la expresión cuadrática a 0. Luego descompón en factores e iguala cada factor a 0. Luego resuelve. Comprueba ambos valores reemplazándolos en la ecuación original.

ⓑ Para resolver una ecuación cuadrática, también puedes usar la fórmula cuadrática. Las ecuaciones cuadráticas estándar tienen el formato $ax^2 + bx + c = 0$. En esta ecuación, $a = 1$, $b = 4$, $c = -12$. Reemplaza a, b y c con los valores en la fórmula para hallar el valor de x.

El método *FOIL*
Multiplica $(x + 2)(x - 4)$

Primeros $x(x) = x^2$ **Externos** $x(-4) = -4x$ **Internos** $2(x) = 2x$ **Últimos** $2(-4) = -8$

Descomponer en factores expresiones cuadráticas
$$x^2 - 2x - 8$$
1. Factores de -8: $(1, -8)$, $(-1, 8)$, $(2, -4)$, $(-2, 4)$
2. $-4 + 2 = -2$
3. $(x - 4)(x + 2)$
4. Comprueba: $x^2 + 2x - 4x - 8 = x^2 - 2x - 8$

Resolver ecuaciones cuadráticas

$x^2 + 4x = 12$

ⓐ $x^2 + 4x - 12 = 0$

$(x - 2)(x + 6) = 0$

Si $x - 2 = 0$ y $x + 6 = 0$, entonces $x = 2$ y $x = -6$

ⓑ $x = \dfrac{-b \pm \sqrt{b^2 - 4ac}}{2a}$

$x = \dfrac{-4 \pm \sqrt{16 - 4(1)(-12)}}{2(1)}$

$x = \dfrac{-4 \pm \sqrt{16 + 48}}{2}$

$x = \dfrac{-4 \pm \sqrt{64}}{2}$

$x = \dfrac{-4 \pm 8}{2}$

DENTRO DEL EJERCICIO

Cada término de una expresión o ecuación corresponde al signo que lo precede. Debes estar atento a estos signos al momento de resolver ecuaciones.

1. ¿Cuáles de las siguientes opciones son factores de $x^2 + 5x - 6$?

A. $(x + 2)(x - 3)$
B. $(x - 2)(x - 3)$
C. $(x + 6)(x - 1)$
D. $(x + 2)(x + 3)$

3 Aplica la destreza

INSTRUCCIONES: Lee cada pregunta y elige la **mejor** respuesta.

2. ¿Cuál es el producto de $(x + 5)(x − 7)$?

   A. $x^2 − 2x − 12$
   B. $x^2 + 2x + 12$
   C. $x^2 + 2x + 35$
   D. $x^2 − 2x − 35$

3. ¿Cuál de las siguientes opciones es igual a $(x − 3)(x − 3)$?

   A. $x^2 − 6x + 9$
   B. $x^2 + 6x − 9$
   C. $x^2 + 6x + 9$
   D. $x^2 − 9x − 6$

4. ¿Cuál de las siguientes opciones es igual a $x^2 − 6x − 16$?

   A. $(x + 4)(x − 4)$
   B. $(x − 2)(x − 8)$
   C. $(x − 2)(x + 8)$
   D. $(x + 2)(x − 8)$

5. Las dimensiones de un rectángulo son $2x − 5$ y $−4x + 1$. ¿Qué expresión representa el área del rectángulo?

   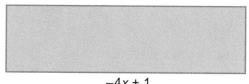

   A. $−8x^2 + 22x − 5$
   B. $8x^2 + 22x − 5$
   C. $−8x^2 − 18x − 5$
   D. $8x^2 − 18x − 5$

6. Si $4x + 1$ es un factor de $4x^2 + 13x + 3$, ¿cuál de las siguientes opciones es el otro factor?

   A. $x + 1$
   B. $x + 3$
   C. $x − 13$
   D. $x − 2$

INSTRUCCIONES: Lee cada pregunta y elige la **mejor** respuesta.

7. ¿Cuál de las siguientes expresiones puede ser un valor de x en la ecuación $3x^2 − 10x + 5 = 0$?

   A. $\dfrac{10 \pm \sqrt{40}}{6}$
   B. $\dfrac{−4 \pm \sqrt{64}}{2}$
   C. 5
   D. 0

8. Miranda hizo una huerta rectangular al lado de su casa. Usó la casa como un lado y cercó la mayor parte de los otros tres lados. Usó 12 metros de cerco. El área de su huerta es de 32 metros cuadrados. Para hallar un ancho posible de su huerta, resuelve $a^2 − 12a = −32$.
   ¿Cuál de las siguientes opciones es un ancho posible de su huerta?

   A. 1 m
   B. 4 m
   C. 6 m
   D. 8 m

9. Resuelve: $2x^2 + x = \dfrac{1}{2}$

   A. $\dfrac{−1 − \sqrt{5}}{4}$ $\dfrac{−1 + \sqrt{5}}{4}$
   B. $\dfrac{−4 \pm \sqrt{64}}{2}$
   C. 5
   D. 0

10. ¿En qué opción se muestran las soluciones de la siguiente ecuación?

    $2x^2 + 18x + 36 = 0$

    A. 3 y −6
    B. −3 y 6
    C. 3 y 6
    D. −3 y −6

11. ¿Qué expresión tiene un producto que contiene solamente dos términos?

    A. $(x + 7)(x − 1)$
    B. $(x − 1)(x − 1)$
    C. $(x − 7)(x + 7)$
    D. $(x − 7)(x − 7)$

UNIDAD 3

Expresiones racionales y ecuaciones

TEMAS DE MATEMÁTICAS: Q.1.b, Q.2.a, Q.2.e, A.1.a, A.1.d, A.1.f, A.1.h, A.4.a
PRÁCTICA DE MATEMÁTICAS: MP.1.a, MP.1.b, MP.1.e, MP.2.a, MP.2.c, MP.3.a, MP.3.c, MP.4.b, MP.5.a, MP.5.c

1 Aprende la destreza

Un **número racional** es un número que se puede escribir como $\dfrac{a}{b}$, donde a y b son números enteros y $b \neq 0$. Una **expresión racional** es una fracción cuyo numerador, denominador o ambos son polinomios distintos de cero. Una expresión racional es indefinida cuando el denominador es igual a 0. Las expresiones racionales se pueden sumar, restar, multiplicar y dividir.

Una expresión racional está en forma simplificada si su numerador y denominador no tienen factores comunes distintos de 1. Para simplificar una expresión racional, descompón en factores el numerador y el denominador y cancela los factores comunes.

Una **ecuación racional** es una ecuación que contiene expresiones racionales. La ecuación racional se puede resolver para hallar la variable.

2 Practica la destreza

Al practicar las destrezas de hacer operaciones con expresiones racionales y de resolver ecuaciones racionales, mejorarás tus capacidades de estudio y evaluación, especialmente en relación con la Prueba de Razonamiento Matemático GED®. Estudia la información que aparece a continuación. Luego responde la pregunta.

a El mínimo común denominador (m.c.d.) de dos expresiones racionales es el producto de la mayor potencia de cada factor que aparece en cada denominador. Descompón en factores cada denominador para identificar estas cantidades. Para sumar expresiones racionales con denominadores semejantes, suma los numeradores y conserva el denominador. Cancela los factores comunes para simplificar la suma. Resta las expresiones racionales del mismo modo en que sumarías expresiones racionales.

Sumar expresiones racionales

$$\frac{4}{9x} + \frac{5}{6x^2} = \frac{4 \cdot 2x}{9x \cdot 2x} + \frac{5 \cdot 3}{6x^2 \cdot 3}$$

$$= \frac{8x}{18x^2} + \frac{15}{18x^2} = \frac{8x + 15}{18x^2}$$

Multiplicar expresiones racionales

$$\frac{x}{2x^2 + 4x} \cdot \frac{x + 2}{x^2 + 4x + 3} = \frac{x(x + 2)}{(2x^2 + 4x)(x^2 + 4x + 3)}$$

$$= \frac{x(x + 2)}{2x(x + 2)(x + 1)(x + 3)} = \frac{1}{2(x + 1)(x + 3)}$$

Resolver expresiones racionales

$$\frac{3}{x} - \frac{1}{2} = \frac{5}{x}$$ ← El m.c.d. es $2 \cdot x = 2x$.

b $2x \cdot \dfrac{3}{x} - 2x \cdot \dfrac{1}{2} = 2x \cdot \dfrac{5}{x}$ ← Multiplica cada lado por $2x$.

$6 - x = 10$ ← Simplifica.

$-x = 4$ ← Resta 6 de cada lado.

$x = -4$ ← Divide a ambos lados entre -1.

c Para dividir expresiones racionales, multiplica por el recíproco del dividendo. Luego, multiplica tanto los numeradores como los denominadores. Cancela los factores comunes para escribir el cociente en forma simplificada.

b Para resolver una ecuación racional, multiplica cada término por el m.c.d. De esta manera, se eliminarán los denominadores. Es posible que tengas que descomponer en factores los denominadores para hallar el m.c.d. Resuelve la ecuación resultante del mismo modo en que resolverías cualquier ecuación lineal o cuadrática.

TEMAS

Quienes hagan la prueba de GED® deberán dominar conceptos contenidos en el Tema A.1.f, que establece que para simplificar expresiones racionales y hallar el m.c.d. de expresiones racionales, es posible que tengas que descomponer en factores una expresión polinómica.

1. Simplifica $\dfrac{2x^2 + 10x}{x^2 + 2x - 15}$.

A. $\dfrac{2x}{x - 3}$

B. $\dfrac{x^2 + 5x}{-15}$

C. $\dfrac{2x + 5}{-15}$

D. $\dfrac{2x\,(x + 5)}{x^2 + 2x - 15}$

Ítem en foco: **MENÚ DESPLEGABLE**

INSTRUCCIONES: Lee cada pregunta y usa las opciones del menú desplegable para elegir la **mejor** respuesta.

2. Resuelve $\dfrac{5}{2x} + \dfrac{1}{4} = \dfrac{3}{x}$.

    $x =$ | Menú desplegable |

    A. −4   B. −2   C. 2   D. 4

3. Resuelve $\dfrac{2}{x-1} = \dfrac{16}{x^2 + 3x - 4}$.

    $x =$ | Menú desplegable |

    A. −2   B. 1   C. 2   D. 4

4. Resuelve $\dfrac{5}{2x-6} - \dfrac{3}{x-3} = \dfrac{1}{2}$.

    $x =$ | Menú desplegable |

    A. −3   B. −1   C. 2   D. 3

5. Resuelve $\dfrac{4}{x+3} = \dfrac{x}{7}$.

    $x =$ | Menú desplegable 5.1 | o $x =$ | Menú desplegable 5.2 |

    Opciones de respuesta del menú desplegable

5.1 A. −7	5.2 A. 1
B. −4	B. 2
C. −3	C. 4
D. −1	D. 7

INSTRUCCIONES: Estudia la información, lee cada pregunta y elige la **mejor** respuesta.

$$\frac{x+2}{4x^2} + \frac{5}{6x}$$

6. ¿Cuál es el mínimo común denominador de la expresión racional?

    A. $24x^3$
    B. $12x^3$
    C. $12x^2$
    D. $6x^2$

7. ¿Qué expresión se puede simplificar cancelando el factor $(x+4)$?

    A. $\dfrac{x+4}{x+8}$

    B. $\dfrac{x^2+4}{x^2-4}$

    C. $\dfrac{3x+12}{x^2-16}$

    D. $\dfrac{2x+8}{x^2-8x+16}$

INSTRUCCIONES: Lee cada pregunta y elige la **mejor** respuesta.

8. Simplifica $\dfrac{5x}{x^2+6x+9} \div \dfrac{10x^2+5x}{x+3}$.

    A. $\dfrac{1}{(x+3)(2x+1)}$

    B. $\dfrac{5x}{(x+3)(2x+1)}$

    C. $\dfrac{1}{3(3x+1)(x+3)}$

    D. $\dfrac{x+3}{(2x+1)(x^2+6x+9)}$

9. Jason dice que si hay un término x en el numerador y un término x en el denominador, la expresión siempre se puede simplificar. ¿Qué expresión indica que Jason no tiene razón?

    A. $\dfrac{x-5}{x+1}$

    B. $\dfrac{x-6}{6-x}$

    C. $\dfrac{3x}{3(x-2)}$

    D. $\dfrac{x^2-2x}{5x}$

Resolver desigualdades y representarlas gráficamente

TEMAS DE MATEMÁTICAS: A.3.a, A.3.b, A.3.c, A.3.d
PRÁCTICA DE MATEMÁTICAS: MP.1.a, MP.1.b, MP.1.e, MP.2.a, MP.2.c, MP.3.a, MP.4.b

1 Aprende la destreza

Una **desigualdad** establece que dos expresiones algebraicas no son iguales. Las desigualdades se escriben con los símbolos de menor que (<) y mayor que (>), además de otros dos símbolos. El símbolo ≥ significa "es mayor que o igual a" y el símbolo ≤ significa "es menor que o igual a". La solución de una desigualdad puede incluir una cantidad infinita de números. Por ejemplo, entre las soluciones a $b < 5$ se incluyen $b = 4.5, 4, 3.99, 3, 2, 1, 0, -3, -10$ y etcétera. Cuando se marca cada solución por separado en una recta numérica, se forma una línea continua que representa el conjunto de soluciones.

2 Practica la destreza

Al practicar las destrezas de resolver desigualdades y representarlas gráficamente, mejorarás tus capacidades de estudio y evaluación, especialmente en relación con la Prueba de Razonamiento Matemático GED®. Estudia la información que aparece a continuación. Luego responde la pregunta.

a Resuelve desigualdades del mismo modo en que resuelves ecuaciones. Si multiplicas o divides una desigualdad por un número negativo, deberás invertir el signo de la desigualdad. Por ejemplo, si la desigualdad que se muestra fuera $16 \leq -8x$, deberías dividir entre -8 e invertir el signo, lo que daría como resultado $-2 \geq x$.

b Para $x > 3$, todos los números que están a la derecha del 3 están en el conjunto de soluciones. Dibuja un círculo abierto en 3, ya que 3 no es mayor que 3 y, por lo tanto, no está incluido en el conjunto de soluciones. Luego dibuja una flecha continua hacia la derecha a partir de 3.
Para $x \leq 3$, cada número que está a la izquierda de 3, *además del* 3, está incluido en el conjunto de soluciones. Dibuja un círculo cerrado en 3 para mostrar que el 3 está incluido. Luego dibuja una flecha continua hacia la izquierda a partir de 3.

Ejemplo de desigualdades

$x \geq 4$ ⟶ Un número es mayor que o igual a 4.
$2x + 7 < 15$ ⟶ Dos por un número más 7 es menor que 15.

Resolver una desigualdad

$$4 - 6(x - 3) \leq 2x + 6$$

Simplifica $4 - 6(x-3)$ ⟶ $4 - 6x + 18 \leq 2x + 6$
$22 - 6x \leq 2x + 6$ ← Suma $6x$ a ambos lados.
$22 \leq 8x + 6$ ← Resta 6 de ambos lados.
$16 \leq 8x$ ← Divide entre 8.
$2 \leq x$ ó $x \geq 2$

Representar gráficamente una desigualdad

$x > 3$

$x \leq 3$

CONSEJOS PARA REALIZAR LA PRUEBA

Al representar gráficamente una desigualdad con una variable a la derecha del signo de la desigualdad, lee la desigualdad de atrás para adelante. Por ejemplo, piensa en $7 < y$ como "y es mayor que 7".

1. Cinco por un número es menor que o igual a dos por el número más nueve. ¿Cuál es la solución de la desigualdad?

A. $x \geq 9$
B. $x \leq 9$
C. $x \geq 3$
D. $x \leq 3$

INSTRUCCIONES: Lee cada pregunta y elige la **mejor** respuesta.

2. ¿Cuál es la solución de la desigualdad $x + 5 > 4$?

   A. $x > 1$
   B. $x < -1$
   C. $x < 1$
   D. $x > -1$

3. ¿Para qué valores de x es verdadera la desigualdad que aparece a continuación?

   $$2x + 6 \geq 8$$

   A. $x \geq 1$
   B. $x \leq 1$
   C. $x \geq 7$
   D. $x \leq 7$

4. ¿Qué desigualdad se representa en la recta numérica?

   A. $x \leq 2$
   B. $x \leq -2$
   C. $x > 2$
   D. $x > -2$

5. El producto de un número y 5, con un incremento de 3, es menor que o igual a 13. ¿Cuál es la desigualdad?

   A. $5x + 2 \leq 13$
   B. $5x \leq 13 + 3$
   C. $5x + 3 < 13$
   D. $5x + 3 \leq 13$

6. El área del siguiente rectángulo no puede ser mayor que 80 centímetros cuadrados. La longitud es 3 menos que 3 por el ancho. ¿En qué desigualdad se muestra la relación?

   $3a - 3$

   A. $80 \leq 2(a + 3a - 3)$
   B. $80 \geq 2(a + 3a - 3)$
   C. $80 \leq a(3a - 3)$
   D. $80 \geq a(3a - 3)$

7. Kara tiene $15 y Brett tiene $22. Entre los dos, tienen menos que la cantidad necesaria para comprar un par de boletos para el concierto. ¿Qué desigualdad describe su situación?

   A. $37 < x$
   B. $x + 15 < 22$
   C. $x \leq 37$
   D. $x + 22 \leq 15$

8. Un taxi cobra $2.00 como precio base y $0.50 por cada milla. Josie necesita tomar un taxi pero tiene solamente $8. ¿Qué cantidad máxima de millas puede recorrer Josie en el taxi?

   A. 6 millas
   B. 11 millas
   C. 12 millas
   D. 16 millas

9. La suma de un número y 12 es menor que o igual a 5 por el número más 3. ¿Qué desigualdad representa esta situación?

   A. $x + 12 \geq 5(x - 3)$
   B. $x + 12 \leq 5x + 3$
   C. $x + 12 > 5x + 3$
   D. $5x + 3 > x + 12$

10. ¿En cuál de las siguientes ecuaciones se muestra la solución de la desigualdad $8 - 3x > 2x - 2$?

    A. $x > 2$
    B. $x < 2$
    C. $x > 6$
    D. $x < 6$

11. ¿Cuál es la solución de la siguiente desigualdad?

    $$-x - 4x > 30 - 3(x + 8)$$

    A. $-6\frac{3}{4} < x$
    B. $-3 < x$
    C. $-6\frac{3}{4} > x$
    D. $-3 > x$

12. ¿La solución de qué desigualdad está representada en la siguiente recta numérica?

    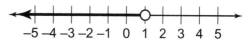

    A. $2x + 5 > 3x - 6$
    B. $3x - 2 \geq 4x - 1$
    C. $4x - 3 > 5x - 4$
    D. $5x + 1 \geq 4x + 2$

UNIDAD 3

La cuadrícula de coordenadas

TEMAS DE MATEMÁTICAS: Q.6.c, A.5.a
PRÁCTICA DE MATEMÁTICAS: MP.1.a, MP.1.b, MP.1.e, MP.2.c, MP.3.a, MP.4.c

❶ Aprende la destreza

Una **cuadrícula de coordenadas** es una representación visual de puntos, o pares ordenados. Un **par ordenado** es un par de valores: un valor de x y un valor de y. El valor de x siempre se muestra primero. La cuadrícula se hace mediante la intersección de una línea horizontal (el eje de la x) y una línea vertical (el eje de la y). El punto donde se unen las rectas numéricas se denomina **origen**, que es (0, 0). La cuadrícula se divide en cuatro **cuadrantes**, o secciones.

La sección superior derecha de una cuadrícula corresponde al primer cuadrante. Desplázate en el sentido contrario de las manecillas del reloj para nombrar los cuadrantes restantes. En un par ordenado, el primer valor (valor de x) indica cuántos espacios debes desplazarte (hacia la derecha para los valores positivos o hacia la izquierda para los valores negativos). El valor de y indica cuántos espacios debes desplazarte (hacia arriba para los valores positivos o hacia abajo para los valores negativos).

❷ Practica la destreza

Al practicar las destrezas de localizar y marcar puntos en una cuadrícula de coordenadas, mejorarás tus capacidades de estudio y evaluación, especialmente en relación con la Prueba de Razonamiento Matemático GED®. Estudia la cuadrícula y la información que aparecen a continuación. Luego responde la pregunta.

a Para dibujar un segmento en la cuadrícula de coordenadas, marca los puntos dados. Luego traza una línea para conectarlos.

b En una cuadrícula de coordenadas se pueden mostrar cambios en figuras o puntos. Una *traslación* es un tipo de cambio. En una traslación, una figura o punto se traslada a una nueva posición en otro cuadrante.

c Para marcar un punto cuya coordenada y es una expresión, reemplaza el valor dado de x y resuelve para hallar y. Luego marca el punto.

En la cuadrícula de coordenadas que aparece a continuación se muestran los puntos A, B, C y D. Las coordenadas del punto A son (−1, 0). El punto B está ubicado en (−1, −5).

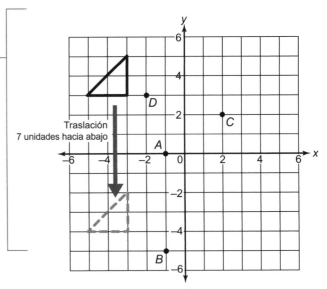

1. ¿Cuáles son las coordenadas del punto C?

A. (2, 2)
B. (−2, 2)
C. (2, −2)
D. (3, −2)

DENTRO DEL EJERCICIO

En la Prueba de Razonamiento Matemático GED®, se te pedirá que marques puntos en cuadrículas de coordenadas aplicando la tecnología. Cuando lo hagas, asegúrate de hacer clic en las coordenadas apropiadas.

★ Ítem en foco: **PUNTO CLAVE**

INSTRUCCIONES: Lee cada pregunta. Luego marca tu respuesta en la cuadrícula que aparece a continuación.

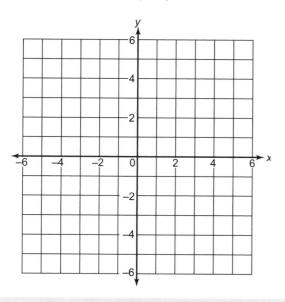

2. Marca el punto (5, −3).

3. Traslada el punto (5, −3) 6 unidades hacia arriba.

4. Marca el punto (4, 0).

5. Traslada el punto (4, 0) 3 unidades hacia la izquierda.

6. Marca el punto (x, x^2) para $x = 2$.

7. Marca el punto $(x, 0.75x)$ para $x = -4$.

8. Marca el punto (x, x^3) para $x = -1$.

INSTRUCCIONES: Estudia la cuadrícula de coordenadas, lee cada pregunta y elige la **mejor** respuesta.

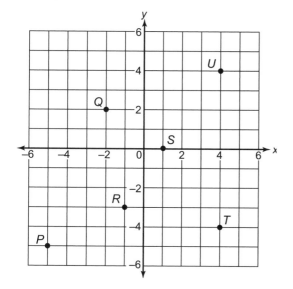

9. ¿Cuáles son las coordenadas del punto *T*?

   A. (5, −4)
   B. (4, −4)
   C. (4, −5)
   D. (−4, 4)

10. ¿Cuál de los siguientes pares ordenados describe la ubicación del punto *S*?

    A. (1, 0)
    B. (−1, 0)
    C. (0, 1)
    D. (0, −1)

11. ¿Cuáles son las coordenadas del punto *P*?

    A. (−5, −5)
    B. (−5, 5)
    C. (5, −5)
    D. (5, 5)

12. ¿Qué característica comparten los puntos *T* y *U*?

    A. Tienen la misma coordenada *y*.
    B. Tienen la misma coordenada *x*.
    C. Ambos puntos tienen coordenadas negativas en el eje de la *x*.
    D. Ambos puntos tienen coordenadas positivas en el eje de la *y*.

Representar gráficamente ecuaciones lineales

TEMAS DE MATEMÁTICAS: A.1.b, A.5.a, A.5.d
PRÁCTICA DE MATEMÁTICAS: MP.1.a, MP.1.b, MP.1.e, MP.2.c, MP.3.a, MP.4.b, MP.4.c

❶ Aprende la destreza

Algunas ecuaciones contienen dos variables. En este caso, el valor de una variable depende de la otra. Puedes mostrar en una gráfica las posibles soluciones de una ecuación con dos variables. Una **ecuación lineal** es aquella que forma una línea recta cuando se representa gráficamente. Todas las soluciones de la ecuación están sobre una línea. Para trazar una línea, debes hallar al menos dos puntos de la línea y conectarlos.

❷ Practica la destreza

Al practicar la destreza de representar gráficamente ecuaciones lineales, mejorarás tus capacidades de estudio y evaluación, especialmente en relación con la Prueba de Razonamiento Matemático GED®. Estudia la gráfica y la información que aparecen a continuación. Luego responde la pregunta.

ⓐ Elige un valor para x. Cero es un número sencillo para empezar. Reemplaza x con el número y resuelve para hallar y. Este par de valores forma un par ordenado que está en la gráfica de la línea. Elige otro valor para x y resuelve para hallar y y así encontrar otro par ordenado. Marca y conecta los dos puntos para representar gráficamente la línea.

ⓑ Usa la siguiente fórmula para hallar la distancia entre dos puntos:

distancia entre dos puntos =
$$\sqrt{(x_2 - x_1)^2 + (y_2 - y_1)^2}$$

Para hallar la distancia al décimo más próximo entre los puntos $(0, -3)$ y $(2, 5)$, reemplaza las coordenadas en la fórmula. Resuelve la operación.

$$d = \sqrt{(2 - 0)^2 + (5 - (-3))^2}$$
$$= \sqrt{2^2 + 8^2}$$
$$= \sqrt{4 + 64}$$
$$= \sqrt{68}$$
$$\approx 8.2$$

Representa gráficamente $y = 4x - 3$

Sea $x = 0$.
$y = 4(0) - 3$
$y = 0 - 3$
$y = -3$
Marca $(0, -3)$.

Sea $x = 2$.
$y = 4(2) - 3$
$y = 8 - 3$
$y = 5$
Marca $(2, 5)$.

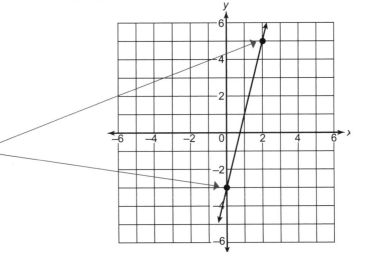

DENTRO DEL EJERCICIO

Si piensas que un par ordenado puede ser la solución de una ecuación lineal, entonces la ecuación deberá ser verdadera para esos valores de x y y. Reemplaza x y y con los valores del par ordenado en la ecuación y simplifica.

1. ¿Qué par ordenado es una solución de $2x + y = 5$?

   A. $(-1, 3)$
   B. $(3, -1)$
   C. $(0, -5)$
   D. $(-2, 6)$

③ Aplica la destreza

INSTRUCCIONES: Lee cada pregunta y elige la **mejor** respuesta.

2. ¿Cuál de los siguientes pares ordenados es un punto que está sobre la línea de la ecuación $x + 2y = 4$?

   A. $(-2, 0)$
   B. $(1, 3)$
   C. $(0, 2)$
   D. $(2, -4)$

3. ¿Qué par ordenado es una solución de $2x - y = 0$?

   A. $(0, 0)$
   B. $(1, -2)$
   C. $(-1, 2)$
   D. $(2, -2)$

4. ¿Cuál es el valor de x que falta si $(x, 3)$ es una solución de $y = 2x + 2$?

   A. -1
   B. $-\dfrac{1}{2}$
   C. $\dfrac{1}{2}$
   D. 1

5. Se traza un segmento desde el origen hasta $(-4, 3)$. ¿Cuál es la longitud del segmento?

   A. 1.0
   B. 5.0
   C. 7.0
   D. 12.0

6. Dos puntos se ubican en $(2, 5)$ y $(4, 3)$. ¿Cuál es la distancia entre los puntos al centésimo más próximo?

   A. 1.41
   B. 2.45
   C. 2.65
   D. 2.83

INSTRUCCIONES: Lee la información y estudia la cuadrícula. Luego elige la **mejor** respuesta para cada pregunta.

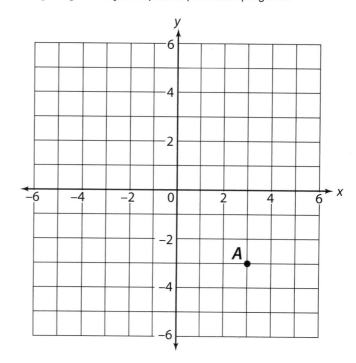

7. El punto A está ubicado sobre una línea de la ecuación $x + 2y = -3$. ¿Cuáles de los siguientes son otros puntos de esta línea?

   A. $(0, -3)$
   B. $(-1, 2)$
   C. $(0, -2)$
   D. $(-5, 1)$

8. Marvin camina en línea recta desde $(-5, 2)$ hasta $(-3, 1)$ y se detiene. Luego camina en línea recta desde $(-3, 1)$ hasta $(-1, -4)$. ¿Qué distancia aproximada recorrió Marvin?

   A. 14.94
   B. 9.04
   C. 7.62
   D. 5.83

9. El punto A está ubicado en un círculo que tiene su centro en el origen. Dado que todos los puntos del círculo están a la misma distancia del origen, ¿cuál de las siguientes opciones representa el punto del círculo que está sobre el eje positivo de la y?

   A. $(3\sqrt{2}, 0)$
   B. $(0, 3\sqrt{2})$
   C. $(3, 0)$
   D. $(0, 3)$

Pendiente

TEMAS DE MATEMÁTICAS: Q.2.a, Q.2.e, Q.6.c, A.5.b, A.6.a, A.6.b
PRÁCTICA DE MATEMÁTICAS: MP.1.a, MP.1.b. MP.1.e, MP.2.c, MP.3.a, MP.4.c

① Aprende la destreza

La **pendiente** es un número que mide la inclinación de una línea. La pendiente puede ser positiva, negativa o cero. La pendiente se puede hallar contando espacios en una gráfica o aplicando una fórmula algebraica. Hallar la pendiente a partir de dos puntos en una gráfica requiere hallar y dividir la **elevación**, o diferencia en los valores de y, entre la **distancia**, o diferencia en los valores de x.

La pendiente de una línea puede usarse en combinación con otra información para hallar la fórmula de la línea. La forma pendiente-intersección puede usarse si se conoce la intersección con el eje de la y: $y = mx + b$, donde m es la pendiente y b es la intersección con el eje de la y. La forma punto-pendiente se puede usar si se conoce un punto: $y - y_1 = m(x - x_1)$, donde m es la pendiente y (x_1, y_1) es el punto.

② Practica la destreza

Al practicar la destreza de hallar la pendiente, mejorarás tus capacidades de estudio y evaluación, especialmente en relación con la Prueba de Razonamiento Matemático GED®. Estudia la información que aparece a continuación. Luego responde la pregunta.

ⓐ Usa dos puntos para hallar una pendiente. Comienza en el punto inferior. ¿Cuántas unidades debes ascender para llegar al otro punto? Esa es la elevación, o numerador. ¿Cuántas unidades debes desplazarte hacia la izquierda o hacia la derecha para llegar al punto? Esa es la distancia, o denominador. Si te desplazas hacia la izquierda, el valor es negativo. También existe una fórmula algebraica con la que puedes hallar la pendiente.

ⓑ Para hallar la ecuación de una línea, halla la intersección con el eje de la y (donde la línea atraviesa al eje de la y). La línea atraviesa el eje de la y en -2. Luego, halla la pendiente. La pendiente de esta línea es -1. Reemplaza m y b con estos valores en la ecuación.

$$y = mx + b$$
$$y = -1x + (-2)$$
$$y = -x - 2$$

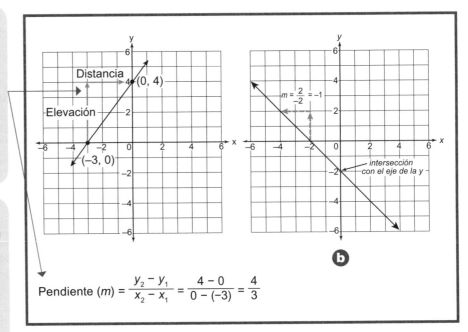

$$\text{Pendiente } (m) = \frac{y_2 - y_1}{x_2 - x_1} = \frac{4 - 0}{0 - (-3)} = \frac{4}{3}$$

TEMAS

Observa que las pendientes de $\frac{-1}{2}$ y $\frac{1}{-2}$ tienen el mismo valor. Ambas muestran una pendiente negativa. Sin embargo, $\frac{-1}{-2}$ muestra en realidad una pendiente positiva porque un número negativo dividido entre un número negativo es igual a un número positivo.

1. ¿Cuál es la pendiente de una línea que atraviesa $(-1, 3)$ y $(1, 4)$?

A. 0

B. $-\frac{1}{2}$

C. $\frac{1}{2}$

D. $\frac{2}{3}$

INSTRUCCIONES: Estudia la cuadrícula, lee la pregunta y elige la **mejor** respuesta.

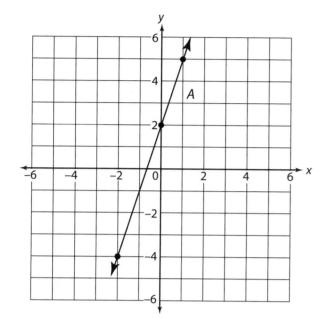

2. Los siguientes puntos están ubicados sobre la línea A: $(-2, -4)$, $(0, 2)$ y $(1, 5)$. ¿Cuál es la pendiente de la línea A?

   A. 3
   B. 9
   C. 10
   D. 12

INSTRUCCIONES: Estudia la información y el diagrama, lee la pregunta y elige la **mejor** respuesta.

Se construyó una rampa para permitir el acceso de sillas de ruedas a una puerta frontal. La rampa se eleva 2 pies, como se indica en el diagrama que aparece a continuación.

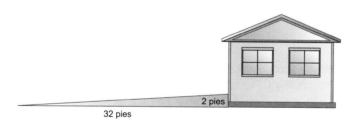

2 pies

32 pies

3. ¿Cuál es la pendiente de la rampa?

   A. $\frac{1}{32}$

   B. $\frac{1}{18}$

   C. $\frac{1}{16}$

   D. $\frac{1}{8}$

4. Una función lineal está representada por $f(x) = 2$. ¿Cuál es la pendiente de la línea?

   A. -2
   B. -1
   C. 0
   D. 1

5. Identifica cuáles de las siguientes ecuaciones están escritas en forma de punto-pendiente.

   A. $3x + 3y = 18$
   B. $y = 2x + 3$
   C. $y + 3 = 6$
   D. $y + 3 = 3(x - 4)$

6. Escribe la ecuación de punto-pendiente de una línea con una pendiente de 3 que atraviesa el punto $(-2, 5)$.

   A. $y = 3x + 2$
   B. $y = 3x + 6$
   C. $y - 5 = 3(x + 2)$
   D. $y = 3x + 11$

7. Escribe la ecuación de punto-pendiente de una línea que atraviesa los puntos $(-6, -1)$ y $(9, -11)$.

   A. $y + 1 = -\dfrac{2(x + 6)}{3}$

   B. $y = 2x + 3$

   C. $y + 3 = (x - 0.5)$

   D. $y + 1 = -\dfrac{2}{3}x + 6$

8. ¿Cuál de las siguientes opciones es equivalente a $(y - 2) = -5(x - 1)$?

   A. $y = -5x + 7$
   B. $y = -5x + 5$
   C. $y = -5x + 3$
   D. $y = -5x - 7$

9. ¿En qué ecuación se muestra una línea paralela a $4 - y = 2x$?

   A. $2 + y = 2x$

   B. $y - 2 = \dfrac{1}{2}x$

   C. $-y = 2 - 2x$

   D. $y = -2x + 2$

LECCIÓN 14

Usar la pendiente para resolver problemas de geometría

TEMAS DE MATEMÁTICAS: Q.2.a, Q.6.c, A.5.a, A.5.b, A.6.a, A.6.b, A.6.c
PRÁCTICA DE MATEMÁTICAS: MP.1.a, MP.1.b, MP.1.c, MP.1.e, MP.2.c, MP.3.a, MP.4.b, MP.5.c

1 Aprende la destreza

Si dos líneas son **paralelas** entre sí, tienen la misma pendiente. Si dos líneas son **perpendiculares** entre sí, sus pendientes son inversos negativos entre sí. Por ejemplo, si la pendiente de una línea es 2, la pendiente de la otra debe ser $-\frac{1}{2}$.

Estas propiedades pueden ayudarte a analizar relaciones geométricas entre líneas aisladas y también entre líneas que describen figuras bidimensionales que involucran líneas paralelas y perpendiculares. Estas incluyen cuadrados, rectángulos y triángulos en los que un lado es perpendicular a otro.

2 Practica la destreza

Al practicar la destreza de usar la pendiente para resolver problemas de geometría, mejorarás tus capacidades de estudio y evaluación, especialmente en relación con la Prueba de Razonamiento Matemático GED®. Estudia la información y la cuadrícula que aparecen a continuación. Luego responde la pregunta.

a La pendiente de una línea, que puede darse explícitamente o aparecer en la ecuación de la línea como el coeficiente de x, determina la orientación de la línea. La intersección con el eje de la y de la línea determina la ubicación general de la línea. La pendiente es clave para evaluar si las líneas son paralelas o perpendiculares.

En la gráfica que aparece a continuación, se muestran tres líneas:

A: pendiente de $\frac{3}{2}$ e intersección con el eje de la y de 0

B: pendiente de $\frac{3}{2}$ e intersección con el eje de la y de 4

C: pendiente de $-\frac{2}{3}$ e intersección con el eje de la y de 2

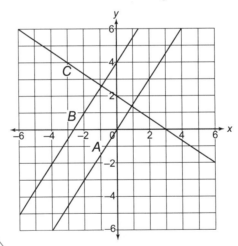

b La línea cuya ecuación está especificada en la pregunta formará, en conjunto con las otras tres líneas de la gráfica, los límites de un rectángulo. Los lados opuestos son paralelos y los lados adyacentes son perpendiculares. Aquí, las Líneas A y B son *paralelas*. Las Líneas A y C son *perpendiculares*.

USAR LA LÓGICA

Para resolver ciertas preguntas, es posible que debas usar lo que sabes (o información que te indica la pregunta) y luego determinar qué más necesitas saber para responder la pregunta.

1. Si una línea tiene una ecuación $y = -\frac{2}{3}x + 4$, ¿cuál será su orientación en relación con las líneas B y C?

    A. paralela a B, paralela a C

    B. paralela a B, perpendicular a C

    C. perpendicular a B, paralela a C

    D. perpendicular a B, perpendicular a C

UNIDAD 3

INSTRUCCIONES: Lee cada pregunta y elige la **mejor** respuesta.

2. ¿Cuál es la pendiente de una línea paralela a $y = 4x + 3$?

    A. $-\dfrac{3}{4}$

    B. $-\dfrac{1}{4}$

    C. 3
    D. 4

3. ¿Cuál es la pendiente de una línea perpendicular a $y = -3x + 2$?

    A. -3

    B. $-\dfrac{1}{3}$

    C. $\dfrac{1}{3}$

    D. 3

4. ¿Qué ecuación corresponde a una línea paralela a $4 - y = 2x$?

    A. $2 + y = 2x$

    B. $y - 2 = \dfrac{1}{2}x$

    C. $-y = 2 - 2x$
    D. $y = -2x + 2$

5. ¿Qué ecuación corresponde a una línea perpendicular a $y = -\dfrac{4}{3}x + 4$?

    A. $y = \dfrac{4}{3}x - 3$

    B. $y = \dfrac{3}{4}x - 1$

    C. $y = -\dfrac{3}{4}x + 1$

    D. $y = -\dfrac{4}{3}x + 3$

6. ¿Qué ecuación corresponde a una línea perpendicular a $x = 5 - 3y$, que atraviesa el eje de la y en $y = 3$?

    A. $\dfrac{1}{3}y = x + 1$

    B. $\dfrac{1}{3}y = x + 3$

    C. $y = -3x + 3$
    D. $y = 3x + 1$

INSTRUCCIONES: Estudia la información y la figura, lee cada pregunta y elige la **mejor** respuesta.

A continuación se muestra un rectángulo definido por los puntos A, B, C y D. El punto A está ubicado en el origen, el punto C está en $(0, 8)$ y la línea que atraviesa los puntos A y B tiene una pendiente de 3.

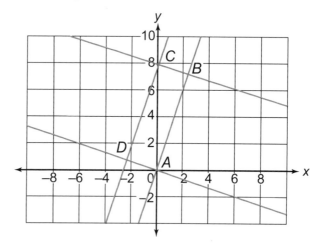

7. ¿Cuál es la ecuación de la línea que atraviesa los puntos C y D?

    A. $y = \dfrac{1}{3}x + 8$

    B. $y = \dfrac{1}{3}x - 8$

    C. $y = 3x + 8$
    D. $y = 3x - 8$

8. ¿Cuál es la ecuación de la línea que atraviesa los puntos B y C?

    A. $y = -\dfrac{1}{3}x - 8$

    B. $y = -\dfrac{1}{3}x + 8$

    C. $y = -3x - 8$
    D. $y = -3x + 8$

9. ¿Cuáles son las coordenadas del punto B?

    A. $(2.5, 7.2)$
    B. $(2.5, 7.5)$
    C. $(2.4, 7.2)$
    D. $(2.4, 7.5)$

10. ¿Cuáles son las coordenadas del punto D?

    A. $(-2.7, 0.9)$
    B. $(-2.7, 0.8)$
    C. $(-2.4, 0.9)$
    D. $(-2.4, 0.8)$

Representar gráficamente ecuaciones cuadráticas

TEMAS DE MATEMÁTICAS: Q.2.a, Q.6.c, A.4.a, A.5.a, A.5.e
PRÁCTICA DE MATEMÁTICAS: MP.1.a, MP.1.b, MP.2.c, MP.3.a, MP.4.a, MP.4.b, MP.5.c

1 Aprende la destreza

Las **ecuaciones cuadráticas** son ecuaciones expresadas en la forma $ax^2 + bx + c = 0$, donde a no es igual a 0. Las ecuaciones cuadráticas exhiben diferentes características cuando se las representa gráficamente. Entre ellas se incluyen cero, uno o dos puntos donde el diagrama de la ecuación atraviesa el eje de la x, un punto donde atraviesa el eje de la y, un máximo cuando $a < 0$ o un mínimo cuando $a > 0$ y simetría con respecto a ese máximo o mínimo.

Con los coeficientes en la ecuación, a, b y c, se pueden cuantificar estas características. Por ejemplo, los valores más grandes de a contraerán una curva, mientras que los valores más pequeños de a expandirán una curva. Los valores negativos de a la invertirán. También puedes utilizar como ayuda los datos marcados y el conocimiento de características como las intersecciones con el eje de la x y el eje de la y para determinar los coeficientes.

2 Practica la destreza

Al practicar las destrezas asociadas con la representación gráfica de ecuaciones cuadráticas, mejorarás tus capacidades de estudio y evaluación, especialmente en relación con la Prueba de Razonamiento Matemático GED®. Estudia la información y la gráfica que aparecen a continuación. Luego responde la pregunta.

a Las curvas atraviesan el eje de la x cuando $y = 0$; aquí $\frac{1}{3}x^2 + x - 4 = 0$.

Los valores se pueden hallar mediante la descomposición en factores, el uso de la fórmula cuadrática, etcétera.

b Las curvas atraviesan el eje de la y cuando $x = 0$. El término constante, en este caso -4, es la intersección con el eje de la y.

c Las curvas atraviesan un mínimo cuando $a > 0$, y un máximo cuando $a < 0$. Aquí $a = \frac{1}{3} > 0$, de modo que la curva tiene un mínimo; y aumenta a medida que te alejas del mínimo en cualquier dirección. Las curvas son simétricas con respecto al máximo o mínimo. Por ejemplo, los dos puntos donde la curva atraviesa el eje de la x están a la misma distancia del mínimo.

En el siguiente diagrama se marca la función

$$y = ax^2 + bx + c = \frac{1}{3}x^2 + x - 4$$

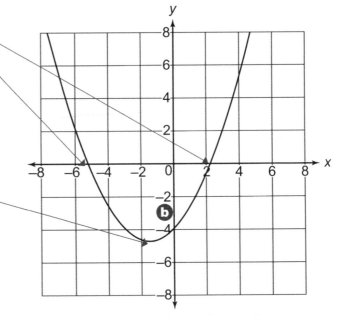

1. ¿Cuáles son las coordenadas del mínimo en la curva?

A. $(-1.45, -4.50)$
B. $(-1.45, -4.75)$
C. $(-1.50, -4.50)$
D. $(-1.50, -4.75)$

USAR LA LÓGICA

La fórmula para el valor de x del máximo o mínimo es $x = \frac{-b}{2a}$, lo mismo que el primer término de la fórmula cuadrática que se encuentra en la Hoja de Fórmulas de Matemáticas de la Prueba GED®: un resultado de la simetría de las funciones cuadráticas.

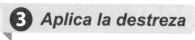
INSTRUCCIONES: Estudia la siguiente ecuación cuadrática, lee cada pregunta y elige la **mejor** respuesta.

$$y = x^2 + 2x - 8$$

2. ¿Cuáles de los siguientes pares de valores de x representan el lugar donde la curva atraviesa el eje de la x?

   A. $x = -8$, $x = 8$
   B. $x = -4$, $x = 2$
   C. $x = -4$, $x = 4$
   D. $x = -2$, $x = 4$

3. ¿Cuál de los siguientes valores de y representa el lugar donde la curva atraviesa el eje de la y?

   A. $y = -8$
   B. $y = -4$
   C. $y = 4$
   D. $y = 8$

4. ¿Cuál de los siguientes valores de x representa el lugar donde la curva atraviesa un mínimo?

   A. $x = -2$
   B. $x = -1$
   C. $x = 1$
   D. $x = 2$

INSTRUCCIONES: Estudia la gráfica, lee la pregunta y elige la **mejor** respuesta.

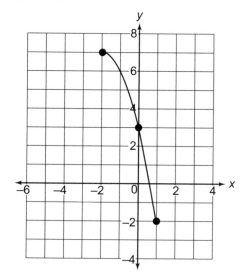

5. Si el punto $(-2, 7)$ es el máximo, ¿qué valor negativo de x corresponde a un valor de y de -2?

   A. -3
   B. -4
   C. -5
   D. -6

INSTRUCCIONES: Estudia la información y el diagrama, lee cada pregunta y elige la **mejor** respuesta.

En la siguiente gráfica se muestran diagramas de cinco ecuaciones cuadráticas diferentes de la forma $y = ax^2 + bx + c$, identificados con las letras de la A a la E.

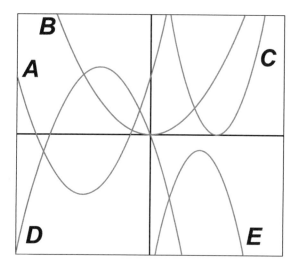

6. ¿Qué curvas corresponden a ecuaciones con $a < 0$?

   A. solo la curva D
   B. las curvas A y D
   C. las curvas C y E
   D. las curvas D y E

7. ¿Qué curvas corresponden a ecuaciones con $b = 0$?

   A. solo la curva B
   B. solo la curva C
   C. las curvas B y C
   D. las curvas B y D

8. ¿Qué curvas corresponden a ecuaciones con $\frac{b}{2a} < 0$?

   A. las curvas A y D
   B. las curvas A y E
   C. las curvas C y E
   D. las curvas D y E

9. ¿Qué curvas corresponden a ecuaciones con $c = 0$?

   A. solo la curva B
   B. solo la curva C
   C. las curvas B y C
   D. las curvas B y D

Evaluación de funciones

TEMAS DE MATEMÁTICAS: Q.2.a, Q.6.c, A.5.e, A.7.b, A.7.c
PRÁCTICA DE MATEMÁTICAS: MP.1.a, MP.1.b, MP.1.e, MP.2.c, MP.3.a, MP.4.a, MP.4.c, MP.5.c

1 Aprende la destreza

Como ya sabes, una **función** relaciona una entrada con una salida. Siempre incluye tres partes: la entrada, la relación y la salida. Por ejemplo, una entrada de *1* y una relación de $\times 2$ produce una salida de *2* (*1 x 2 = 2*). En la función $f(x) = x^2$, *f* es la función, *x* es la entrada y x^2 es la salida. La función $f(x) = x^2$ muestra que la función *f* toma la *x* y la eleva al cuadrado. Por lo tanto, una entrada de 4 daría como resultado una salida de 16: $f(4) = 4^2$. Por lo general, las funciones tienen una salida (valor de *y*) para cada entrada (valor de *x*). A menudo, las salidas se anotan con un valor de *y* y las entradas con un valor de *x*.

2 Practica la destreza

Al practicar la destreza de evaluar funciones, mejorarás tus capacidades de estudio y evaluación, especialmente en relación con la Prueba de Razonamiento Matemático GED®. Estudia la información y las gráficas que aparecen a continuación. Luego responde la pregunta.

a Las funciones pueden exhibir *múltiples* intersecciones con el eje de la *x*. Pueden presentar un máximo y un mínimo *relativos*. Si bien esta función se torna cada vez más negativa con una *x* en disminución y cada vez más positiva con una *x* en aumento, hay un máximo relativo y un mínimo relativo, ambos evidentes en la gráfica. Identificar las intersecciones y calcular puntos aislados alrededor de ellas te permite dibujar la función.

b Las **funciones periódicas** exhiben un comportamiento que se repite. El período de estas funciones es la distancia mínima en *x* necesaria para entender y describir toda la función. En este caso, el período es 2. Si tomas cualquier intervalo de *x* de 2 unidades de la función y lo repites una y otra vez, reproducirás toda la función.

En la gráfica que aparece a continuación, se muestra la función $y = (x - 2)(x + 2)(x + 1)$:

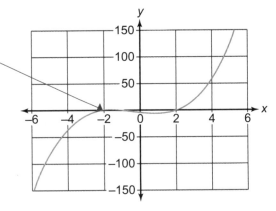

En la gráfica que aparece a continuación, se muestra una función periódica.

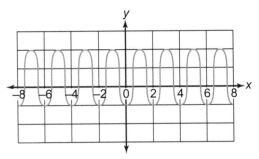

TEMAS

Como el Tema A.5.e incluye características clave de funciones como intersecciones, intervalos, comportamiento final y periodicidad, es probable que veas estos conceptos en la Prueba de Razonamiento Matemático GED®.

1. ¿En qué valor de *y* la curva de la gráfica superior se interseca con el eje de la *y*?

   A. $y = 4$
   B. $y = -2$
   C. $y = -1$
   D. $y = 2$

UNIDAD 3

INSTRUCCIONES: Estudia la información y la gráfica, lee cada pregunta y elige la **mejor** respuesta.

La siguiente gráfica es un diagrama de la función $y = (x^2 + 1)(x - 4)$. Hay cuatro posiciones de x rotuladas.

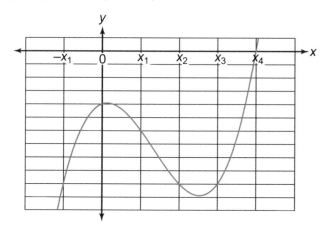

2. ¿En cuál de los valores de x especificados es positivo y?

   A. solo en x_1
   B. solo en x_3
   C. solo en x_4
   D. solo en x_3 y x_4

3. ¿En cuál de los valores de x especificados aumenta y?

   A. solo en x_1
   B. solo en x_2
   C. solo en x_1 y x_4
   D. en x_1, x_3, y x_4

4. ¿En qué intervalo de x la curva atraviesa un mínimo relativo?

   A. entre x_1 y x_2
   B. entre x_2 y x_3
   C. entre x_3 y x_4
   D. a la derecha de x_4

5. ¿En qué valor de y la curva se interseca con el eje de la y?

   A. $y = -5$
   B. $y = -4$
   C. $y = -3$
   D. $y = -1$

6. ¿En qué valor de x la curva se interseca con el eje de la x?

   A. $x = 4$
   B. $x = 3$
   C. $x = 2$
   D. $x = 1$

INSTRUCCIONES: Lee cada pregunta y elige la **mejor** respuesta.

7. ¿Qué ecuación corresponde a la gráfica que aparece a continuación?

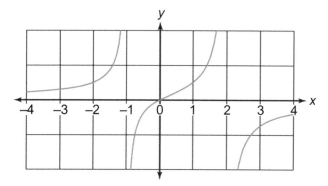

   A. $y = \dfrac{-x}{(x + 1)(x - 2)}$

   B. $y = \dfrac{-x}{(x - 1)(x + 2)}$

   C. $y = \dfrac{x}{(x + 1)(x - 2)}$

   D. $y = \dfrac{x}{(x - 1)(x + 2)}$

8. La siguiente gráfica representa una función periódica. ¿Cuál es el período de la función?

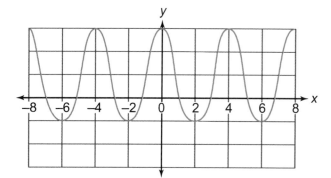

   A. 1
   B. 2
   C. 4
   D. 8

9. ¿Cuál de los siguientes conjuntos de puntos de datos podría corresponder a una función que tiene exactamente una salida para cada entrada?

   A. $(-2, -2), (-1, -1), (0, 0), (-1, 1), (-2, 2)$
   B. $(2, -2), (1, -1), (0, 0), (1, 1), (2, 2)$
   C. $(-2, -2), (-1, -1), (0, 0), (1, -1), (2, -2)$
   D. $(-2, -2), (-1, -1), (0, 0), (-1, 1), (2, 2)$

Comparación de funciones

TEMAS DE MATEMÁTICAS: Q.6.c, A.5.e, A.7.a, A.7.c, A.7.d
PRÁCTICA DE MATEMÁTICAS: MP.1.a, MP.1.b, MP.1.e, MP.2.c, MP.3.a, MP.4.c

UNIDAD 3

1 Aprende la destreza

Una **función** es una relación en la que cada entrada tiene exactamente una salida. Las funciones pueden representarse con conjuntos de pares ordenados en tablas, en gráficas, de manera algebraica o con descripciones verbales. Se pueden comparar dos o más funciones según sus pendientes o tasas de cambio, sus intersecciones, las ubicaciones y valores de mínimos y máximos y otras características. Puedes comparar dos funciones lineales, dos funciones cuadráticas o una función lineal y una función cuadrática.

Cuando se comparan funciones, pueden representarse de la misma manera o de formas diferentes. Por ejemplo, probablemente quieras comparar las tasas de cambio de una función representada con una tabla de valores y otra función representada con una expresión algebraica.

2 Practica la destreza

Al practicar la destreza de comparar funciones, mejorarás tus capacidades de estudio y evaluación, especialmente en relación con la Prueba de Razonamiento Matemático GED®. Estudia la gráfica, la tabla y la información que aparecen a continuación. Luego responde la pregunta.

a La tasa de cambio de una función lineal se conoce también como su pendiente. En una gráfica, la tasa de cambio es la razón del cambio vertical, o *elevación*, al cambio horizontal, o *distancia*. La función representada por esta gráfica tiene una tasa de cambio de $\frac{2}{3}$, lo que significa que se eleva 2 lugares y se desplaza 3 lugares. Sus intersecciones son $y = -2$ y $x = 3$. En una tabla, la tasa de cambio es la razón del cambio en el valor de y al cambio en el valor de x. La función representada en esta tabla tiene una tasa de cambio de 2 y una intersección con el eje de la y de 1.

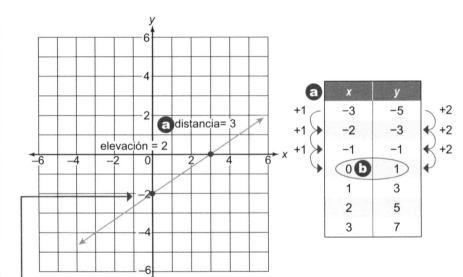

b Las intersecciones de una función son los valores de una coordenada cuando la otra coordenada es cero. En una gráfica, busca puntos que atraviesen los ejes. En una tabla, busca las hileras en las que un valor sea 0.

CONSEJOS PARA
REALIZAR LA PRUEBA

Cuando las funciones se presentan con distintas representaciones (por ejemplo, una en una gráfica y la otra en una tabla), puedes cambiar la representación de una o ambas funciones.

1. Una función tiene una tasa de cambio que es mayor que la tasa de cambio que indica la gráfica de arriba y menor que la tasa de cambio que indica la tabla de arriba. ¿Qué ecuación podría representar la función?

A. $f(x) = 3x + 2$

B. $f(x) = \frac{1}{2}x - 1$

C. $f(x) = x + 3$

D. $f(x) = \frac{5}{2}x + 2$

3 Aplica la destreza

INSTRUCCIONES: Estudia la gráfica, lee cada pregunta y elige la **mejor** respuesta.

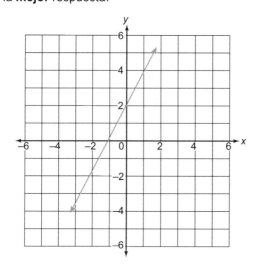

2. ¿Qué función tiene la misma intersección con el eje de la y que la función representada en la gráfica?

   A. $f(x) = x - 2$
   B. $f(x) = 2x + 3$
   C. $f(x) = -3x + 2$
   D. $f(x) = -6x - 1$

3. Se representa una función con el conjunto de pares ordenados que aparece a continuación.

   $\{(-2, 2), (0, 6), (2, 10), (4, 14)\}$

   ¿Qué enunciado es verdadero?

   A. La función tiene la misma tasa de cambio y la misma intersección con el eje de la y que la función representada en la gráfica.
   B. La función tiene la misma tasa de cambio y una intersección con el eje de la y diferente que la función representada en la gráfica.
   C. La función tiene la misma intersección con el eje de la y y una tasa de cambio diferente que la función representada en la gráfica.
   D. La función tiene una tasa de cambio y una intersección con el eje de la y diferentes que la función representada en la gráfica.

4. Para $x = -2$, ¿qué función tiene el mismo valor que la función representada en la gráfica?

   A. $f(x) = -x$
   B. $f(x) = \dfrac{x}{2}x + 1$
   C. $f(x) = x + 4$
   D. $f(x) = 6x + 10$

INSTRUCCIONES: Estudia la tabla, lee cada pregunta y elige la **mejor** respuesta.

x	y
-3	-5
-2	0
-1	3
0	4
1	3
2	0
3	-5

5. ¿Qué función tiene las mismas intersecciones con el eje de la x que la función representada en la tabla?

   A. $f(x) = \dfrac{1}{2}x^2 - 2$
   B. $f(x) = \dfrac{1}{2}x^2 + 2$
   C. $f(x) = 2x^2 - 2$
   D. $f(x) = 2x^2 + 2$

6. ¿Qué enunciado es verdadero para la función representada en la gráfica que aparece a continuación?

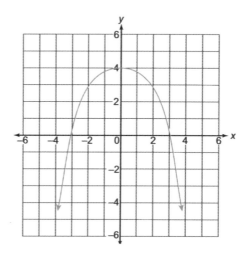

   A. La función representada en la gráfica tiene el mismo valor máximo que la función representada en la tabla.
   B. La función representada en la gráfica tiene el mismo valor mínimo que la función representada en la tabla.
   C. La función representada en la gráfica tiene el mismo valor mínimo y el mismo valor máximo que la función representada en la tabla.
   D. La función representada en la gráfica no tiene ni el mismo valor mínimo ni el mismo valor máximo que la función representada en la tabla.

Repaso de la Unidad 3

INSTRUCCIONES: Lee cada pregunta y elige la **mejor** respuesta.

1. Una pintora cobra $20 por hora para ella y $15 por hora para su asistente. Para pintar una sala, la asistente trabajó 5 horas más que la pintora. En total, cobraron $355 por el trabajo.

   Sea *h* el número de horas que trabajó la pintora. ¿Cuál de las siguientes ecuaciones se puede usar para hallar *h*?

   A. $20h + 15(h + 5) = 355$
   B. $20(h + 5) + 15h = 355$
   C. $20h + 15(h - 5) = 355$
   D. $20h - 15(h + 5) = 355$

2. Si $x^2 = 36$, ¿a cuál de los siguientes números podría ser igual $2(x + 5)$?

   A. 6
   B. 11
   C. 12
   D. 22

3. Cada semana, Sara deposita $1,244 en su cuenta corriente. Si actualmente tiene $287 en su cuenta, ¿qué ecuación representa su saldo (*S*) en la semana *w*?

   A. $S = \$1,294 + \$287$
   B. $S = \$1,394$
   C. $S = \$1,244w + \$287$
   D. $S = \$1,531w$

4. ¿Qué ecuación representa la siguiente secuencia?
   3, 2.5, 2, 1.5, 1, 0.5, 0, . . .

   A. $y = 3 - 0.5x$
   B. $y = 3 + 0.5x$
   C. $y = 3x - 0.5$
   D. $y = 3x + 0.5$

5. El número de hombres que actúan en una producción de teatro es cinco más que la mitad del número de mujeres. ¿Cuál de las siguientes opciones describe el número de hombres que participan en la producción?

   A. $2m + 5$
   B. $\frac{1}{2}m + 5$
   C. $2m - 5$
   D. $\frac{1}{2}m - 5$

INSTRUCCIONES: Lee la pregunta y elige la **mejor** respuesta.

6. Si $3x + 0.15 = 1.29$, ¿cuál es el valor de *x*?

   A. 0.38
   B. 1.14
   C. 1.29
   D. 1.34

INSTRUCCIONES: Lee cada pregunta, estudia la cuadrícula y elige la **mejor** respuesta.

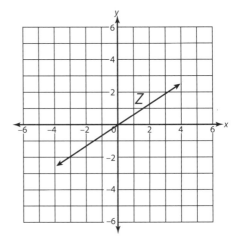

7. ¿Cuál es la pendiente de la línea Z?

   A. $-\frac{2}{3}$
   B. $\frac{2}{3}$
   C. $\frac{3}{2}$
   D. 2

8. ¿Cuál es la ecuación de la línea Z en la forma de pendiente-intersección?

   A. $y = -\frac{2}{3}x$
   B. $y = \frac{2}{3}x$
   C. $y = -\frac{2}{3}x + 1$
   D. $y = -\frac{2}{3}x - 1$

UNIDAD 3

INSTRUCCIONES: Estudia el diagrama, lee la pregunta y elige la **mejor** respuesta.

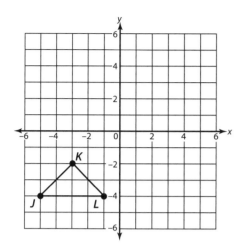

9. Si el triángulo JKL se refleja sobre el eje de la y, ¿cuál es la nueva ubicación del punto K? Marca tu respuesta en la cuadrícula del plano de coordenadas.

10. ¿Cuál es la pendiente del lado JL en el triángulo JKL?

   A. −2
   B. −1
   C. 0
   D. 1

INSTRUCCIONES: : Lee cada pregunta y elige la **mejor** respuesta.

11. El número de personas mayores de 25 años que votaron en una elección fue 56 menos que el doble del número de personas menores de 25 años que votaron. ¿Qué expresión representa el número de personas mayores de 25 años que votaron en la elección?

   A. $56x - 25$
   B. $2x - 56$
   C. $x + 56$
   D. $56x + 25$

12. La Tierra está a 149,600,000 kilómetros del Sol. ¿Cuál es la distancia expresada en notación científica?

   A. 1.496×10^{-7} km
   B. 1.496×10^{-8} km
   C. 1.496×10^{8} km
   D. 1.496×10^{9} km

INSTRUCCIONES: Lee cada pregunta y elige la **mejor** respuesta.

13. Dahlia tiene un pase que le permite obtener refrigerios artesanales saludables sin tener que detenerse a pagar. El monto del refrigerio se cobra automáticamente en su tarjeta de crédito. Ella paga una tarifa de $15 al mes por este servicio. Cada refrigerio cuesta $1.25. Ella establece un presupuesto de $75 al mes por el costo total de los refrigerios. ¿Cuál es el número máximo de refrigerios que puede comprar al mes sin salirse de su presupuesto?

   A. 1.25
   B. 15
   C. 48
   D. 60

INSTRUCCIONES: Estudia la información, lee cada pregunta y elige la **mejor** respuesta.

El producto de dos números enteros consecutivos es 19 más que su suma.

14. ¿Qué ecuación representa el enunciado de arriba?

   A. $x + (x + 1) = 15 + xy$
   B. $x(x + 1) = xy - 15$
   C. $x + (x + 1) = 15xy$
   D. $x^2 - x + 18 = 0$

15. Si la suma de los dos números es 11, ¿cuál de los pares que aparecen a continuación podría corresponder a los dos números enteros?

   A. 0
   B. 2 y 3
   C. 4 y 5
   D. 5 y 6

INSTRUCCIONES: Lee cada pregunta y elige la **mejor** respuesta.

16. Un científico está estudiando una bacteria con un diámetro de 1.8×10^{-6} metros y un virus con un diámetro de 2.5×10^{-9}. ¿Aproximadamente cuántas veces mayor es el diámetro de la bacteria que el diámetro del virus?

   A. 7 veces
   B. 70 veces
   C. 700 veces
   D. 7,000 veces

17. Francisco tiene un total de veinte billetes de $5 y de $1 en su billetera. El valor total de los billetes es $52. ¿Cuántos billetes de $5 tiene Francisco en su billetera?

    A. 0
    B. 4
    C. 8
    D. 12

18. Si $f(x) = \dfrac{x^2 - 4}{4x}$, ¿para cuál de los siguientes valores será indefinida la expresión?

    A. $x - -1$
    B. $x = 0$
    C. $x = 1$
    D. $x - 2$

19. Cada día, durante tres días, Emmit retiró $64 de su cuenta. ¿Qué número muestra el cambio en su cuenta después de los tres días?

    A. −$192
    B. −$128
    C. −$64
    D. $192

20. Se usó la función $y = \dfrac{3}{4} x$ para crear la siguiente tabla. ¿Qué número falta en la tabla?

x	−2	−1	0	1	2
y	$-\dfrac{3}{2}$	$-\dfrac{3}{4}$	0	$\dfrac{3}{4}$	

    A. $\dfrac{3}{2}$
    B. $\dfrac{3}{4}$
    C. $\dfrac{3}{6}$
    D. $\dfrac{3}{12}$

21. Un esquiador sube 786 pies por la ladera de una montaña en una aerosilla. Luego esquía hacia abajo 137 pies y toma otra aerosilla para subir 542 pies por la montaña. ¿Cuál es su posición cuando se baja de la aerosilla en relación con el lugar donde comenzó en la primera aerosilla?

    A. −1,191 pies
    B. +679 pies
    C. 1,465 pies
    D. +1,191 pies

22. ¿Cuál de las siguientes desigualdades se muestra en la recta numérica?

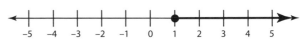

    A. $x \geq 1$
    B. $x \leq 1$
    C. $x < -1$
    D. $x > -1$

23. Un campamento familiar de verano cuesta $230 para los adultos. El costo para un niño es de $30 menos que la mitad del costo para adultos. ¿Cuál es el costo para 3 niños?

    A. 200
    B. 230
    C. 255
    D. 275

24. Un cuadrado tiene un área de 50 pies cuadrados. ¿Cuál es el perímetro del cuadrado, redondeado al pie más próximo?

    A. 8
    B. 12.5
    C. 28
    D. 200

25. ¿Qué número es una solución de la desigualdad $2(1 - x) < 8$?

    A. −2
    B. −3
    C. −4
    D. −5

26. Para la función $f(x) = 3x - 6$ ¿cuál de los siguientes valores de x tiene una salida que es un número natural positivo?

    A. -1
    B. 0
    C. 2
    D. 3

27. ¿Cuál de las siguientes opciones es equivalente a la ecuación $2x^2 + 18x + 36 = 0$?

    A. $2x(x + 6) + 6(x + 6)$
    B. 6
    C. 2 y 6
    D. $2(x + 18) + 36$

28. La suma de un número y 20 es mayor que o igual a 5 por el número más 3. ¿Qué desigualdad representa esta situación?

    A. $x + 20 \geq 5x + 3$
    B. $x + 20 \geq 5x - 3$
    C. $x + 20 \leq 5x + 3$
    D. $20 \geq 5x + 3$

INSTRUCCIONES: Estudia la cuadrícula, lee cada pregunta y elige la **mejor** respuesta.

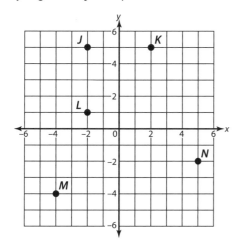

29. Los puntos J, K y L marcan los vértices de un rectángulo. ¿Cuál es la ubicación del cuarto vértice necesario para completar el rectángulo? Marca tu respuesta en la cuadrícula del plano de coordenadas.

30. ¿Cuál de las siguientes es la ecuación de una línea que atraviesa los puntos L y K?

    A. $3x + 6$
    B. $2x + 3$
    C. $1x + 3$
    D. $1x + 2$

31. Si la línea que atraviesa L y K se extendiera, ¿cuál sería el valor de y en el punto $x = 5$?

    A. 3
    B. 5
    C. 8
    D. 10

INSTRUCCIONES: Lee cada pregunta y elige la **mejor** respuesta.

32. La ecuación $h = 2t^2 - 3t + 1.125$ representa la altura h de una pelota sobre la superficie en un tiempo de t segundos después de dejarla caer. ¿Cuántos segundos tarda la pelota en llegar al suelo?

    A. 1.125
    B. $\dfrac{1}{2}$
    C. $\dfrac{3 \pm \sqrt{18}}{4}$
    D. $\dfrac{3}{4}$

33. El peso de una mamá elefante es 200 kg más que 4 por el peso de su cría recién nacida. ¿Cuál de las siguientes expresiones representa el peso de la mamá elefante?

    A. $4n + 200$
    B. $4n - 2(200)$
    C. $(n - 200)$
    D. $4n - 200$

34. Nina compró luces solares para el sendero de su jardín delantero. El monto total que pagó por 10 luces fue $100, incluyendo $4.25 de impuestos. ¿Cuál fue el costo por luz antes de los impuestos?

    A. $7.92
    B. $8.18
    C. $8.65
    D. $9.58

35. La luz viaja a una velocidad de 299,792,458 m/s desde el Sol. ¿Cuál es la distancia expresada en notación científica?

A. $2.99792458 \times 10^{-3}$ m/s
B. 2.99792458×10^{8} m/s
C. 2.99792458×10^{4} m/s
D. 2.99792458×10^{5} m/s

36. El número de estudiantes de una universidad puede expresarse como $2(8^4)$. ¿Cuántos estudiantes hay en la universidad?

A. 2,048
B. 4,096
C. 6,072
D. 8,192

37. Un boleto para una feria cuesta $20. Las fichas se venden en paquetes de 10, a $15. Edward lleva $100 a la feria. Tiene que comprar su boleto y además quiere comprar fichas para ganar premios para su familia. ¿Qué desigualdad representa el número posible de paquetes de fichas que puede comprar?

A. $100 - 20 \leq x$
B. $20 \geq 100 - x$
C. $20x - 15 < 80$
D. $15x + 20 \leq 100$

38. ¿Cuál es la cantidad máxima de paquetes de fichas que puede comprar Edward?

A. 4
B. 5
C. 6
D. 60

39. El saldo de la cuenta de Jonathan disminuye en $20 dólares por día. Al comienzo de la semana tiene $2,000. ¿Cuánto tiene 3 días después?

A. $60
B. $1,500
C. $1,900
D. $1,940

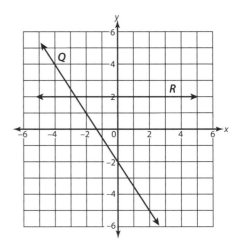

40. ¿Cuáles son las coordenadas del punto Q?

A. $(4, 4)$
B. $(-4, 4)$
C. $(4, -6)$
D. $(4, 6)$

41. ¿Cuál de las siguientes opciones es la ecuación de la línea R?

A. $x = 2$
B. $y = 2$
C. $y = x + 2$
D. $x = y + 2$

42. Si la línea R se corriera 2 unidades hacia arriba por el eje de la y, ¿cuál sería la nueva ecuación de la línea?

A. 4
B. 5
C. 6
D. 60

43. ¿Cuál es la pendiente de la línea Q?

A. $\frac{1}{2}$
B. 1
C. 2
D. $-\frac{3}{2}$

UNIDAD 3

La siguiente cuadrícula incluye la línea $y = 2x + 3$.

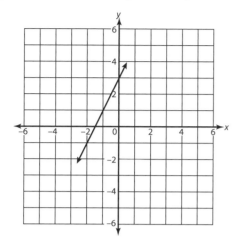

44. ¿Cuál es la pendiente de la línea de arriba?

45. ¿Cuál será el valor de x cuando y sea igual a cero?

46. ¿Cuál será el valor de y cuando x sea igual a cero?

47. ¿Cuál será el valor de y cuando x sea igual a 30?

A. $y = 3$
B. $y = 13.5$
C. $y = 60$
D. $x = 63$

48. ¿Cuál será el valor de x si $y = 30$?

A. $x = 2$
B. $x = 3$
C. $x = 13.5$
D. $x = 30$

Tiempo transcurrido (h)	Altura de la planta
1	2.5 cm
2	5 cm
3	7.5 cm
4	10 cm

49. Marca la información anterior en la gráfica que aparece a continuación.

Por ejemplo, 1 sería el valor de x y 2 cm sería el valor de y, de modo que el primer par ordenado es (1, 2).

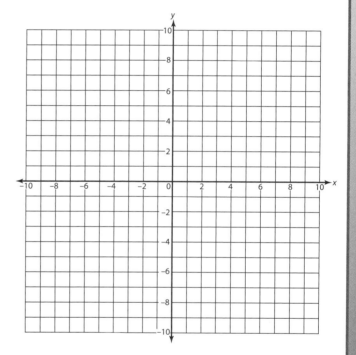

50. ¿Cuál es la ecuación de la línea de arriba?

A. $y = 2.5x$
B. $y = 5x$
C. $y = 6x$
D. $y = 7x$

51. Si la planta sigue creciendo a esa tasa, ¿qué altura tendrá en 24 horas?

A. 4 cm
B. 50 cm
C. 60 cm
D. 120 cm

UNIDAD 3

INSTRUCCIONES: Lee cada pregunta y elige la **mejor** respuesta.

52. Si $10x + 3.15 = 58.15$, ¿cuál es el valor de x?

    A. 4.5
    B. 5.5
    C. 6.5
    D. 7.5

53. Kira compró ocho camisetas. Después de canjear un cupón de $10, pagó un total de $50 por las camisetas, antes de los impuestos. ¿Cuál era el precio original de cada camiseta?

    A. $8.75
    B. $8.00
    C. $7.50
    D. $5.00

54. Si $2(y - 4) = 4 - 3y$, ¿cuál es el valor de y?

    A. 2.4
    B. 1.6
    C. −8
    D. −12

INSTRUCCIONES: Lee la información y cada pregunta y elige la **mejor** respuesta.

    Una imprenta tiene un costo fijo diario de $50 y un costo variable de $1.50 por cada 30 páginas impresas. Una segunda imprenta tiene un costo fijo diario de $10 y un costo variable de $2 por cada 30 páginas producidas.

55. Determina el número de páginas para el que los costos diarios totales serán los mismos.

    A. 10
    B. 50
    C. 80
    D. 130

56. ¿Cuál es el costo diario total para este número de elementos?

    A. $2
    B. $10
    C. $50
    D. $170

INSTRUCCIONES: Lee cada pregunta y elige la **mejor** respuesta.

$$a + b = 10$$
$$3a - 4b = 9$$

57. ¿Cuál es el valor de b en las ecuaciones de arriba?

    A. 3
    B. −4
    C. 7
    D. 9

58. ¿Cuál de las siguientes opciones es equivalente al valor de a en la ecuación de arriba?

    A. $2^0 + 1$
    B. $2^4 - 3^2$
    C. 3^2
    D. $3^2 + 2$

INSTRUCCIONES: Lee cada pregunta y elige la **mejor** respuesta.

59. Los boletos para un concierto para recaudar fondos cuestan $6 para adultos y $2 para niños. Si se vendieron 175 boletos por un total de $750, ¿cuál de las siguientes opciones representa el número de boletos para niños vendidos?

    A. $n = 175 - a$
    B. $2a + 6n = 175$
    C. $6a + 2n = 175$
    D. $6a + 2n = 750$

60. ¿Qué expresión es equivalente a la raíz cúbica de −27?

    A. $(-1)^2 \cdot \sqrt{9}$
    B. $\dfrac{9^2}{3}$
    C. $(-1)^{-1}(3)$
    D. $(-3)^9$

61. Un octavo de un número es dos más que un cuarto del número. ¿Cuál es el número?

    A. −16
    B. −4
    C. 8
    D. 16

62. ¿Cuál de las siguientes opciones tiene el mismo valor que $8^2 + 4^0$?

A. 1
B. 4
C. 64
D. 65

63. Mark multiplicó un número por sí mismo. Obtuvo un producto de 30. ¿Cuál es el número, redondeado al décimo más próximo?

A. 5.5
B. 15
C. 30
D. 60

64. Si $f(x) = 2x - 3$, ¿cuál es el valor de x cuando $f(x) = 4$?

A. 3
B. 3.5
C. 4
D. 5

65. Si $4x^2 = 121$, ¿cuál es el valor de x?

A. 4.5
B. 5
C. 5.5
D. 6

66. Un depósito con forma de cubo tiene un volumen de 6,859 metros cúbicos. ¿Cuál es el área total medida en pies cuadrados?

A. 19
B. 361
C. 2,166
D. 6,859

67. Si $z = 6$, ¿en cuál de las siguientes expresiones es indefinido el valor de z?

A. $\dfrac{4z - 3}{z - 3}$

B. $\dfrac{3z - 18}{2z + 12}$

C. $\dfrac{4z - 24}{6}$

D. $\dfrac{3z}{2z - 12}$

68. Una figura que tiene los puntos A $(-2, 1)$, B $(-4, 1)$ y C $(-3, -2)$ se refleja sobre el eje de la y. Marca la nueva figura en la siguiente cuadrícula.

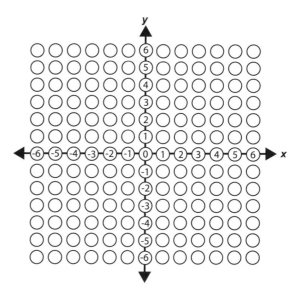

INSTRUCCIONES: Lee cada pregunta y elige la **mejor** respuesta.

Un estudiante registra el siguiente patrón numérico: 100, 95, 90, 85

69. ¿Cuál es el término siguiente de la secuencia?

A. 80
B. 70
C. 60
D. 50

70. ¿Cuál de las siguientes ecuaciones se puede usar para representar el patrón anterior?

A. $y = x$
B. $y = 2$
C. $y = x + 2$
D. $y = 100 - 5x$

71. ¿Cuál de las siguientes opciones es equivalente a $(3x - 2y)(3x + 2y)$?

A. $9x^2 + 4y^2$
B. $9x^2 - 4y^2$
C. $9x^2 + 6xy - 4y^2$
D. $9x^2 - 6xy + 4y^2$

UNIDAD 3

GED® SENDEROS

Huong McDoniel

El sendero de Huong McDoniel la llevó desde Vietnam hasta Filipinas y Guam y después hasta Arizona para luego convertirse, en la actualidad, en miembro del plantel de profesores universitarios de Nuevo México.

©Huong McDoniel

Huong McDoniel dejó atrás sus libros, pero no su amor po[r] **el aprendizaje.** Cuando era adolescente, durante la caída de Saigón Huong McDoniel empacó dos maletas: una con ropa y la otra con libros de ciencias y matemáticas. Antes de llegar a la cima de la plataforma d[e] la Embajada de los Estados Unidos en Saigón, donde los helicópteros estaba[n] evacuando a los refugiados, McDoniel tuvo que dejar atrás sus libros de text[o].

McDoniel y otras 6,000 personas subieron rápidamente a un portaavione[s] y luego se apiñaron en un barco equipado para solamente 600 miembros de tripulación. Después de vivir en campos de refugiados en Filipinas y Guam, McDoniel se mudó a Tucson, Arizona. En esa época, ella todavía no hablab[a] inglés y trabajó primero como lavaplatos. Su sueño de convertirse en maestra parecía tan lejano como su vida pasada en Vietnam.

Pero luego McDoniel se mudó a Albuquerque, Nuevo México, donde, e[n] 1989, decidió obtener un certificado GED®, mientras educaba a tres niños y también aprendía inglés. Con la ayuda de tutores del Instituto Universitario Central de Nuevo México (CNM), McDoniel aprobó la Prueba de GED® e[n] su primer intento.

McDoniel continuó sus estudios en el CNM, obtuvo un diploma en humanidades y se convirtió en tutora. Luego, se inscribió en la Universidad [d]e Nuevo México, donde completó el primer ciclo universitario en matemáticas [y] obtuvo una maestría en educación. En la actualidad, McDoniel trabaja como miembro del equipo de profesores universitarios a tiempo completo en el CNM y habla con los graduados del GED® sobre los logros que alcanzaron.

RESUMEN DE LA CARRERA PROFESIONAL: *Huong McDoniel*

- Nació en Vietnam y fue exiliada de Saigón en avión durante la Operación Viento Frecuente, en 1975.

- Se casó con Doug McDoniel, un miembro del equipo de profesores universitarios del Instituto Universitario Central de Nuevo México.

- Mientras educaba a tres niños, obtuvo un diploma en humanidades y trabajó como tutora en el instituto universitario.

- Logró su sueño de convertirse en maestra.

Geometría

Unidad 4: Geometría

Observa tu hogar, tu oficina o el pueblo donde vives. Hay probabilidades, dondequiera que mires (muebles, habitaciones, edificios, vecindarios o ciudades), de que veas una variedad de figuras geométricas. La geometría nos permite resolver muchos problemas de la vida diaria usando figuras como triángulos, círculos y cuerpos geométricos.

La geometría también aparece con frecuencia en la Prueba de Razonamiento Matemático GED®. Entre otros conceptos, en la Unidad 4, estudiarás triángulos y cuadriláteros, polígonos, círculos, pirámides, conos, esferas y figuras planas y cuerpos geométricos compuestos, lo que te ayudará a prepararte para la Prueba de Razonamiento Matemático GED®.

Contenido

LECCIÓN	PÁGINA
1: Triángulos y cuadriláteros	94–95
2: El teorema de Pitágoras	96–97
3: Polígonos	98–99
4: Círculos	100–101
5: Figuras planas compuestas	102–103
6: Dibujos a escala	104–105
7: Prismas y cilindros	106–107
8: Pirámides, conos y esferas	108–109
9: Cuerpos geométricos compuestos	110–111
Repaso de la Unidad 4	**112–119**

UNIDAD 4

©small_frog/iStockPhoto.com

En la actualidad, ya sea en el trabajo o en casa, se usa la geometría para resolver una variedad de problemas del mundo real.

LECCIÓN 1 · Triángulos y cuadriláteros

UNIDAD 4

TEMAS DE MATEMÁTICAS: Q.2.a, Q.2.e, Q.4.a, Q.4.c, A.2.a, A.2.b
PRÁCTICA DE MATEMÁTICAS: MP.1.a, MP.1.b, MP.1.e, MP.2.a, MP.2.b, MP.2.c, MP.4.b

❶ Aprende la destreza

Un **triángulo** es una figura cerrada de tres lados que tiene tres ángulos o vértices. La suma de los tres ángulos interiores de cualquier triángulo es siempre 180°. Se puede clasificar un triángulo de acuerdo con las longitudes de sus lados o las medidas de sus ángulos. Los triángulos se pueden clasificar según el tamaño del ángulo más grande en: *rectángulo* (90°), *acutángulo* (menor que 90°) u *obtusángulo* (mayor que 90°). También se los puede clasificar según sus lados: *equilátero* = tres lados congruentes; *isósceles* = al menos dos lados congruentes; *escaleno* = sin ángulos congruentes.

Un **cuadrilátero** es una figura cerrada de cuatro lados y cuatro ángulos. La suma de los cuatro ángulos interiores de cualquier cuadrilátero es siempre 360°. Los lados de un cuadrilátero pueden o no ser congruentes o paralelos. Los paralelogramos y los rectángulos tienen dos conjuntos de lados congruentes paralelos. Los rombos y los cuadrados tienen cuatro lados congruentes.

❷ Practica la destreza

Al practicar la destreza de calcular el área y el perímetro de triángulos y cuadriláteros, mejorarás tus capacidades de estudio y evaluación, especialmente en relación con la Prueba de Razonamiento Matemático GED®. Estudia la información y las figuras que aparecen a continuación. Luego responde la pregunta.

ⓐ El perímetro de una figura es la suma de las longitudes de sus lados. Si una figura tiene dos o más lados congruentes, puedes usar una fórmula:
Rectángulo = 2 × longitud + 2 × ancho
= 2*l* + 2*w* = 2(*l* + *w*)
Cuadrado = 4 × longitud de lado = 4*s*
Triángulo = lado + lado + lado

ⓑ El área de una figura es la cantidad de espacio que cubre. Usa una fórmula para hallar el área de algunas figuras:
Rectángulo = lado × ancho = *lw*
Cuadrado = lado × lado = s^2
Paralelogramo = base × altura = *bh*
Triángulo = $\frac{1}{2}$ base × altura = $\frac{1}{2}$ *bh*

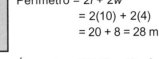

ancho = 4 m
longitud = 10 m

lado = 6 pies
lado = 10 pies
lado = 8 pies

ⓒ La base y la altura de una figura son perpendiculares entre sí (se cortan en un ángulo recto, que se muestra con el símbolo ☐). En este triángulo, los dos lados que forman el ángulo recto son la base y la altura.

Rectángulo
Perímetro = 2*l* + 2*w*
= 2(10) + 2(4)
= 20 + 8 = 28 m

Área = *lw* = (10)(4) = 40 m²

Triángulo
Perímetro = lado + lado + lado
= 6 + 8 + 10
= 24 pies

Área = $\frac{1}{2}$ *bh*
= $\frac{1}{2}$ (8)(6)
= $\frac{1}{2}$ 48 = 24 pies²

1. Halla el área y el perímetro del cuadrado.

12 pulg

A. *A* = 24 pulg²; *P* = 48 pulg
B. *A* = 48 pulg²; *P* = 24 pulg
C. *A* = 48 pulg²; *P* = 144 pulg
D. *A* = 144 pulg²; *P* = 48 pulg

USAR LA LÓGICA

Una fórmula es una ecuación. Al igual que con las ecuaciones, puedes resolver una fórmula para hallar una dimensión o variable en particular. Por ejemplo, si conoces el perímetro de un rectángulo y su longitud, puedes resolver la ecuación para hallar su ancho.

③ Aplica la destreza

INSTRUCCIONES: Estudia la figura, lee cada pregunta y elige la **mejor** respuesta.

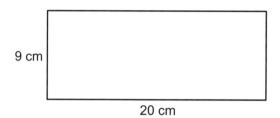

2. ¿Cuál es el área del rectángulo?

   A. 29 cm²
   B. 58 cm²
   C. 90 cm²
   D. 180 cm²

3. ¿Cuál es el perímetro del rectángulo?

   A. 29 cm
   B. 58 cm
   C. 90 cm
   D. 180 cm

INSTRUCCIONES: Estudia la figura, lee cada pregunta y elige la **mejor** respuesta.

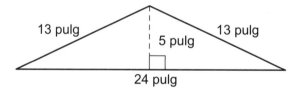

4. ¿Cuál es el área del triángulo?

   A. 60 pulg²
   B. 65 pulg²
   C. 120 pulg²
   D. 156 pulg²

5. ¿Cuál es el perímetro del triángulo?

   A. 29 pulg
   B. 37 pulg
   C. 50 pulg
   D. 55 pulg

INSTRUCCIONES: Estudia la figura, lee cada pregunta y elige la **mejor** respuesta.

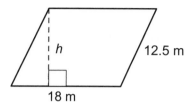

6. ¿Cuál es el perímetro del paralelogramo?

   A. 30.5 m
   B. 61 m
   C. 112.5 m
   D. 225 m

7. El área del paralelogramo mide 450 m². ¿Cuál es la altura?

   A. 25 m
   B. 36 m
   C. 50 m
   D. 72 m

INSTRUCCIONES: Lee cada pregunta y elige la **mejor** respuesta.

8. Un triángulo tiene un área de 20 pulg². La base del triángulo mide 4 pulg. ¿Cuál es la altura?

   A. 5 pulg
   B. 10 pulg
   C. 40 pulg
   D. 80 pulg

9. El área de un cuadrado es igual a su perímetro. ¿Cuál podría ser la longitud de los lados del cuadrado?

   A. 2 pies
   B. 4 pies
   C. 8 pies
   D. 16 pies

10. León está instalando una cerca alrededor de una huerta rectangular que tiene un perímetro de 60 pies. La huerta mide 12 pies de ancho. ¿Cuál es la longitud de la huerta?

    A. 48 pies
    B. 24 pies
    C. 18 pies
    D. 5 pies

El teorema de Pitágoras

TEMAS DE MATEMÁTICAS: Q.2.b, Q.4.e
PRÁCTICA DE MATEMÁTICAS: MP.1.a, MP.1.b, M.P.2.b, MP.4.b

1 Aprende la destreza

Un **triángulo rectángulo** es un triángulo que tiene un ángulo recto (90°). Los catetos (lados más cortos) y la **hipotenusa** (lado más largo) de un triángulo rectángulo tienen una relación especial. Esta relación, que describe el **teorema de Pitágoras**, establece que, en cualquier triángulo rectángulo, la suma de los cuadrados de las longitudes de los catetos es igual al cuadrado de la longitud de la hipotenusa.

En forma de ecuación, el teorema de Pitágoras es $a^2 + b^2 = c^2$. A través del uso del teorema de Pitágoras, puedes hallar el valor de la longitud de un cateto o de la hipotenusa de un triángulo rectángulo, siempre que tengas las otras dos medidas.

2 Practica la destreza

Al practicar la destreza de usar el teorema de Pitágoras para hallar el lado desconocido de un triángulo rectángulo, mejorarás tus capacidades de estudio y evaluación, especialmente en relación con la Prueba de Razonamiento Matemático GED®. Lee los ejemplos y las estrategias que aparecen a continuación. Luego responde la pregunta.

a El teorema de Pitágoras se escribe:

$$a^2 + b^2 = c^2$$

donde a y b son los catetos y c es la hipotenusa. La hipotenusa siempre es el lado opuesto al ángulo recto. Después de hallar la longitud del lado que falta, revisa para asegurarte de que la hipotenusa es la que más mide. Aquí, halla c usando los valores para a y b.

Hipotenusa = c

Cateto = b
4 pulg

Cateto = a
3 pulg

$c^2 = a^2 + b^2$
$c^2 = 3^2 + 4^2$
$c^2 = 9 + 16$
$c^2 = 25$
$c = \sqrt{25}$
$c = 5$

b Usa el teorema de Pitágoras para hallar la distancia entre los puntos A y B. Cuenta las unidades para hallar las longitudes de los catetos y usa el teorema de Pitágoras para hallar la hipotenusa.

$c^2 = 3^2 + 6^2$
$c^2 = 45$
$c \approx 6.7$

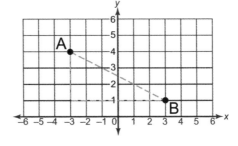

CONSEJOS PARA REALIZAR LA PRUEBA

Si los lados de un triángulo hacen que la ecuación $a^2 + b^2 = c^2$ sea verdadera, entonces se demuestra que el triángulo es rectángulo.

1. La parte inferior de una escalera está apoyada a 5 pies de la pared de un garaje. La pared y el suelo forman un ángulo recto. Si la escalera mide 10 pies de longitud, ¿aproximadamente hasta qué altura de la pared llega?

   A. 5.0 pies
   B. 6.4 pies
   C. 8.7 pies
   D. 11.2 pies

INSTRUCCIONES: Estudia la información y la figura que aparecen a continuación. Luego lee cada pregunta y elige la **mejor** respuesta.

Un poste de teléfono mide 30 pies de altura. Un cable unido a la parte superior del poste está sujeto al suelo a 15 pies de la base del poste.

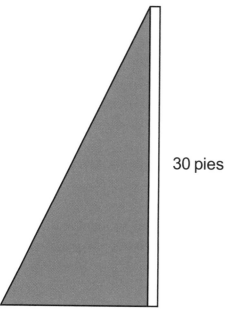

30 pies

15 pies

2. ¿Cuál es la longitud del cable al décimo más próximo de un pie?

A. 26.0
B. 30.7
C. 32.2
D. 33.5

3. Si se colocara un cable de 35 pies desde la parte superior del poste y se lo sujetara al suelo, a una distancia determinada del poste, ¿aproximadamente a qué distancia del poste estaría sujeto?

A. 16 pies
B. 18 pies
C. 30 pies
D. 38 pies

4. Si el poste de teléfono fuera 2 pies más alto y el cable estuviera sujeto a 15 pies de distancia del poste, ¿cómo afectaría el cambio en la altura del poste a la longitud del cable?

A. El cable mediría exactamente 2 pies más.
B. La longitud del cable no cambiaría.
C. El cable mediría alrededor de 1.8 pies más.
D. El cable mediría alrededor de 2.2 pies más.

INSTRUCCIONES: Estudia la información y el diagrama, lee cada pregunta y elige la **mejor** respuesta.

El río mide 120 metros de ancho. Sara comienza a cruzar el río a nado. La corriente la arrastra así que termina 40 metros río abajo de donde comenzó.

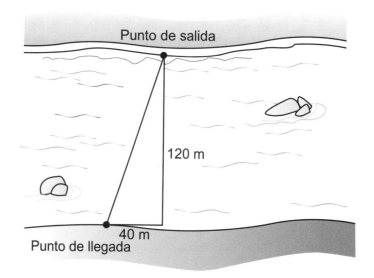

5. Al metro entero más próximo, ¿cuántos metros nadó Sara en realidad?

A. 113
B. 105
C. 126
D. 160

6. Si la corriente no hubiera sido tan fuerte y hubiera arrastrado a Sara solamente 20 metros río abajo, ¿alrededor de cuántos metros hubiera nadado? Redondea al número natural más próximo.

A. 122
B. 118
C. 116
D. 106

INSTRUCCIONES: Lee la pregunta y elige la **mejor** respuesta.

7. ¿Qué distancia hay entre los puntos M (-4, 5) y N (4, 3)? Redondea al décimo más próximo.

A. 6.3
B. 6.5
C. 7.3
D. 8.2

Polígonos

TEMAS DE MATEMÁTICAS: Q.2.a, Q.2.e, Q.4.a, Q.4.c, Q.4.d
PRÁCTICA DE MATEMÁTICAS: MP.1.a, MP.1.b, MP.1.e, MP.2.b, MP.2.c, MP.3.a,
MP.3.b, MP.4.a

❶ Aprende la destreza

Un **polígono** es toda figura cerrada que tiene tres o más lados. Los triángulos, cuadrados y rectángulos son todos ejemplos de polígonos. El nombre de los polígonos depende del número de lados que tenga; por ejemplo, un pentágono tiene cinco lados, un hexágono tiene seis lados y un octágono tiene ocho lados.

Un **polígono regular** tiene lados y ángulos congruentes. Un triángulo equilátero y un cuadrado son ejemplos de polígonos regulares. El perímetro de un polígono regular es el producto de la longitud de sus lados y el número de lados.

Un **polígono irregular** tiene lados y ángulos **incongruentes**, o desiguales. Un polígono irregular puede tener dos o más lados congruentes, como el rectángulo. El perímetro de un polígono irregular es la suma de las longitudes de sus lados.

❷ Practica la destreza

Al practicar la destreza de calcular la longitud de los lados y el perímetro de los polígonos, mejorarás tus capacidades de estudio y evaluación, especialmente en relación con la Prueba de Razonamiento Matemático GED®. Estudia la información que aparece a continuación. Luego responde la pregunta.

a Esta figura es un pentágono regular. Como todos los lados de un polígono regular son congruentes, el perímetro de un polígono regular es el número de lados × la longitud de lado.

b Esta figura es un pentágono irregular. El perímetro de un polígono irregular es la suma de las longitudes de sus lados.

¿Qué figura tiene el perímetro más grande?

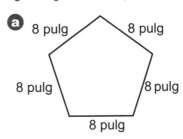

a 8 pulg 8 pulg 8 pulg 8 pulg 8 pulg

b 8 pulg 8 pulg 7 pulg 7 pulg 12 pulg

P = número de lados × longitud de lado
$P = 5(8)$
$P = 40$ pulg

$P = s_1 + s_2 + s_3 + s_4 + s_5$
$P = 12 + 7 + 8 + 8 + 7$
$P = 42$ pulg

El perímetro del pentágono irregular de la derecha es más grande que el perímetro del pentágono regular de la izquierda.

USAR LA LÓGICA

El perímetro de un polígono regular es el producto de la longitud de lados y el número de lados. Si conoces dos de esos datos (perímetro, longitud de lado, número de lados), puedes hallar el tercero.

1. Un hexágono rectangular tiene una longitud de lado de 5 pulgadas. ¿Cuál es el perímetro del hexágono?

   A. 11 pulg
   B. 25 pulg
   C. 30 pulg
   D. 36 pulg

3 Aplica la destreza

2. Los lados de un pentágono regular miden 9.6 pies. ¿Cuál es el perímetro del pentágono?

   A. 38.4 pies
   B. 48 pies
   C. 52 pies
   D. 57.6 pies

3. Un arquitecto diseña una casa con un vitral que tiene forma de octágono regular. Cada lado del vitral mide 12 pulgadas. ¿Cuál es el perímetro del marco del vitral?

   A. 20 pulg
   B. 72 pulg
   C. 96 pulg
   D. 108 pulg

4. Sacha halló el perímetro de un polígono de nueve lados multiplicando la longitud de lado por el número de lados. ¿Qué **debe** ser verdadero sobre la figura que dibujó Sacha?

   A. Tiene 9 lados congruentes.
   B. Tiene 9 ángulos congruentes.
   C. Tiene 9 lados congruentes o 9 ángulos congruentes.
   D. Tiene 9 lados congruentes y 9 ángulos congruentes.

INSTRUCCIONES: Estudia el diagrama, lee la pregunta y elige la **mejor** respuesta.

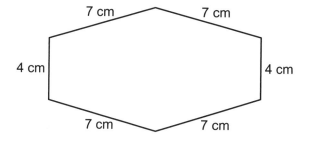

5. ¿Cuál es el perímetro de la figura?

   A. 18 cm
   B. 28 cm
   C. 36 cm
   D. 40 cm

INSTRUCCIONES: Lee cada pregunta y elige la **mejor** respuesta.

6. Halla el perímetro de la figura que aparece a continuación.

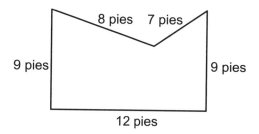

   A. 36 pies
   B. 38 pies
   C. 45 pies
   D. 54 pies

7. ¿Cuál es el perímetro del trapecio?

   A. 14 pulg
   B. 20 pulg
   C. 46 pulg
   D. 72 pulg

8. Un polígono regular tiene un perímetro de 39 pies. ¿Cuál podría ser la longitud de lado del polígono?

   A. 7 pies
   B. 6.5 pies
   C. 5.5 pies
   D. 4 pies

9. El pentágono irregular que aparece a continuación tiene un perímetro de 40 cm. ¿Cuál es la longitud de lado que falta?

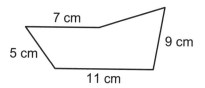

   A. 6 cm
   B. 7 cm
   C. 8 cm
   D. 9 cm

UNIDAD 4

LECCIÓN 4

Círculos

TEMAS DE MATEMÁTICAS: Q.2.a, Q.2.e, Q.4.b
PRÁCTICA DE MATEMÁTICAS: MP.1.a, MP.1.b, MP.1.e, MP.2.c, MP.4.a, MP.4.b

1 Aprende la destreza

Un **círculo** es el conjunto de puntos que están a una distancia fija de un punto central. La distancia del centro de un círculo a cualquier punto del círculo se llama **radio**. El **diámetro** es la distancia que atraviesa un círculo por el centro. El diámetro siempre es el doble del radio.

Recuerda que la distancia alrededor de un polígono es su perímetro. Sin embargo, como los círculos no tienen lados, no son polígonos y, en consecuencia, no tienen perímetro. En cambio, la distancia alrededor de un círculo se llama **circunferencia**.

Para usar la fórmula de la circunferencia ($C = \pi d$), debes conocer el diámetro de un círculo. Para usar la fórmula de área de un círculo ($A = \pi r^2$), debes conocer su radio. Si conoces cuál es el radio de un círculo, puedes duplicarlo para hallar el diámetro. Si conoces el diámetro de un círculo, puedes dividirlo entre 2 para hallar el radio.

2 Practica la destreza

Al practicar la destreza de hallar la circunferencia y el área de un círculo, mejorarás tus capacidades de estudio y evaluación, especialmente en relación con la Prueba de Razonamiento Matemático GED®. Lee el ejemplo y las estrategias que aparecen a continuación. Luego responde la pregunta.

a Identifica la información importante que aparece en el párrafo y en la figura. El párrafo indica que los trabajadores del hotel deciden hacer que el diámetro de la cerca sea el *doble* del diámetro de la piscina. La figura muestra el diámetro de la piscina. Necesitas conocer ambos datos para responder la pregunta.

b Para usar la fórmula de la circunferencia, es necesario conocer la longitud del **diámetro** (una cuerda que pasa por el centro del círculo) o el **radio** (todo segmento que abarca desde el centro del círculo hasta un punto del círculo). El radio siempre mide la mitad de la longitud del diámetro. Esta figura muestra el diámetro de la piscina.

Los trabajadores del Hotel Vista desean levantar una cerca circular alrededor de la piscina circular. Deciden hacer que el diámetro de la cerca sea el *doble* del diámetro de la piscina. Los trabajadores necesitan conocer la circunferencia de la cerca para comprar la cantidad correcta de cerca metálica.

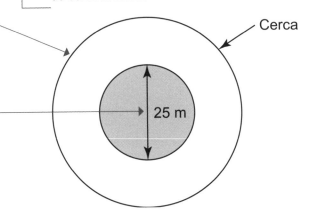

Cerca

25 m

1. ¿Cuál es la circunferencia de la cerca que rodeará la piscina del Hotel Vista?

A. 50 m
B. 78.5 m
C. 157 m
D. 785 m

UNIDAD 4

INSTRUCCIONES: Lee cada pregunta y elige la **mejor** respuesta.

2. El diámetro del círculo más pequeño es igual al radio del círculo más grande, que es 7 pulgadas.

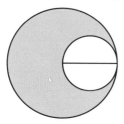

¿Cuál es el área del círculo más grande?

A. 21.98 pulg²
B. 38.46 pulg²
C. 131.88 pulg²
D. 153.86 pulg²

3. Alisha está pintando un sol perfectamente redondo como parte del dibujo de un mural, sobre la pared lateral de un edificio. Si el diámetro del sol que dibujó mide 15 cm, ¿cuál es su área redondeada al centímetro cuadrado más próximo?

A. 5 cm²
B. 56 cm²
C. 177 cm²
D. 707 cm²

4. Un círculo tiene un diámetro de 25 pulgadas. Redondeada a la pulgada más próxima, ¿cuál es su circunferencia?

A. 39 pulgadas
B. 79 pulgadas
C. 157 pulgadas
D. 491 pulgadas

5. Jon y Gretchen están haciendo un patio de ladrillos circular en el jardín trasero. El patio se muestra en el diagrama que aparece a continuación.

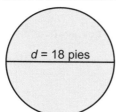

$d = 18$ pies

Si quienes hacen el pavimento cobran $1.59 por pie cuadrado, ¿cuánto cobrarán por el patio entero?

A. $89.87
B. $254.34
C. $404.40
D. $1,617.60

6. Un círculo tiene una circunferencia de 47 pulgadas. Redondeado a la pulgada más próxima, ¿cuál es su diámetro?

A. 30 pulgadas
B. 15 pulgadas
C. 8 pulgadas
D. 7 pulgadas

7. ¿Cuál es el radio de un círculo que tiene un área de 1,256 m²?

A. 10 metros
B. 20 metros
C. 40 metros
D. 200 metros

INSTRUCCIONES: Estudia la información y el diagrama, lee cada pregunta y elige la **mejor** respuesta.

Henry compró la alfombra circular que se muestra a continuación.

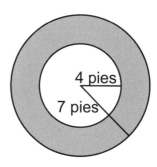

4 pies
7 pies

8. La alfombra está dividida. Tiene el interior blanco y el borde gris. ¿Cuál es el área del interior de la alfombra en pies cuadrados? Redondea al décimo más próximo.

A. 12.6
B. 25.1
C. 50.2
D. 153.9

9. ¿Cuál es el área de toda la alfombra, redondeada al pie cuadrado más próximo?

A. 50
B. 104
C. 154
D. 204

10. Henry desea agregar un borde con flecos a la parte exterior de la alfombra. ¿Alrededor de cuántos pies de flecos debería comprar para poner en el borde de la alfombra?

A. 44
B. 28
C. 25
D. 13

Figuras planas compuestas

TEMAS DE MATEMÁTICAS: Q.4.a, Q.4.b, Q.4.c, Q.4.d
PRÁCTICA DE MATEMÁTICAS: MP.1.a, MP.1.b, MP.1.c, MP.1.e, MP.3.a, MP.5.c

1 Aprende la destreza

Las **figuras planas compuestas** están formadas por dos o más figuras bidimensionales, o 2-D. El perímetro de una figura plana compuesta es la distancia que hay alrededor de la figura completa. Se puede calcular sumando las longitudes de los lados exteriores. En una figura plana compuesta, para hallar el área, a veces, debes dividir la figura en secciones más pequeñas, como triángulos, cuadrados y rectángulos.

2 Practica la destreza

Al practicar la destreza de reconocer figuras planas compuestas y calcular el área y el perímetro, mejorarás tus capacidades de estudio y evaluación, especialmente en relación con la Prueba de Razonamiento Matemático GED®. Estudia la información que aparece a continuación. Luego responde la pregunta.

a Para hallar el área de una figura irregular, primero divide la figura en formas simples. Esta figura se puede dividir en tres rectángulos. Se dan las dimensiones de los dos rectángulos externos. Se da un lado del rectángulo del medio (6 cm). Para hallar el otro lado, usa medidas de lados que conoces. Por ejemplo, la longitud de la figura entera es 15 cm. Si restas 4 cm y luego 6 cm, puedes hallar la longitud del rectángulo del medio (5 cm).

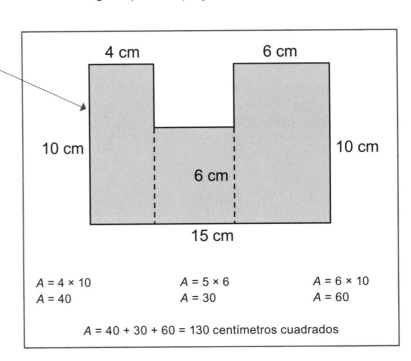

$A = 4 \times 10$
$A = 40$

$A = 5 \times 6$
$A = 30$

$A = 6 \times 10$
$A = 60$

$A = 40 + 30 + 60 = 130$ centímetros cuadrados

UNIDAD 4

DENTRO DEL EJERCICIO

Para hallar el perímetro de una figura plana compuesta, suma la longitud de cada lado. Si un lado no tiene número, deberás hallarlo mediante la suma o la resta.

1. ¿Cuál es el perímetro de la figura que se muestra arriba?

A. 130 cm
B. 116 cm
C. 58 cm
D. 45 cm

INSTRUCCIONES: Estudia la figura, lee la pregunta y elige la **mejor** respuesta.

2. Kirsten cosió un mantel con la forma que se muestra abajo. ¿Cuál es el área de su mantel en pies cuadrados?

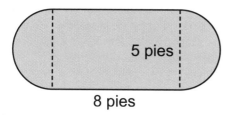

5 pies

8 pies

A. 26
B. 40
C. 47.9
D. 59.625

INSTRUCCIONES: Estudia la figura, lee cada pregunta y elige la **mejor** respuesta.

Un niño de jardín de infantes diseña la siguiente figura usando bloques sobre el piso alfombrado.

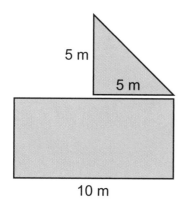

5 m

5 m

10 m

3. ¿Cuál es el área de la porción triangular de la figura?

A. 12.5 m²
B. 25.0 m²
C. 50.0 m²
D. 59.63 m²

4. Si el ancho del rectángulo mide 5 m, ¿cuál es el área total de la figura que se muestra arriba?

A. 5 m²
B. 12.5 m²
C. 50 m²
D. 62.5 m²

INSTRUCCIONES: Estudia la figura, lee la pregunta y elige la **mejor** respuesta.

Karen y Bill volcaron cemento para hacer el patio que se muestra en el diagrama.

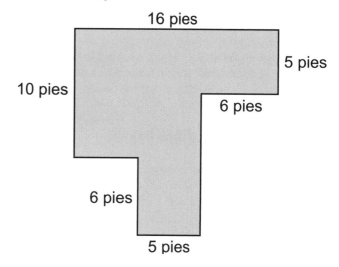

16 pies

5 pies

10 pies

6 pies

6 pies

5 pies

5. ¿Cuál es el área del patio de Karen y Bill en pies cuadrados?

A. 160
B. 100
C. 80
D. 30

INSTRUCCIONES: Estudia las figuras, lee la pregunta y elige la **mejor** respuesta.

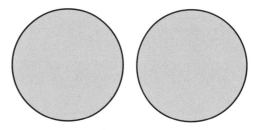

6. En un campo de maíz se observaron dos patrones circulares idénticos. Si el radio de un círculo mide 5 m, ¿cuál es el área total de ambos círculos, medida al metro cuadrado más próximo?

A. 10
B. 31
C. 79
D. 157

Dibujos a escala

TEMAS DE MATEMÁTICAS: Q.3.b, Q.3.c
PRÁCTICA DE MATEMÁTICAS: MP.1.a, MP.1.b, MP.4.b

1 Aprende la destreza

Cuando los ángulos correspondientes y los lados correspondientes de dos figuras son iguales, las figuras tienen exactamente la misma forma y tamaño. A estas figuras se las conoce como **figuras congruentes**. Cuando los ángulos correspondientes de dos figuras son iguales pero las longitudes de sus lados correspondientes son proporcionales, las figuras tienen la misma forma pero no el mismo tamaño. A estas figuras se las conoce como **figuras semejantes**.

Los dibujos a escala, como los mapas y los planos, son figuras semejantes. Un **factor de escala** es la razón de una dimensión en un dibujo a escala a la dimensión correspondiente en un dibujo real o en la realidad. Se pueden usar razones para determinar el factor de escala de un dibujo. Se pueden usar proporciones para determinar una dimensión desconocida en un dibujo real o a escala, dados el factor de escala y la dimensión correspondiente.

2 Practica la destreza

Al practicar la destreza de razonamiento proporcional, mejorarás tus capacidades de estudio y evaluación, especialmente en relación con la Prueba de Razonamiento Matemático GED®. Estudia la información y las figuras que aparecen a continuación. Luego responde la pregunta.

a Cuando los ángulos o los segmentos de dos figuras se corresponden, están en la misma posición. El ángulo C de △ABC se corresponde con el ∠T de △RST. El ángulo B se corresponde con el ∠S. De manera similar, $\overline{AC}$ se corresponde con $\overline{RT}$ y $\overline{BC}$ se corresponde con $\overline{ST}$.

b El símbolo ≅ significa "es congruente con". El símbolo ~ significa "es semejante a". Cuando se dice que dos figuras son congruentes o semejantes, se deben nombrar las partes correspondientes en el mismo orden. Por ejemplo, △BCA ~ △STR.

Los triángulos ABC y RST son semejantes.

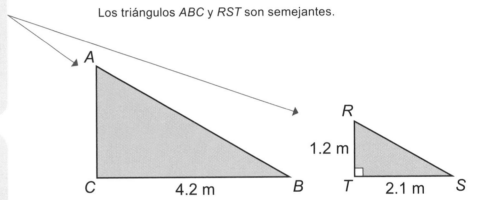

CONSEJOS PARA REALIZAR LA PRUEBA

En la pregunta 1, nos dicen que los triángulos son semejantes. Se puede escribir una proporción para hallar la longitud que falta. Una proporción de muestra para las figuras es: $\dfrac{x}{1.2} = \dfrac{4.2}{2.1}$.

1. ¿Cuál es la longitud de $\overline{AC}$?

   A. 1.2 m
   B. 2.1 m
   C. 2.4 m
   D. 3.2 m

⭐ Ítem en foco: **COMPLETAR LOS ESPACIOS**

INSTRUCCIONES: Estudia las figuras, lee cada pregunta y escribe la respuesta en el recuadro.

El triángulo *ABC* y el triángulo *FGH* son figuras semejantes.

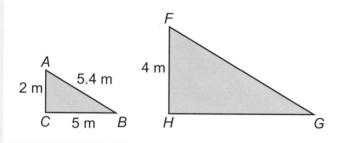

2. ¿Cuál es la longitud de $\overline{FG}$?

3. ¿Cuál es el perímetro de △*FGH*?

INSTRUCCIONES: Estudia la figura, lee la pregunta y elige la **mejor** respuesta.

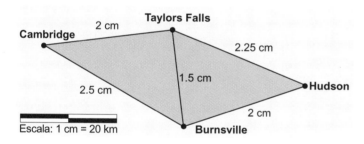

4. Jack manejó desde Cambridge hasta Burnsville. Pedro manejó desde Hudson hasta Burnsville. ¿Cuánto más manejó Jack que Pedro?

A. 0.5 km
B. 10 km
C. 40 km
D. 50 km

INSTRUCCIONES: Lee cada pregunta y elige la **mejor** respuesta.

5. Erika manejó desde Plymouth hasta Manchester y regresó. En un mapa, estas dos ciudades están ubicadas a 2.5 cm de distancia. Si la escala del mapa es 1 cm:6 km, ¿cuántos kilómetros manejó?

A. 2.4
B. 8.5
C. 15
D. 30

INSTRUCCIONES: Estudia las figuras, lee la pregunta y elige la **mejor** respuesta.

Los triángulos 1 y 2 que se muestran a continuación son congruentes. Se da la longitud de dos lados del Triángulo 1.

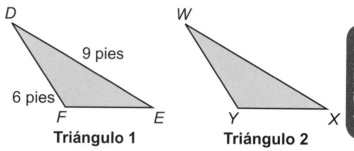

Triángulo 1   **Triángulo 2**

6. Si el perímetro del Triángulo 1 es 19 pies, ¿cuál es la longitud de $\overline{XY}$?

A. 4 pies
B. 6 pies
C. 9 pies
D. 19 pies

7. Un fabricante de muebles hizo un modelo del diseño de una mesa. El modelo de la mesa mide 12 pulgadas de longitud y 4 pulgadas de ancho. La mesa real medirá 60 pulgadas de longitud. ¿Cuál es el factor de escala de la mesa real?

A. 5
B. 6
C. 15
D. 16

UNIDAD 4

Prismas y cilindros

TEMAS DE MATEMÁTICAS: Q.2.a, Q.2.e, Q.4.b, Q.5.a, Q.5.b, Q.5.c
PRÁCTICA DE MATEMÁTICAS: MP.1.a, MP.1.b, MP.1.d, MP.1.e, MP.2.a, MP.2.c,
MP.3.a, MP.3.b, MP.4.a, MP.4.b

1 Aprende la destreza

Un **cuerpo geométrico** es una figura tridimensional. Los cuerpos geométricos incluyen cubos, prismas, pirámides, cilindros y conos. Estas figuras tienen bases paralelas. El **volumen** de un cuerpo geométrico es la cantidad de espacio que ocupa, medido en unidades cúbicas. El volumen de un prisma o de un cilindro es el producto del área de su base y su altura. El **área total** de un cuerpo geométrico es la suma de las áreas de sus dos bases y el área de sus superficies laterales.

Si conoces el volumen de un cubo o de un prisma y ya sea el área de su base o su altura, puedes calcular la otra cantidad. De manera similar, si conoces el volumen de un cilindro y ya sea su radio o su altura, puedes hallar la otra dimensión.

2 Practica la destreza

Al practicar la destreza de calcular el área total y el volumen de prismas y cilindros, mejorarás tus capacidades de estudio y evaluación, especialmente en relación con la Prueba de Razonamiento Matemático GED®. Estudia la información que aparece a continuación. Luego responde la pregunta.

a Un prisma tiene dos bases paralelas. Para un prisma rectangular, se puede usar como base cualquiera de las caras paralelas. Los prismas reciben su nombre según la forma de su base. Un prisma con base triangular se llama prisma triangular.

b El volumen de un prisma es el producto del área de su base y su altura, o $V = Bh$. La altura de un prisma es la distancia perpendicular entre sus bases. El área total de un prisma es el área de sus bases y sus caras laterales. Para hallar el área de la base de un prisma triangular, usa la fórmula

$A = \frac{1}{2}bh$, donde la base y la altura

del triángulo son perpendiculares. Para hallar el área total de un prisma triangular, debes hallar la suma del área de sus bases y sus 3 lados laterales.

Cilindro

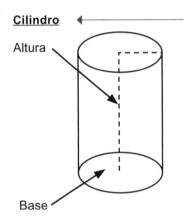

Altura

Base

c Un cilindro tiene dos bases circulares congruentes conectadas por una superficie curva. El volumen de un cilindro es el producto del área de su base circular y su altura, o $V = \pi r^2 h$. Entre tanto, el área total de un cilindro es el área de sus dos bases circulares más su área lateral. El área lateral es el producto de la circunferencia y la altura.

a **Prisma**

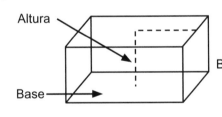

Altura

Base

Altura

Base

b

DENTRO DEL EJERCICIO

La Prueba de Razonamiento Matemático GED® incluye fórmulas para el área total y el volumen de una variedad de figuras, como cilindros y prismas. Quienes se presenten a dar la prueba usarán estas fórmulas para obtener las respuestas correctas.

1. Una compañía vende avena en una lata cilíndrica *(derecha)*. La lata tiene una altura de 8 pulgadas y el radio de la base mide 3 pulgadas. ¿Cuál es el volumen del recipiente redondeado a la pulgada cúbica más próxima?

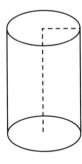

   A. 24 pulg³
   B. 72 pulg³
   C. 226 pulg³
   D. 678 pulg³

UNIDAD 4

106

Lección 7 | Prismas y cilindro

INSTRUCCIONES: Lee la pregunta y elige la **mejor** respuesta.

2. Un fardo de heno rectangular tiene las siguientes dimensiones: longitud = 40 pulgadas, altura = 20 pulgadas, ancho = 20 pulgadas. Darla recibió un envío de 50 fardos de heno en su granja. ¿Cuántas pulgadas cúbicas de heno recibió?

   A. 8,000 pulg³
   B. 16,000 pulg³
   C. 160,000 pulg³
   D. 800,000 pulg³

INSTRUCCIONES: Estudia el diagrama, lee cada pregunta y elige la **mejor** respuesta.

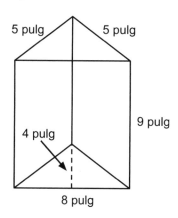

5 pulg   5 pulg

9 pulg

4 pulg

8 pulg

3. ¿Cuál de las siguientes expresiones se puede usar para hallar el área total del prisma triangular que se muestra arriba?

   A. $(8 \times 4) + (9 \times 5) + (9 \times 8)$
   B. $(8 \times 4) + 2(9 \times 5) + (9 \times 8)$
   C. $\frac{1}{2}(8 \times 4) + (9 \times 5) + (9 \times 8)$
   D. $\frac{1}{2}(8 \times 4) + 2(9 \times 5) + (9 \times 8)$

4. Un prisma tiene una base triangular con un área de 24 pulgadas cuadradas. El prisma tiene el mismo volumen que el prisma triangular que se muestra arriba. ¿Qué altura tiene el prisma?

   A. 3 pulg
   B. 6 pulg
   C. 9 pulg
   D. 12 pulg

INSTRUCCIONES: Lee cada pregunta y elige la **mejor** respuesta.

5. Una vitrina de plástico tiene forma de prisma rectangular. El prisma mide 8 pulgadas de longitud, 6 pulgadas de ancho y 10 pulgadas de altura. ¿Qué área de plástico se usó para fabricar la vitrina?

   A. 188 pulg²
   B. 256 pulg²
   C. 376 pulg²
   D. 480 pulg²

6. La cisterna que se muestra a continuación tiene un volumen de 9,156.24 centímetros cúbicos.

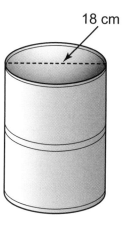

18 cm

¿Qué altura tiene la cisterna en centímetros?

   A. 2.25
   B. 9
   C. 36
   D. 113.04

7. Morgan necesita hallar la circunferencia de una lata cilíndrica. Conoce la altura y el volumen de la lata. Divide el volumen entre la altura y obtiene como resultado *x* centímetros cuadrados. ¿Cuál de las siguientes opciones describe los próximos pasos que Morgan debería seguir para calcular la circunferencia?

   A. Dividir *x* entre 3.14, luego sacar la raíz cuadrada para hallar el radio. Multiplicar el radio por 3.14 para hallar la circunferencia.
   B. Dividir *x* entre 3.14, luego sacar la raíz cuadrada para hallar el radio. Multiplicar el radio por 6.28 para hallar la circunferencia.
   C. Sacar la raíz cuadrada de *x* para hallar el producto del radio y 3.14. Multiplicar por 2 para hallar la circunferencia.
   D. Sacar la raíz cuadrada de *x* para hallar el producto del radio y 6.28, lo que es igual a la circunferencia.

Pirámides, conos y esferas

TEMAS DE MATEMÁTICAS: Q.2.a, Q.2.e, Q.5.d, Q.5.e
PRÁCTICA DE MATEMÁTICAS: MP.1.a, MP.1.b, MP.1.e, MP.2.a, MP.2.c, MP.3.a, MP.4.a, MP.4.b

➊ Aprende la destreza

Una **pirámide** es una figura tridimensional que tiene un polígono como única base y caras triangulares. Un **cono** tiene una base circular. El volumen de una pirámide es $V = \frac{1}{3} Bh$. El volumen de un cono es $V = \frac{1}{3} \pi r^2 h$.

El **área total** de un cuerpo geométrico es la suma de las áreas de sus superficies. El área total de una pirámide es la suma del área de su base y de sus caras triangulares. Usa la altura del lado inclinado (altura del triángulo) para hallar las áreas de las caras. La fórmula para hallar el área total de una pirámide es $At = B + \frac{1}{2} Ps$, donde B es el área de la base, P es el perímetro de la base y s es la altura del lado inclinado. El área total de un cono es la suma de su base circular y su superficie curva. La fórmula para hallar el área total es $At = \pi r^2 + \pi rs$.

La forma de una **esfera** se parece a la de una pelota y no tiene bases ni caras. La fórmula para el volumen de una esfera es $\frac{4}{3} \pi r^3$. La fórmula para hallar el área total de una esfera es $4\pi r^2$.

➋ Practica la destreza

Al practicar la destreza de calcular el área y el volumen de pirámides, conos y esferas, mejorarás tus capacidades de estudio y evaluación, especialmente en relación con la Prueba de Razonamiento Matemático GED®. Estudia las figuras y la información que aparecen a continuación. Luego responde la pregunta.

a Un cono tiene una base circular y un vértice. Ambos están conectados por una superficie curva que, cuando se la aplana, forma parte de un círculo. La longitud del borde curvo de la parte del círculo es igual a la circunferencia de la base. El radio de la parte del círculo es igual a la altura del lado inclinado, s, del cono.

Cono

Vértice — Altura
Cara — Altura del lado inclinado
Base

Esfera

Radio

c La mitad de una esfera se llama semiesfera. El volumen de una semiesfera es la mitad del volumen de la esfera. El área total de una semiesfera es el área de la mitad de la superficie de la esfera, más el área de la base circular. El radio de la base es igual al radio de la esfera.

b Una pirámide cuadrada tiene una base cuadrada y cuatro caras triangulares congruentes. Todas las caras se conectan a un solo punto, llamado vértice. La altura de una pirámide cuadrada forma un ángulo recto con su base. La altura del lado inclinado, s, no es perpendicular a la base. Se extiende desde la base de la cara triangular hasta el vértice.

Pirámide cuadrada

Vértice
Altura
Altura del lado inclinado
Cara
Base
Arista

TEMAS

Quizás te informen el volumen o el área total de una figura geométrica y te pidan que determines el radio, el diámetro, la longitud de lado o la altura. Usa la fórmula adecuada para resolver.

1. Una fábrica produce pelotas de goma esféricas con un radio de 1.5 pulgadas. Redondeado a la pulgada cúbica más próxima, ¿qué volumen de goma se necesita para fabricar una pelota?

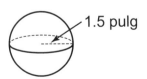

1.5 pulg

A. 14 pulg³
B. 28 pulg³
C. 36 pulg³
D. 42 pulg³

UNIDAD 4

3 Aplica la destreza

Un vaso de papel tiene la forma del cono que se muestra a continuación.

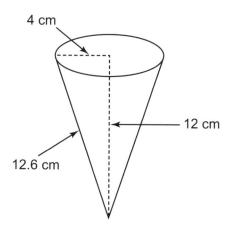

4 cm

12 cm

12.6 cm

2. Redondeado al centímetro cúbico más próximo, ¿qué volumen de agua puede contener el vaso?

A. 17 cm³
B. 201 cm³
C. 603 cm³
D. 1,809 cm³

3. Redondeado al centímetro cuadrado más próximo, ¿qué área de papel se necesita para hacer el vaso? Supón que el papel no se traslapa.

A. 151 cm²
B. 158 cm²
C. 201 cm²
D. 208 cm²

INSTRUCCIONES: Lee cada pregunta y elige la **mejor** respuesta.

4. ¿Cuál es el área total de una esfera con un radio de 9 centímetros? Redondea tu respuesta al centímetro cuadrado más próximo.

A. 254 cm²
B. 339 cm²
C. 1,017 cm²
D. 3,052 cm²

5. Un cono y una semiesfera tienen un radio de 6 pulgadas cada uno. ¿Cuál es la altura del cono si las dos figuras tienen el mismo volumen?

A. 4 pulg
B. 12 pulg
C. 24 pulg
D. 72 pulg

INSTRUCCIONES: Estudia la información y las figuras, lee cada pregunta y elige la **mejor** respuesta.

Una tienda de chocolates fabrica chocolates con formas y tamaños especiales. Lía pidió dos chocolates con las formas que se muestran a continuación.

6. El chocolate con forma de pirámide tiene una base cuadrada, con una longitud de lado de 2 cm y una altura de 3 cm. ¿Cuál es el volumen del chocolate, redondeado al décimo más próximo?

A. 12 cm³
B. 6 cm³
C. 4 cm³
D. 2 cm³

7. El chocolate con forma de cono tiene la misma altura y el doble del volumen del chocolate con forma de pirámide. ¿Cuál es el radio del cono al décimo más próximo?

A. 2.6 cm
B. 1.6 cm
C. 1.3 cm
D. 1.1 cm

INSTRUCCIONES: Lee la pregunta y elige la **mejor** respuesta.

8. Una carpa tiene forma de pirámide cuadrada, como se muestra a continuación.

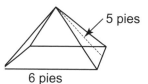

5 pies

6 pies

¿Qué área de tela se necesita para hacer la carpa? Supón que la tela no se traslapa.

A. 51 pies cuadrados
B. 60 pies cuadrados
C. 66 pies cuadrados
D. 96 pies cuadrados

UNIDAD 4

Cuerpos geométricos compuestos

TEMAS DE MATEMÁTICAS: Q.2.a, Q.2.e, Q.5.a, Q.5.b, Q.5.c, Q.5.d, Q.5.f, A.1.a, A.1.c, A.1.g, A.2.c, A.4.b
PRÁCTICA DE MATEMÁTICAS: MP.1.a, MP.1.b, MP.1.c, MP.1.d, MP.1.e, MP.2.c, MP.3.a, MP.4.a, MP.4.b, MP.5.c

1 Aprende la destreza

Muchos objetos del mundo real, como los prismas, los cilindros, las pirámides, los conos y las esferas están formados por cuerpos geométricos más simples. Al separar **cuerpos geométricos compuestos** en figuras más simples, puedes hallar dimensiones más grandes y complejas, como el área total y el volumen.

2 Practica la destreza

Al practicar la destreza de calcular áreas totales y volúmenes de cuerpos geométricos compuestos, mejorarás tus capacidades de estudio y evaluación, especialmente en relación con la Prueba de Razonamiento Matemático GED®. Estudia la información y el diagrama que aparecen a continuación. Luego responde la pregunta.

a En un cuerpo geométrico compuesto, las dimensiones de varios elementos no siempre pueden aparecer explícitamente sino que se pueden inferir de la geometría. Por ejemplo, la longitud de lado de 80 metros de un cuadrado también es igual al diámetro de los semicírculos de la figura.

b Con frecuencia, hay múltiples maneras de separar un problema que involucra cuerpos geométricos compuestos. En la pregunta 1, se pueden calcular los volúmenes del prisma cuadrado en el centro y de los semicilindros asociados por separado y luego se los puede sumar. También se puede hallar el área de la figura y luego multiplicarla por la altura del rascacielos para obtener el volumen total.

La siguiente figura muestra una sección transversal horizontal de un rascacielos. Está compuesta por un centro cuadrado, con secciones semicirculares a cada lado del cuadrado. El rascacielos mide 150 metros de altura.

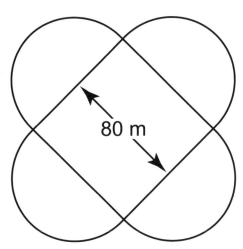

80 m

USAR LA LÓGICA

En algunos casos, puede resultar útil ver un cuerpo geométrico complejo como un cuerpo geométrico simple, sin partes de ese cuerpo geométrico. Entre los ejemplos, se pueden incluir un bloque rectangular con hoyos cilíndricos o un cono sin la punta.

1. Redondeado a los 1,000 metros cúbicos más próximos, ¿cuál es el volumen que ocupa el rascacielos?

A. 1,714,000 m³
B. 2,467,000 m³
C. 3,221,000 m³
D. 3,974,000 m³

③ Aplica la destreza

INSTRUCCIONES: Estudia el diagrama, lee cada pregunta y escribe tu respuesta en el recuadro.

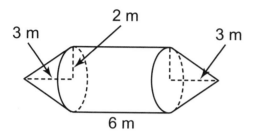

2. ¿Cuál es el volumen combinado, redondeado al metro cúbico más próximo, de los conos que se muestran en la figura?

3. ¿Cuál es el volumen de la figura redondeado al metro cúbico más próximo?

INSTRUCCIONES: Estudia la información y el diagrama, lee cada pregunta y elige la **mejor** respuesta.

4. Karen y Bill volcaron cemento para hacer el patio que se muestra en el diagrama que está a continuación. Si volcaron cemento hasta hacer una capa de 3 pulgadas de profundidad, ¿cuántos pies cúbicos de cemento usaron?

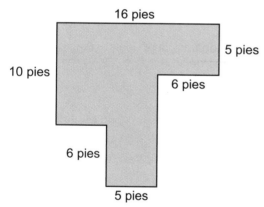

A. 40 pies³
B. 64 pies³
C. 80 pies³
D. 160 pies³

INSTRUCCIONES: Lee cada pregunta y elige la **mejor** respuesta.

5. Un recipiente cilíndrico cerrado tiene un radio externo *R* y una longitud externa *H*. Si el grosor del material que forma el recipiente es *t*, ¿cuál es el volumen del material que forma el recipiente?

A. $V = \pi[R^2H - (R - t)^2(H - 2t)]$
B. $V = \pi[R^2H - (R - t)^2(H - t)]$
C. $V = \pi[(R + t)^2(H + t) - R^2H]$
D. $V = \pi[(R + t)^2(H + 2t) - R^2H]$

INSTRUCCIONES: Estudia la información y el diagrama, lee cada pregunta y elige la **mejor** respuesta.

El siguiente bosquejo representa un embudo, el cual tiene marcadas las dimensiones interiores del embudo.

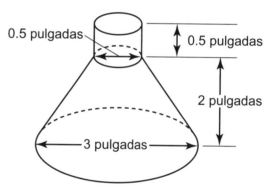

6. Redondeada al décimo más próximo de pulgada cuadrada, ¿cuál es el área total interior de la parte cónica del embudo?

A. 9.4
B. 11.8
C. 13.0
D. 13.3

7. ¿Cuál es el área total interior del embudo, redondeada al décimo más próximo de pulgada cuadrada?

A. 11.8
B. 13.0
C. 13.4
D. 13.8

Repaso de la Unidad 4

INSTRUCCIONES: Lee cada pregunta y elige la **mejor** respuesta.

1. Un cuadrado tiene un área de 64 metros cuadrados. ¿Cuál es la longitud de lado del cuadrado?

   A. 4 metros
   B. 8 metros
   C. 16 metros
   D. 32 metros

2. Kelly está usando una cinta para decorar dos manteles individuales idénticos, que tienen forma de hexágono regular. La cinta mide 80 pulgadas de longitud. Después de decorar los manteles individuales, le quedan 8 pulgadas de cinta. ¿Cuál es la longitud de lado de cada mantel individual?

   A. 4.5 pulgadas
   B. 6 pulgadas
   C. 9 pulgadas
   D. 12 pulgadas

INSTRUCCIONES: Estudia la información y el diagrama, lee cada pregunta y elige la **mejor** respuesta.

Una rampa mide 12 pies de longitud y se eleva a 2 pies del suelo, como se muestra a continuación.

12 pies
2 pies

3. Redondeada al décimo más próximo de un pie, ¿cuál es la longitud horizontal de la rampa?

   A. 10.0 pies
   B. 10.6 pies
   C. 11.8 pies
   D. 11.9 pies

4. Se cambió el diseño de la rampa para que su longitud horizontal aumentara a 15 pies. Redondeada al décimo más próximo de un pie, ¿alrededor de cuánto aumentó la longitud de la rampa?

   A. 3.0 pies
   B. 3.1 pies
   C. 3.2 pies
   D. 3.3 pies

INSTRUCCIONES: Estudia el diagrama y la información, lee cada pregunta y escribe tu respuesta en el recuadro que aparece a continuación.

Se inscribe un cuadrado en un círculo, con sus vértices como puntos del círculo.

El área del cuadrado mide 25 pies cuadrados.

5. ¿Cuál es la longitud de un lado del cuadrado?

   [ ] pies

6. Redondeado al décimo más próximo, ¿cuál es el diámetro del círculo?

   [ ] pies

7. Redondeada al décimo más próximo, ¿cuál es el área del círculo?

   [ ] pies cuadrados

8. Redondeada al décimo más próximo, ¿cuál es la circunferencia del círculo?

   [ ] pies

INSTRUCCIONES: Estudia el diagrama y la información, lee la pregunta y elige la **mejor** o las **mejores** respuestas.

9. Las figuras que se muestran a continuación son polígonos regulares.

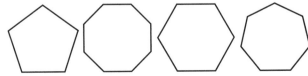

P = 42.5 pulg   P = 68 pulg   P = 52 pulg   P = 59.5 pulg

Encierra en un círculo las figuras cuya longitud de lado mida 8.5 pulgadas.

INSTRUCCIONES: Lee cada pregunta y elige la **mejor** respuesta.

INSTRUCCIONES: Lee cada pregunta y elige la **mejor** respuesta.

10. Una mesa de comedor rectangular mide 8 pies de longitud y 4.5 pies de ancho. ¿Qué área de madera se usó para fabricar la parte superior de la mesa?

A. 18 pies cuadrados
B. 25 pies cuadrados
C. 32 pies cuadrados
D. 36 pies cuadrados

11. Redondeado al décimo más próximo, ¿cuál es el diámetro de un círculo con un área de 254 centímetros cuadrados?

A. 9.0 cm
B. 18.0 cm
C. 40.5 cm
D. 80.1 cm

12. El paralelogramo y el cuadrado tienen la misma área.

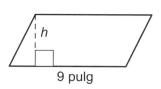

6 pulg   9 pulg

¿Cuál es la altura del paralelogramo?

A. 3 pulg
B. 4 pulg
C. 6 pulg
D. 9 pulg

13. En vez de caminar por la acera que rodea un parque hacia su carro, Wanda cortó camino como se muestra a continuación.

Wanda

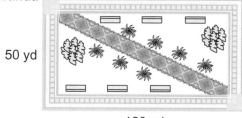

50 yd

120 yd   **carro de Wanda**

¿Cuántas yardas menos caminó Wanda al no haber tomado la acera hacia su carro?

A. 130
B. 80
C. 40
D. 10

La escala del dibujo que se muestra a continuación es 1 pulgada : 3 pies.

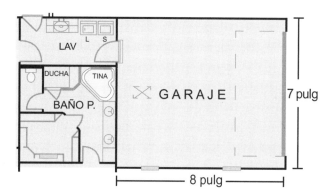

14. ¿Cuáles son las dimensiones reales del garaje?

A. 7 pies por 8 pies
B. 14 pies por 16 pies
C. 21 pies por 24 pies
D. 24 pies por 25 pies

15. El ancho real del lavadero es 5.4 pies. ¿Qué ancho tiene el lavadero en el dibujo a escala?

A. 0.6 pulgada
B. 1.8 pulgadas
C. 4.6 pulgadas
D. 7.2 pulgadas

INSTRUCCIONES: Estudia el diagrama y la información, lee cada pregunta y elige la **mejor** respuesta.

El trapecio que se muestra a continuación tiene un perímetro de 58 pies.

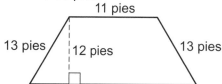

11 pies

13 pies   12 pies   13 pies

16. ¿Cuál es la longitud de lado que falta del trapecio?

A. 9 pies
B. 12 pies
C. 21 pies
D. 22 pies

17. ¿Cuál es el área del trapecio?

A. 132 pies cuadrados
B. 192 pies cuadrados
C. 208 pies cuadrados
D. 252 pies cuadrados

UNIDAD 4

INSTRUCCIONES: Estudia la cuadrícula, lee la pregunta y escribe tu respuesta en el recuadro que aparece a continuación.

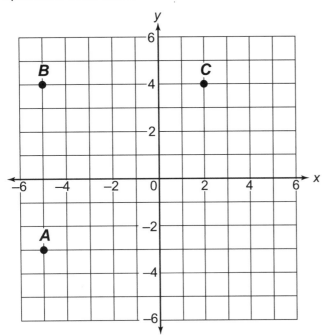

18. ¿Cuál es la distancia entre los puntos *A* y *C*? Redondea tu respuesta al décimo más próximo.

INSTRUCCIONES: Estudia el diagrama y la información, lee cada pregunta y elige la **mejor** respuesta.

Un contratista volcó concreto para hacer la escalera que se muestra a continuación. Cada peldaño mide 8 pulgadas de altura y 10 pulgadas de profundidad.

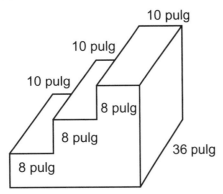

19. ¿Qué volumen de concreto usó el contratista?

A. 8,640 pulgadas cúbicas
B. 17,280 pulgadas cúbicas
C. 18,432 pulgadas cúbicas
D. 25,920 pulgadas cúbicas

INSTRUCCIONES: Lee cada pregunta y elige la **mejor** respuesta.

20. Un trozo circular de un vitral tiene un área de 113 pulgadas cuadradas. El trozo está rodeado por una tira de plomo que lo conecta con el resto del diseño. Aproximadamente, ¿qué longitud tiene la tira de plomo, redondeada al décimo más próximo?

A. 6.0 pulg
B. 18.96 pulg
C. 36.0 pulg
D. 37.7 pulg

21. Un triángulo rectángulo tiene un área de 216 cm². Uno de los lados que forman el ángulo recto mide 24 cm de longitud. ¿Cuál es el perímetro del triángulo?

A. 30 cm
B. 42 cm
C. 72 cm
D. 85 cm

22. Evan dice que el área de un círculo siempre es mayor que su circunferencia. ¿Qué longitud de radio prueba que Evan está equivocado?

A. 1.5 cm
B. 2.5 cm
C. 4 cm
D. 10 cm

INSTRUCCIONES: Estudia el diagrama y la información, lee la pregunta y elige la **mejor** respuesta.

En el diagrama, se muestra una piscina.

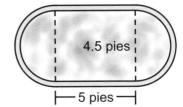

23. ¿Cuál es el perímetro de la piscina?

A. 28.26 pies
B. 24.13 pies
C. 19.13 pies
D. 14.13 pies

INSTRUCCIONES: Estudia las figuras y la información y lee la pregunta. Luego usa las opciones de arrastrar y soltar para completar los diagramas.

24. Las cuatro figuras que se muestran a continuación tienen el mismo perímetro.

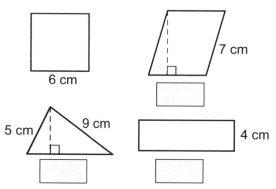

Mueve cada longitud de lado a la figura correspondiente.

| 8 cm | 10 cm | 5 cm |

INSTRUCCIONES: Lee la pregunta y elige la **mejor** respuesta.

25. Tony y Katherine van a comprar una alfombra para su sala de estar, que se muestra a continuación. Tienen que determinar el número de pies cuadrados de alfombra que deben comprar.

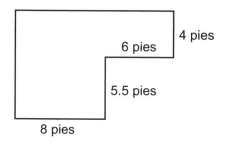

Tom y Katherine pueden usar cualquiera de los siguientes métodos para determinar el área del piso de la sala de estar, ¿**excepto** cuál?

A. sumar el área de un rectángulo que mide 8 pies por 9.5 pies y el área de otro rectángulo que mide 6 pies por 4 pies

B. sumar el área de un rectángulo que mide 14 pies por 4 pies y el área de otro rectángulo que mide 8 pies por 5.5 pies

C. restar el área de un rectángulo que mide 6 pies por 4 pies del área de otro rectángulo que mide 10 pies por 13.5 pies

D. restar el área de un rectángulo que mide 5.5 pies por 6 pies del área de otro rectángulo que mide 14 pies por 9.5 pies

INSTRUCCIONES: Lee la pregunta y elige la **mejor** respuesta.

26. Brendan dobló un trozo de alambre y formó la figura irregular que se muestra a continuación.

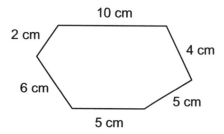

Brendan podría doblar el mismo trozo de alambre para formar cualquiera de los siguientes polígonos regulares, ¿**excepto** cuál?

A. octágono con longitud de lado de 4 cm
B. pentágono con longitud de lado de 6.4 cm
C. hexágono con longitud de lado de 5.4 cm
D. cuadrilátero con longitud de lado de 8 cm

27. Maggie está horneando un pastel en un molde de 9 pulgadas de diámetro. Necesita expandir la tapa de la masa de manera que se extienda 1 pulgada hacia afuera del molde. Redondeada al décimo más próximo, ¿qué área de tapa de masa necesita?

A. 95.0 pulg²
B. 78.5 pulg²
C. 64.6 pulg²
D. 38.5 pulg²

INSTRUCCIONES: Estudia el diagrama, lee la pregunta y elige la **mejor** respuesta.

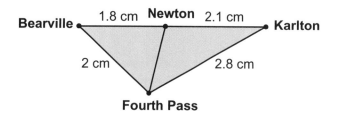

28. Si la distancia real entre Karlton y Fourth Pass es 98 km, ¿cuál es la escala del mapa?

A. 1 cm : 49 km
B. 1 cm : 47 km
C. 1 cm : 35 km
D. 1 cm : 27 km

INSTRUCCIONES: Estudia el diagrama y la información, lee cada pregunta y elige la **mejor** respuesta.

Un espejo con forma de estrella tiene cinco secciones triangulares congruentes y una sección pentagonal.

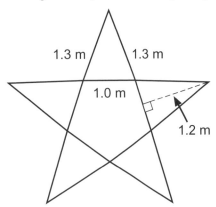

1.3 m   1.3 m

1.0 m

1.2 m

29. Se construye un marco de madera para la parte exterior del espejo. ¿Qué longitud de madera se necesita para construir el marco?

A. 18.0 m
B. 13.0 m
C. 6.5 m
D. 3.0 m

30. El área de la sección pentagonal mide 1.72 metros cuadrados. ¿Cuál es el área total del espejo?

A. 3.00 m^2
B. 3.97 m^2
C. 4.72 m^2
D. 5.16 m^2

INSTRUCCIONES: Estudia el diagrama y la información, lee cada pregunta y elige la **mejor** respuesta.

31. La pirámide y el cono que se muestran a continuación tienen el mismo volumen.

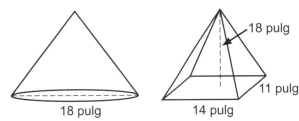

18 pulg

11 pulg

18 pulg   14 pulg

Redondeada al décimo más próximo, ¿cuál es la altura del cono?

A. 10.9 pulg
B. 11.4 pulg
C. 13.2 pulg
D. 18.0 pulg

INSTRUCCIONES: Lee cada pregunta y elige la **mejor** respuesta.

32. Darren coloca una escalera de 18 pies de manera que alcance 14 pies por encima del suelo. ¿Cuál es la distancia entre la pared y la base de la escalera?

A. 4.0 pies
B. 11.3 pies
C. 12.8 pies
D. 22.8 pies

33. Un árbol que mide 24 pies de altura proyecta una sombra de 3.6 pies de longitud. A la misma hora del día, un segundo árbol proyecta una sombra de 4.5 pies de longitud. ¿Cuánto mide el segundo árbol?

A. 30 pies
B. 19.2 pies
C. 67.5 pies
D. 15 pies

34. Los dos triángulos que se muestran a continuación son semejantes.

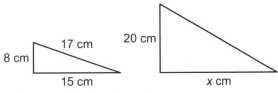

8 cm   17 cm   20 cm

15 cm   x cm

¿Cuál es el valor de x?

A. 42.5
B. 37.5
C. 27
D. 10.7

35. Una compañía que fabrica chocolates vende su especialidad, el chocolate caliente, en latas cilíndricas. La lata contiene 3,740 centímetros cúbicos de chocolate.

17.5 cm

Si la lata mide 17.5 cm de altura, ¿cuál es el diámetro de la lata en centímetros?

A. 8.25
B. 16.5
C. 38.89
D. 68.0

36. El polígono irregular que se muestra a continuación tiene un perímetro de 42 metros.

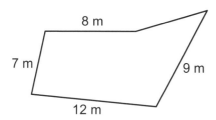

¿Cuál es la longitud del lado que falta?

A. 6 m
B. 7 m
C. 14 m
D. 18 m

INSTRUCCIONES: Estudia el diagrama, lee cada pregunta y elige la **mejor** respuesta.

Las dos pirámides que se muestran en la figura tienen el mismo volumen.

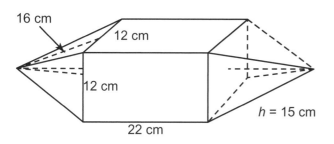

37. ¿Cuál es el volumen de la figura?

A. 1,440 centímetros cúbicos
B. 1,704 centímetros cúbicos
C. 3,288 centímetros cúbicos
D. 4,608 centímetros cúbicos

38. ¿Cuál es el área total de la figura?

A. 1,440 centímetros cúbicos
B. 1,776 centímetros cúbicos
C. 1,824 centímetros cúbicos
D. 2,112 centímetros cúbicos

INSTRUCCIONES: Lee la pregunta y elige la **mejor** respuesta del menú desplegable.

39. Emma construyó la casita de galleta de jengibre que se muestra a continuación.

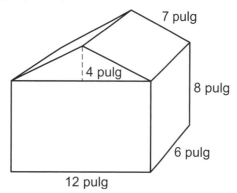

¿Cuántas pulgadas cuadradas de galleta de jengibre, incluido el piso de la casita, usó Emma?

Emma usó [Menú desplegable] pulgadas cuadradas de galleta de jengibre.

A. 418   B. 420   C. 492   D. 540

INSTRUCCIONES: Estudia el diagrama y la información y lee cada pregunta. Luego escribe tu respuesta en el recuadro que aparece a continuación.

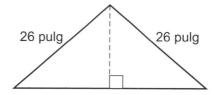

El perímetro del triángulo mide 100 pulg.
El área del triángulo mide 240 pulg².

40. ¿Cuál es la base del triángulo?

pulg

41. ¿Cuál es la altura del triángulo?

pulg

UNIDAD 4

INSTRUCCIONES: Estudia el diagrama y la información, lee cada pregunta y elige la **mejor** respuesta.

El pozo de una fuente en un parque tiene forma de media luna, como se muestra en la parte verde del diagrama.

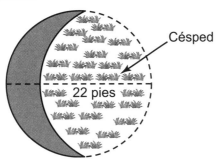

Césped

22 pies

42. Si el césped cubre 253.3 pies cuadrados, ¿cuál es el área del pozo de la fuente?

    A. 126.64 pies cuadrados
    B. 379.94 pies cuadrados
    C. 633.24 pies cuadrados
    D. 1,266.46 pies cuadrados

43. Se construirá una cerca circular alrededor del césped y del área de la fuente. Debe haber una distancia de 5 pies entre la cerca y el pozo de la fuente y el césped. ¿Cuántos pies de cerca se necesitarán?

    A. 69.08
    B. 74.08
    C. 84.78
    D. 100.48

INSTRUCCIONES: Lee la pregunta y elige la **mejor** respuesta.

44. El diámetro del Círculo A es igual al radio del Círculo B. El área del Círculo A mide 314 cm². Redondeada al décimo más próximo, ¿cuál es la circunferencia del Círculo B?

    A. 125.6 cm
    B. 62.8 cm
    C. 40.0 cm
    D. 31.4 cm

INSTRUCCIONES: Estudia el diagrama y la información, lee cada pregunta y escribe tu respuesta en el recuadro que aparece a continuación.

La siguiente figura está compuesta de un cuadrado y un semicírculo. El perímetro de la figura es 36.56 pies.

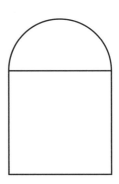

45. ¿Cuál es la longitud de lado del cuadrado?

    pies

46. Redondeada al décimo más próximo, ¿cuál es el área de la figura?

    pies cuadrados

INSTRUCCIONES: Lee cada pregunta y elige la **mejor** respuesta.

47. ¿Cuál es el área total de una esfera con un diámetro de 3.5 centímetros? Redondea tu respuesta al centímetro cuadrado más próximo.

    A. 44 cm²
    B. 88 cm²
    C. 154 cm²
    D. 539 cm²

48. Un prisma rectangular tiene el mismo volumen que un cubo cuya arista mide 12 pies de longitud. ¿Cuáles podrían ser las dimensiones del prisma?

    A. 4 pies por 6 pies por 10 pies
    B. 4 pies por 16 pies por 27 pies
    C. 6 pies por 9 pies por 16 pies
    D. 6 pies por 12 pies por 18 pies

INSTRUCCIONES: Estudia el diagrama y la información, lee cada pregunta y elige la **mejor** respuesta.

Carlos cosió el mantel redondo para la merienda que se muestra en el diagrama.

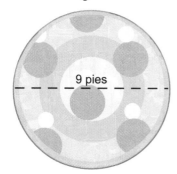

9 pies

49. Redondeada al décimo más próximo, ¿cuál es el área del mantel en pies cuadrados?

A. 28.26
B. 63.59
C. 127.17
D. 254.34

50. ¿Cuál es la circunferencia del mantel en pulgadas?

A. 63.59
B. 169.56
C. 339.12
D. 763.02

INSTRUCCIONES: Estudia el diagrama y la información, lee cada pregunta y escribe tu respuesta en los recuadros que aparecen a continuación.

Carmen está haciendo una almohada decorativa que tiene la forma del cilindro que se muestra a continuación.

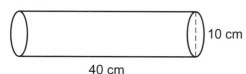

10 cm

40 cm

51. Redondeada al centímetro cuadrado más próximo, ¿qué área de tela necesitará para hacer la almohada? Supón que la tela no se traslapa.

[   ] cm²

52. Redondeado al centímetro cúbico más próximo, ¿qué volumen de relleno necesitará para la almohada?

[   ] cm³

INSTRUCCIONES: Estudia el diagrama y la información, lee cada pregunta y elige la **mejor** respuesta del menú desplegable.

Un arquitecto usó una semiesfera y un prisma rectangular para construir un modelo de un nuevo planetario, que se muestra a continuación.

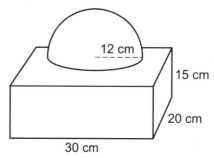

12 cm
15 cm
20 cm
30 cm

53. El volumen total del modelo es aproximadamente [Menú desplegable] centímetros cúbicos.

A. 4,500   B. 9,000   C. 12,600   D. 16,200

54. El diámetro real del domo del planetario será 30 metros. La escala del modelo es [Menú desplegable].

A. 1 cm = 1.25 m
B. 1 cm = 2.5 m
C. 1 cm = 3 m
D. 1 cm = 3.5 m

INSTRUCCIONES: Lee la pregunta y elige la **mejor** respuesta.

55. Una granja corporativa piensa en comprar dos grandes parcelas de tierra para labranza. La parcela más pequeña mide 5.6 millas de longitud y 3.8 millas de ancho. El área de la parcela más grande mide 2 veces el ancho y 4 veces el área de la más pequeña.

PARCELAS DE TIERRA PARA LABRANZA

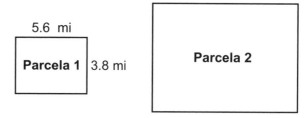

5.6 mi
Parcela 1   3.8 mi
Parcela 2

¿Cuál es la longitud de la parcela de tierra para labranza más grande?

A. 11.2 mi
B. 15.2 mi
C. 22.4 mi
D. 37.6 mi

Clave de respuestas

UNIDAD 1 SENTIDO NUMÉRICO Y OPERACIONES

LECCIÓN 1, págs. 2–3

1. D; **Nivel de conocimiento:** 1; **Tema:** Q.1; **Prácticas:** MP.1.a, MP.1.e

$56,832 redondeado al lugar de los millares es $57,000, ya que el 8 en el lugar de las centenas nos lleva a redondear los 6 millares a 7 millares. No es $56,000, ya que de esa manera se estaría aplicando mal el redondeo (redondeando hacia abajo en lugar de hacia arriba). Tampoco puede ser $56,800 ni $56,900, pues se estaría redondeando al lugar de las centenas, y no al de los millares.

2. B; **Nivel de conocimiento:** 1; **Tema:** Q.1; **Prácticas:** MP.1.a, MP.1.e

Ciento ochenta y dos es la manera apropiada de escribir 182. Ciento ocho y dos no describe correctamente el valor del número 8, mientras que ciento ochentidós incluye una palabra que no existe (ochentidós). Un ciento ochenta y dos incluye la palabra un al principio, que es innecesaria.

3. C; **Nivel de conocimiento:** 1; **Tema:** Q.1; **Prácticas:** MP.1.a, MP.1.e

La puntuación de Jonathan redondeada al lugar de las decenas es 90. La opción 80 es incorrecta porque se está redondeando en la dirección equivocada. La opción 100 también es incorrecta porque se estaría redondeando al lugar de las centenas, no al de las decenas. Por último, la opción de respuesta 86 es incorrecta porque no implica ninguna clase de redondeo.

4. A; **Nivel de conocimiento:** 1; **Tema:** Q.1; **Prácticas:** MP.1.a, MP.1.e, MP.5.c

1384 es mayor que 1337 y menor que 1420, entonces el libro se encontrará en el estante I. Los demás estantes tienen rangos de números mayores que 1384.

5. C; **Nivel de conocimiento:** 2; **Tema:** Q.1; **Prácticas:** MP.1.a, MP.1.e

Como todas las distancias en yardas (2,250, 2,450 y 2,700) tienen un valor equivalente en el lugar de los millares, 2, se debe observar el lugar de las centenas para ordenar los números adecuadamente. La secuencia correcta, de menor a mayor, es 2,250 (2 centenas), 2,450 (4 centenas) y 2,700 (7 centenas). En las opciones A, B y D, los números no están ordenados correctamente en función del valor de los números que ocupan el lugar de las centenas.

6. B; **Nivel de conocimiento:** 2; **Tema:** Q.1; **Prácticas:** MP.1.a, MP.1.e

Como en el problema anterior, los cuatro números tienen un 2 en el lugar de los millares, por lo que otra vez es necesario observar el lugar de las centenas. Al hacerlo, notamos que la distancia que nadó el martes (2,700 yardas) es la mayor. La distancia que le sigue es la del jueves (2,500 yardas), luego la del lunes (2,450 yardas) y, por último, la del miércoles (2,250 yardas). Entonces, si ordenamos los días de mayor a menor teniendo en cuenta la distancia recorrida, la secuencia sería: martes, jueves, lunes y miércoles (opción B).

7. A; **Nivel de conocimiento:** 2; **Tema:** Q.1; **Prácticas:** MP.1.a, MP.1.b, MP.1.e, MP.2.c, MP.5.c

Si comparamos el lugar de los millares de las tres cantidades de millas recorridas en un año, nos damos cuenta de que, en el año 2006, el ciclista recorrió la menor cantidad de millas y que, en el 2007, recorrió la mayor cantidad de millas. Entonces, las opciones B, C y D quedan eliminadas como respuestas posibles.

8. A; **Nivel de conocimiento:** 2; **Temas:** Q.1, Q.6.c; **Prácticas:** MP.1.a, MP.1.e

Los seis números tienen 1 centena de millar, de manera que hay que comparar el lugar de las decenas de millar. Como las cifras de venta de enero y febrero tienen un 5 en el lugar de las decenas de millar, se debe comparar el lugar de los millares. En este lugar, vemos que en enero hay 5 millares, mientras que en febrero no hay millares. Entonces, la opción A es la correcta.

9. A; **Nivel de conocimiento:** 2; **Temas:** Q.1, Q.6.c; **Prácticas:** MP.1.a, MP.1.e

El mes con menos ventas es marzo ya que, si comparamos los dígitos en el lugar de las decenas de millar, vemos que se trata del mes con el menor dígito, 3. Una manera de aumentar las ventas es reducir los precios, de manera que podría tener sentido hacer una venta especial con precios reducidos durante el mes de menos ventas, que es marzo (opción A).

10. B; **Nivel de conocimiento:** 2; **Temas:** Q.1, Q.6.c; **Prácticas:** MP.1.a, MP.1.e, MP.5.c

En esta pregunta se pide que se identifique una tendencia, lo cual requiere de un análisis más profundo de la información sobre las ventas. Según la tabla, las ventas alcanzaron su punto más alto en dos meses de invierno, enero y febrero. Entonces, la respuesta correcta es B; A y D son, por lo tanto, incorrectas. Los totales cambiaron todos los meses de enero a junio, de manera que la opción C también es incorrecta.

LECCIÓN 2, págs. 4–5

1. B; **Nivel de conocimiento:** 1; **Temas:** Q.2.a, Q.2.e; **Prácticas:** MP.1.a, MP.4.a

Frases como cuánto dinero le queda indican resta. De derecha a izquierda, restando primero los números de la columna de las unidades (6 − 0), se obtiene 6 como resultado. Al restar los números de la columna de las decenas (5 − 4), se obtiene 1 como resultado. En el caso de los números de la columna de las centenas (2 − 3), como el número que está abajo es menor que el número que está arriba, hay que reagrupar (12 − 3), por lo que se obtiene 9 como resultado . El resultado es 916.

2. 1,050; **Nivel de conocimiento:** 1; **Temas:** Q.2.a, Q.2.e; **Prácticas:** MP.1.a, MP.4.a

Al sumar los dos números, si se comienza por la columna de las unidades (7 + 3), el resultado es 10. Entonces es necesario reagrupar moviendo el 1 a la columna de las decenas. En la columna de las decenas queda (1 + 6 + 8), que da 15 como resultado. Nuevamente hay que reagrupar moviendo el 1 a la columna de las centenas (1 + 4 + 5), lo que da 10 como resultado. Entonces, el resultado final es 1,050 millas.

3. 288; **Nivel de conocimiento:** 1; **Temas:** Q.2.a, Q.2.e; **Prácticas:** MP.1.a, MP.4.a

La respuesta es la diferencia entre los dos números. En el lugar de las unidades, el número que está arriba (7) es menor que el que está abajo (9), entonces hay que reagrupar; (17 − 9) da 8 como resultado. Al reagrupar, quedó un 2 en la columna de las centenas y un 9 en la de las decenas, por lo que en la columna de las decenas queda (9 − 1), u 8. No se le resta nada al 2 que quedó en la columna de las centenas, por lo que el resultado final es 288.

4. $360; **Nivel de conocimiento:** 1; **Temas:** Q.2.a, Q.2.e; **Prácticas:** MP.1.a, MP.4.a

Para obtener la respuesta hay que multiplicar 40 por 9. En la columna de las unidades, se multiplica 0 por 9 y se obtiene 0. En la columna de las decenas, se multiplica 4 por 9, lo que da un producto parcial de 36. A continuación, se incluye el marcador de posición, 0, y se obtiene 360. Entonces, el resultado es $360.

5. **$540**; **Nivel de conocimiento:** 1; **Temas:** Q.2.a, Q.2.e;
Prácticas: MP.1.a, MP.1.b, MP.4.a, MP.5.c
Para resolver este problema, hay que multiplicar el pago mensual
por el número de meses que hay en un año: 12. Para multiplicar 45
por 12, primero hay que multiplicar el 45 por el 2 en la columna de
las unidades, lo que da un producto parcial de 90. Si se multiplica el
45 por el 1 en la columna de las decenas y se agrega el marcador
de posición, 0, en el último lugar, se obtiene un producto parcial de
450. Si se suman los productos parciales (450 + 90) el resultado es
$540.

6. **$16**; **Nivel de conocimiento:** 1; **Temas:** Q.2.a, Q.2.e; **Prácticas:**
MP.1.a, MP.4.a
Como los cuatro amigos repartieron el costo ($64) *en partes iguales*,
hay que dividir 64 entre 4. Al dividir el primer dígito del dividendo
(6) entre el divisor (4), obtenemos un 1, que ocupará el lugar de
las decenas en el cociente. Multiplicamos 4 por 1 y escribimos el
producto (4) debajo del 6 del dividendo para hacer la resta, que
es igual a 2. Luego, después de bajar el dígito de las unidades del
dividendo (4), se divide 24 entre el divisor (4), lo que da 6. Este
número ocupará el lugar de las unidades en el cociente. No hay
residuo, por lo que el resultado es $16.

7. **10**; **Nivel de conocimiento:** 3; **Temas:** Q.1.b, Q.2.a, Q.2.e;
Prácticas: MP.1.a, MP.1.b, MP.2.c, MP.3.a, MP.5.c
Como 60 es un número par, 2 es el factor más bajo; al dividir 60
entre 2 obtenemos 30 como resultado, que es el factor más grande.
El resto de los factores se pueden hallar si buscamos números
entre 2 y 30 entre los que se puede dividir el 60 sin que quede
residuo. El próximo número con estas características es el 3; con
esa operación también podemos identificar al 20 como factor. Si
continuamos hallamos los números 4 y 15, seguidos por 5 y 12 y,
luego, por 6 y 10. No hay más factores entre 6 y 10, de manera que
ya se hallaron todos los factores. La lista completa es: 2, 3, 4, 5, 6,
10, 12, 15, 20 y 30. Sin contar el 1 y el 60, en total son 10 factores.

8. **$11,340**; **Nivel de conocimiento:** 1; **Temas:** Q.2.a, Q.2.e;
Prácticas: MP.1.a, MP.4.a
Para hallar la solución hay que multiplicar 630 por 18. Al principio,
si multiplicamos 630 por 8 un producto parcial de 5,040.
Luego, al multiplicar 630 por 1 y al incluir el marcador de posición,
0, obtenemos un producto parcial de 6,300. Al sumar los productos
parciales, 5,040 y 6,300, obtenemos un resultado de $11,340.

9. **241**; **Nivel de conocimiento:** 3; **Temas:** Q.2.a, Q.2.e, Q.7.a;
Prácticas: MP.1.a, MP.1.b, MP.3.a, MP.4.a, MP.5.c
Para resolver este problema, primero debemos comprender que
los lanzamientos del mariscal de campo deben recorrer suficientes
yardas en los últimos dos juegos como para cubrir la diferencia
entre 3,518 yardas y 4,000 yardas. Si restamos 3,518 de 4,000,
obtenemos un resultado de 482 yardas. Como la pregunta nos pide
el *promedio* de yardas que necesitan recorrer sus lanzamientos en
los dos últimos juegos, se debe dividir 482 yardas entre 2, lo que
nos da 241 yardas como resultado.

10. **4**; **Nivel de conocimiento:** 3; **Temas:** Q.1.b, Q.2.a, Q.2.e;
Prácticas: MP.1.a, MP.1.b, MP.2.c, MP.3.a, MP.5.c
MP.1.a, MP.1.b, MP.2.c, MP.3.a, MP.5.c
Primero hay que hallar la lista de todos los números naturales entre
los que se puede dividir el 36 sin que quede residuo: 1, 2, 3, 4, 6, 9,
12, 18 y 36. La lista de números entre los que se puede dividir el 20
sin que quede residuo es: 1, 2, 4, 5, 10 y 20. Hay dos números en
común en las dos listas (2 y 4), siendo 4 el factor común mayor.

11. **18**; **Nivel de conocimiento:** 3; **Temas:** Q.1.b, Q.2.a, Q.2.e;
Prácticas: MP.1.a, MP.1.b, MP.2.c, MP.3.a, MP.5.c
El número 6, expresado como el producto de sus factores menores,
es 2 × 3, mientras que el 9 puede expresarse como el producto de 3
× 3. Ambos números tienen en común un factor: el 3. Al multiplicar
el 3 por los factores restantes (el 2 del producto 6 y el 3 del producto
9), se obtiene un resultado que se puede dividir entre ambos: 2 ×
3 × 3 = 18, que es el menor número natural que tiene a 6 y 9 como
factores.

12. **42**; **Nivel de conocimiento:** 1; **Temas:** Q.2.a, Q.2.e;
Prácticas: MP.1.a, MP.4.a
Para hallar el resultado, hay que dividir 504 entre 12. Si dividimos
50 entre 12, obtenemos un 4, que ocupará el lugar de las decenas
del cociente, y nos queda un residuo de 2. Para formar el siguiente
dividendo parcial, debemos bajar el 4 y agregarlo al residuo de 2.
Al dividir 24 entre 12, obtenemos un 2, que ocupará el lugar de las
unidades del cociente. El resultado es 42.

LECCIÓN 3, *págs. 6–7*

1. **D**; **Nivel de conocimiento:** 1; **Temas:** Q.2.a, Q.2.e; **Prácticas:**
MP.1.a, MP.4.a
El cambio de temperatura se puede hallar restando la temperatura
inicial de la temperatura final: (12 °F) – (−3 °F). Restar un
número entero es lo mismo que sumar su opuesto. Entonces, la
operación puede expresarse como (12 °F) + (3 °F) = 15 °F. Como
la temperatura subió a lo largo del día, el cambio será positivo,
por lo que las opciones A y B quedan eliminadas. La magnitud del
cambio debe ser mayor que 12 °F porque la temperatura inicial
estaba por debajo de cero. Esto permite descartar la opción C. La
respuesta correcta es la opción D.

2. **$114**; **Nivel de conocimiento:** 1; **Temas:** Q.2.a, Q.2.e;
Prácticas: MP.1.a, MP.4.a
Al reconocer que una extracción representa un cambio negativo
en el saldo de Uyen, es posible calcular el nuevo saldo con la
siguiente suma: (+$154) + (−$40) = +$114.

3. **+7 espacios**; **Nivel de conocimiento:** 2; **Temas:** Q.2.a, Q.2.e;
Prácticas: MP.1.a, MP.4.a
Para hallar el cambio después de los primeros dos movimientos,
se suma (+3 espacios) + (−4 espacios) y se obtiene −1 espacio.
Hay que tomar ese resultado y sumar (+8 espacios), lo que da un
resultado final de +7 espacios.

4. **3,368**; **Nivel de conocimiento:** 2; **Temas:** Q.2.a, Q.2.e;
Prácticas: MP.1.a, MP.4.a
Si tenemos en cuenta que la graduación representa una
disminución en las inscripciones, para hallar el número de
estudiantes después de la graduación, debemos sumar +3,342
estudiantes y (−587 estudiantes), lo que da +2,755 estudiantes. Si
se suma ese resultado a (−32 estudiantes), se obtienen los 2,723
estudiantes inscritos durante el verano. Finalmente, se suman
esos +2,723 estudiantes a los +645 estudiantes nuevos y, así, se
obtiene la cantidad final de inscritos: 3,368 estudiantes.

5. **26**; **Nivel de conocimiento:** 2; **Temas:** Q.2.a, Q.2.e; **Prácticas:**
MP.1.a, MP.1.b, MP.1.c, MP.2.c, MP.3.a, MP.4.a
La manera más simple de hallar este cambio en el número de
estudiantes es reconocer que se trata de la diferencia entre la
inscripción final en otoño (3,368 estudiantes, como muestra el
resultado de la pregunta anterior) y la cantidad de estudiantes
inscritos inicialmente (3,342 estudiantes). La diferencia es (3,368
estudiantes) + (−3,342 estudiantes) = 26 estudiantes. También
podrían resolverse las tres operaciones de suma por separado.

6. **A**; **Nivel de conocimiento:** 1; **Temas:** Q.2.a, Q.2.e; **Prácticas:**
MP.1.a, MP.4.a
Se puede hallar el cambio de posición restando la posición inicial
(212 pies) de la posición final (−80 pies). Si sabemos que restar
un número es lo mismo que sumar su opuesto, la expresión es:
(−80 pies) + (−212 pies) = −292 pies (A). En la opción B se cambió
el signo de la posición final de manera incorrecta, mientras que
en la opción C se cambió el signo de la posición inicial de manera
incorrecta. En la opción D se cambian los signos de ambas
posiciones.

Clave de respuestas

UNIDAD 1 *(continuación)*

7. D; Nivel de conocimiento: 2; Temas: Q.1.d, Q.2.a, Q.2.e;
Prácticas: MP.1.a, MP.1.b, MP.1.c, MP.2.c, MP.3.a, MP.4.a
Se puede comenzar en el punto *A* y contar el número de espacios necesarios para llegar al punto *B*, o bien, comenzar en el punto *B* y contar el número de espacios necesarios para llegar al punto *A*. De cualquier manera, el resultado es 11. Nótese que, al restar $(-4) - (+7) = -11$, y $(+7) - (-4) = +11$, el *valor absoluto* de la diferencia entre los dos números es siempre mayor que o igual a cero, nunca es un número negativo.

8. D; Nivel de conocimiento: 2; Temas: Q.2.a, Q.2.e, Q.6.c;
Prácticas: MP.1.a MP.1.b, MP.1.c, MP.3.a, MP.4.a
Para resolver este problema, se pueden sumar primero todos los puntos positivos, $8 + 3 + 4 = 15$, y luego todos los puntos negativos: $(-6) + (-4) = -10$. La puntuación final de Melanie es la suma de ambos resultados: $(+15) + (-10) = +5$. Otra posibilidad es sumar los resultados de las rondas 1 y 2, y luego sumar ese resultado a la puntuación de la ronda 3, y así sucesivamente. La opción de respuesta A es la suma de los valores absolutos de todas las puntuaciones y, por lo tanto, no reconoce que una puntuación negativa disminuye el total. La opción B es la suma de todas las puntuaciones positivas. La opción C es la suma de las puntuaciones de las dos últimas rondas.

9. B; Nivel de conocimiento: 2; Temas: Q.2.a, Q.2.e, Q.6.c;
Prácticas: MP.1.a, MP.1.b, MP.1.c, MP.3.a, MP.4.a
Para hallar la nueva puntuación total de Melanie, hay que sumar su puntuación más reciente (-8 puntos) a la puntuación que tenía al final de la Ronda 5 (5 puntos). 5 puntos + -8 puntos = $5 - 8$ puntos, o -3 puntos. Las demás respuestas provienen de cálculos erróneos o de errores en el uso de los signos.

LECCIÓN 4, *págs. 8–9*

1. C; Nivel de conocimiento: 1; Temas: Q.1.b, Q.2.a, Q.2.e;
Prácticas: MP.1.a, MP.4.a
Para sumar las dos fracciones es necesario hallar el mínimo común denominador, que en este caso es 20. Al expresar las fracciones en función del denominador común, se obtiene la siguiente suma: $\frac{12}{20} + \frac{15}{20} = \frac{27}{20} = 1\frac{7}{20}$.

2. Equipo 2, Equipo 5, Equipo 3, Equipo 1 y Equipo 4; Nivel de conocimiento: 3; Temas: Q.1.a, Q.1.b, Q.2.e, Q.6.c; **Prácticas:** MP.1.a, MP.1.b, MP.4.a
Es posible resolver este problema expresando todas las fracciones en función del mínimo común denominador (30). Otra posibilidad consiste en identificar que el equipo 2 llenó su tazón, pues su numerador y denominador son iguales. También se puede ver que el equipo 4 es el que llenó menos de la mitad de su tazón y, por lo tanto, quedó en último lugar, detrás del equipo 1. Los dos equipos restantes quedaron en segundo y en tercer lugar, pues sus tazones estaban apenas por encima de la mitad. Además, como tienen el mismo denominador, se pueden comparar directamente. Por lo tanto, el resultado es: Equipo 2; Equipo 5, Equipo 3, Equipo 1 y Equipo 4.

3. $\frac{1}{3} + \frac{1}{2} = \frac{5}{6}$; **Nivel de conocimiento: 1; Temas:** Q.1.b, Q.2.a, Q.2.e, Q.6.c; **Prácticas:** MP.1.a, MP.2.c, MP.4.a
Si identificamos las fracciones que les corresponden a los dos equipos y las sumamos, se obtiene: $\frac{1}{3} + \frac{1}{2} = \frac{2}{6} + \frac{3}{6} = \frac{5}{6}$.
Como los denominadores son diferentes, es necesario hallar el mínimo común denominador, que en este caso es 6. A partir de ahí, se debe dividir el nuevo denominador, 6, entre los denominadores originales, 2 y 3, para obtener los nuevos numeradores. Luego hay que sumar las nuevas fracciones para resolver.

4. $\frac{22}{8}, \frac{13}{8}$; **Nivel de conocimiento: 1; Temas:** Q.1.b, Q.2.a; **Prácticas:** MP.1.a, MP.4.a
Para resolver el problema, primero hay que hallar el mínimo común denominador. Como 8 se puede dividir entre 4 sin que quede residuo, 8 es el mínimo común denominador. Tomamos el primer número y lo expresamos como se pide: $2\frac{3}{4} = \frac{11}{4} = \frac{22}{8}$; primero, se convirtió el número en una fracción impropia con 4 como denominador; luego, se multiplicó tanto el numerador como el denominador por 2 para que el denominador de la fracción fuera 8. Por último, expresamos el segundo número como se pide: $1\frac{5}{8} = \frac{13}{8}$.

5. $\frac{5}{2} \times \frac{2}{1} = 5$; **Nivel de conocimiento: 1; Temas:** Q.2.a, Q.2.e; **Prácticas:** MP.1.a, MP.4.a
Tal como se presenta, en este problema es necesario dividir dos fracciones. La primera fracción debe expresarse como una fracción impropia: $2\frac{1}{2} = \frac{5}{2}$. Como es un problema de división, la expresión puede expresarse como un problema de multiplicación usando el recíproco de la segunda fracción: $\frac{5}{2} \times \frac{2}{1} = 5$.

6. $\frac{1}{20}, \frac{1}{5}, \frac{3}{10}, \frac{1}{2}, \frac{3}{4}$; **Nivel de conocimiento: 2; Temas:** Q.1.a, Q.1.b, Q.1.d; **Prácticas:** MP.1.a, MP.1.b, MP.4.a
En la recta numérica, cada intervalo representa un paso de $\frac{1}{20}$. El punto A está a un paso de 0; entonces, tiene un valor fraccionario de $\frac{1}{20}$.
El punto B está a cuatro pasos de 0; entonces, tiene un valor fraccionario de $\frac{4}{20}$, que se simplifica a $\frac{1}{5}$. El punto C está a seis pasos del 0; entonces, tiene un valor fraccionario de $\frac{6}{20}$, que se simplifica a $\frac{3}{10}$. Si continuamos de la misma manera, los puntos D y E representan $\frac{1}{2}$ y $\frac{3}{4}$, respectivamente.

LECCIÓN 5, *págs. 10-11*

1. C; Nivel de conocimiento: 2; Temas: Q.2.a, Q.2.e, Q.3.c; **Prácticas:** MP.1.a, MP.1.b, MP.1.e, MP.2.c, MP.4.a
La proporción $\frac{3}{12} = \frac{4}{x}$ representa la situación. El número que está arriba en cada razón representa el número de galones, mientras que el número que está abajo representa el costo. El producto cruzado es 48. Si se divide el producto cruzado entre 3, se obtiene un cociente de 16; entonces, 4 galones costarían $16.

2. **B**; **Nivel de conocimiento:** 2; **Temas:** Q.3.a, Q.3.c; **Prácticas:** MP.1.a, MP.2.a

La tasa por unidad es la razón de millas por horas. El número de arriba en cada razón es el número de millas, y el número de abajo es el número de horas. Se multiplica y se halla un producto cruzado de 260; luego, se divide el producto cruzado entre el tercer número, 65, y se halla la respuesta: 4 horas.

3. **A**; **Nivel de conocimiento:** 2; **Tema:** Q.3.c; **Prácticas:** MP.1.a, MP.2.a

La razón de triunfos a derrotas es 5:1. El número de arriba de cada razón es el número de triunfos, y el número de abajo es el número de derrotas. Se multiplica y se halla un producto cruzado de 25; luego, se divide el producto cruzado entre el tercer número, 5, lo que arroja el número de derrotas de los Jammers: 5.

4. **A**; **Nivel de conocimiento:** 2; **Temas:** Q.2.a, Q.2.e, Q.3.c; **Prácticas:** MP.1.a, MP.1.e

La razón del número de pantalones vendidos al número de camisas vendidas es 92:64. Esta razón puede simplificarse como 23:16 si dividimos cada número de la razón entre 4. Es importante escribir los números de la razón en el mismo orden que se describe.

5. **C**; **Nivel de conocimiento:** 1; **Temas:** Q.2.a, Q.2.e, Q.3.a; **Prácticas:** MP.1.a, MP.1.e, MP.2.a, MP.4.a

Una tasa por unidad es una razón con denominador 1. Para hallar la tasa por unidad hay que dividir cada término entre 9: $558 \div 9 = 62$.

6. **A**; **Nivel de conocimiento:** 2; **Temas:** Q.2.a, Q.2.e, Q.3.c; **Prácticas:** MP.1.a, MP.1.e

La razón de azúcar a agua es $\frac{2}{10}$, que, simplificado, es $\frac{1}{5}$. Es importante escribir los números de la razón en el mismo orden que se describe.

7. **B**; **Nivel de conocimiento:** 2; **Tema:** Q.3.c; **Prácticas:** MP.1.a, MP.2.a

La razón de maestros a estudiantes es 1:12. El número de arriba de la razón es el número de maestros, y el número de abajo es el número de estudiantes. No se conoce el número de maestros. El producto cruzado es 36. Al dividir entre 12 se obtiene un cociente de 3.

8. **C**; **Nivel de conocimiento:** 2; **Temas:** Q.2.a, Q.2.e, Q.3.a, Q.3.c; **Prácticas:** MP.1.a, MP.1.b, MP.1.e, MP.2.c, MP.4.a

La proporción $\frac{20}{4} = \frac{120}{x}$ representa la situación. El número de arriba de cada razón es el número de minutos, y el número de abajo es el número de millas. El producto cruzado es 480. Al dividir el producto cruzado entre 20, se obtiene un cociente de 24.

9. **D**; **Nivel de conocimiento:** 2; **Temas:** Q.2.a, Q.2.e, Q.3.c; **Prácticas:** MP.1.a, MP.1.b, MP.1.e, MP.2.c, MP.4.a

La proporción $\frac{2}{7} = \frac{14}{x}$ representa la situación. El número de arriba en cada razón es el número de adultos, y el número de abajo es el número de niños. El producto cruzado es 98. Al dividir el producto cruzado entre 2, se obtiene un cociente de 49.

10. **D**; **Nivel de conocimiento:** 2; **Temas:** Q.2.a, Q.2.e, Q.3.c; **Práctica:** MP.1.a, MP.1.b, MP.1.e, MP.2.c, MP.4.a

La proporción $\frac{3}{2} = \frac{144}{x}$ representa la situación. El número de arriba en cada razón es el número de carros, y el número de abajo es el número de camionetas. El producto cruzado es 288. Al dividir el producto cruzado entre 3, se obtiene un cociente de 96.

11. **B**; **Nivel de conocimiento:** 2; **Temas:** Q.2.a, Q.2.e, Q.3.c; **Prácticas:** MP.1.a, MP.1.e

La razón de anotaciones a intercepciones es 32:12. Esta razón puede simplificarse a 8:3 al dividir cada número de la razón entre 4.

LECCIÓN 6, *págs. 12–13*

1. **A**; **Nivel de conocimiento:** 2; **Temas:** Q.2.a, Q.2.e; **Prácticas:** MP.1.a, MP.1.b, MP.1.e, MP.2.c, MP.4.a

El *cambio que recibió* es la diferencia entre el total adeudado y la suma pagada. Se suma para hallar el total adeudado: $2.95 + $1.29 = $4.24. Se resta este total de $5.00 para hallar la diferencia: $5.00 − $4.24 = $0.76.

2. **D**; **Nivel de conocimiento:** 2; **Temas:** Q.2.a, Q.2.e, Q.6.c; **Prácticas:** MP.1.a, MP.1.b, MP.1.e, MP.2.c, MP.4.a

Para hallar la cantidad total que el entrenador Steve deberá gastar en uniformes y pelotas, hay que multiplicar el costo de cada producto por su cantidad. El costo de los uniformes es 12 × $17 = $204.00. El costo de las pelotas es 6 × $12.95 = $77.70. El costo total es la suma de esas dos cantidades: $204.00 + $77.70 = $281.70. Es importante prestar especial atención al costo y a la cantidad de cada producto.

3. **B**; **Nivel de conocimiento:** 2; **Temas:** Q.2.a, Q.2.e, Q.6.c; **Prácticas:** MP.1.a, MP.1.b, MP.1.e, MP.2.c, MP.4.a

Hay que hallar la diferencia entre el costo total de las canilleras y el costo total de las rodilleras. El costo de las rodilleras es 12 × $8.95 = $107.40. El costo de las canilleras es 12 × $10.95 = $131.40. Resta: $131.40 − $107.40 = $28.00. Otra posibilidad es hallar la diferencia entre el costo de un par de canilleras y el costo de un par de rodilleras: $10.95 − $8.95 = $2.00; 12 × $2.00 = $24.00.

4. **A**; **Nivel de conocimiento:** 1; **Temas:** Q.1.a, Q.6.c; **Práctica:** MP.1.a

Compara los números lugar por lugar de izquierda a derecha. Como 1 es menor que 2, elimina el pavo (opción de respuesta B) y el rosbif (opción de respuesta D). Para comparar los pesos del pollo y el jamón, hay que observar el primer lugar decimal, los décimos. Como 5 es menor que 7, el paquete de pollo es el que pesaba menos.

5. **D**; **Nivel de conocimiento:** 1; **Temas:** Q.1.a, Q.6.c; **Práctica:** MP.1.a

Compara cada peso con 2.25. Como 1 es menor que 2, los paquetes de pollo y jamón pesaban menos de 2.25 libras. Luego, observa el lugar de los décimos en los pesos del pavo y el rosbif. Como 0 y 1 son menores que 2, los paquetes de rosbif y pavo también pesaban menos de 2.25. Entonces, los cuatro paquetes pesaban menos de 2.25 libras.

6. **B**; **Nivel de conocimiento:** 2; **Temas:** Q.2.a, Q.2.e; **Prácticas:** MP.1.a, MP.1.b, MP.1.e, MP.2.c, MP.4.a

En la empresa Más Papel, 15 resmas de papel cuestan 15 × $5.25 = $78.75. En la empresa Papel en Oferta, 15 resmas de papel cuestan 15 × $3.99 = $59.85. La cantidad que ahorrarías es la diferencia entre estas dos cantidades: $78.75 − $59.85 = $18.90. Otra posibilidad es calcular lo que se ahorra en cada resma de papel: $5.25 − $3.99 = $1.26; entonces, el ahorro en 15 resmas de papel será 15 × $1.26 = $18.90.

7. **D**; **Nivel de conocimiento:** 3; **Temas:** Q.1.a, Q.6.c; **Prácticas:** MP.1.e, MP.3.c, MP.5.a

Para comparar decimales, se debe comenzar desde la izquierda y se avanza hacia la derecha. El promedio de bateo de Marti tiene el número más grande en el lugar de los diezmilésimos, por lo que es probable que haya comparado los dígitos en un orden incorrecto.

Clave de respuestas

UNIDAD 1 *(continuación)*

8. C; **Nivel de conocimiento:** 1; **Temas:** Q.1.a, Q.6.c; **Práctica:** MP.1.a

Para comparar decimales, hay que comenzar desde la izquierda. Todos los promedios de bateo tienen el mismo dígito en el lugar de los décimos. Si observas el lugar de los centésimos, 3 es mayor que 2; entonces, Krysten tiene el promedio de bateo más alto.

LECCIÓN 7, *págs. 14–15*

1. C; **Nivel de conocimiento:** 2; **Temas:** Q.2.a, Q.2.e, Q.3.d; **Prácticas:** MP.1.a, MP.1.e, MP.2.c, MP.4.a

Como 27 de los 45 niños del vecindario están en la escuela primaria, la fracción de niños que están en la escuela primaria es $\frac{27}{45}$. Si dividimos el numerador entre el denominador, obtenemos un número decimal: 0.6. Se debe multiplicar el decimal por 100 y escribir el signo de porcentaje: 0.6 × 100 = 60. Entonces, el 60% de los niños están en la escuela primaria. Otra posibilidad consiste en escribir una proporción con una parte de 27, una base de 45 y una tasa desconocida. Luego, se resuelve para hallar la tasa.

2. A; **Nivel de conocimiento:** 1; **Temas:** Q.2.a, Q.2.e, Q.3.c, Q.3.d; **Prácticas:** MP.1.a, MP.1.e

Para escribir un porcentaje como una fracción, hay que quitar el signo de porcentaje y escribir el porcentaje como una fracción con el denominador 100. Simplifica. $\frac{25 \div 25}{100 \div 25} = \frac{1}{4}$.

3. C; **Nivel de conocimiento:** 2; **Temas:** Q.2.a, Q.2.e, Q.3.d; **Prácticas:** MP.1.a, MP.1.e, MP.4.a

Para escribir una fracción como porcentaje, se debe dividir el numerador entre el denominador. Luego, se multiplica el decimal por 100 y se escribe el signo de porcentaje.
$\frac{1}{8} = 0.125 \times 100 = 12.5 \rightarrow 12.5\%$.

4. B; **Nivel de conocimiento:** 2; **Temas:** Q.2.a, Q.2.e, Q.3.d; **Prácticas:** MP.1.a, MP.1.e, MP.2.c, MP.4.a

Si 0.22 de los encuestados respondieron "Sí", entonces 1 − 0.22 = 0.78 de los encuestados respondieron "No". Para escribir un decimal como fracción, hay que escribir los dígitos del número decimal, 78, en el valor posicional del último dígito decimal, el de los centésimos. Luego, se simplifica. $\frac{78 \div 2}{100 \div 2} = \frac{39}{50}$.

5. C; **Nivel de conocimiento:** 2; **Temas:** Q.2.a, Q.2.e, Q.3.c, Q.3.d; **Prácticas:** MP.1.a, MP.1.e, MP.2.c, MP.4.a

Como el equipo Delanteras ganó 9 de los 13 juegos, la fracción de los juegos que ganaron es $\frac{9}{13}$. Si dividimos el numerador entre el denominador, obtenemos el decimal 0.6923076. Multiplica el decimal por 100 y escribe el signo de porcentaje: 0.692 × 100 = 69.2. Entonces, el equipo ganó aproximadamente el 69.2% de sus juegos. Otra posibilidad es escribir una proporción con una parte de 9, una base de 13 y una tasa desconocida; luego, se resuelve para hallar la tasa desconocida.

6. D; **Nivel de conocimiento:** 2; **Temas:** Q.2.a, Q.2.e, Q.3.c, Q.3.d; **Prácticas:** MP.1.a, MP.1.b, MP.1.e, MP.2.c, MP.4.a

Usa la ecuación **base × tasa = parte**, donde la base es 300, la tasa es 75% ó 0.75, y la parte es desconocida. Multiplica: 0.75 × 300 = 225. Otra posibilidad sería establecer y resolver la proporción $\frac{parte}{300} = \frac{75}{100}$.

7. C; **Nivel de conocimiento:** 2; **Temas:** Q.2.a, Q.2.e, Q.3.c, Q.3.d; **Prácticas:** MP.1.a, MP.1.e, MP.2.c, MP.4.a

Usa la ecuación **base × tasa = parte**, donde la base es 552, la tasa es 12% o 0.12, y la parte es desconocida. Multiplica: 0.12 × 552 = 66.24. Otra posibilidad sería establecer y resolver la proporción $\frac{parte}{552} = \frac{12}{100}$.

8. B; **Nivel de conocimiento:** 2; **Temas:** Q.2.a, Q.2.e, Q.3.d; **Prácticas:** MP.1.a, MP.1.e, MP.2.c, MP.4.a

Para hallar el aumento porcentual, hay que hallar primero la cantidad del aumento restando el salario original del nuevo salario: $25,317.40 − $24,580 = $737.40. Divide la cantidad del aumento entre el salario original y escribe el decimal como un porcentaje. $737.40 ÷ $24,580.00 = 0.03 = 3%.

9. C; **Nivel de conocimiento:** 2; **Temas:** Q.2.a, Q.2.e, Q.3.c, Q.3.d; **Prácticas:** MP.1.a, MP.1.e, MP.2.c, MP.4.a

Para hallar el monto pagado en concepto de impuestos, usa la ecuación **base × tasa = parte**, donde la base es 425, la tasa es 6% ó 0.06, y la parte es desconocida. Multiplica: 0.06 × 425 = 25.50. Otra posibilidad sería establecer y resolver la proporción $\frac{parte}{425} = \frac{6}{100}$. Luego, suma el monto del impuesto al precio de la bicicleta: $425 + $25.50 = $450.50.

10. B; **Nivel de conocimiento:** 2; **Temas:** Q.2.a, Q.2.e, Q.3.c, Q.3.d; **Prácticas:** MP.1.a, MP.1.e, MP.2.c, MP.4.a

Para hallar el monto del descuento, usa la ecuación **base × tasa = parte**, donde la base es 659, la tasa es 20% ó 0.2, y la parte es desconocida. Multiplica: 0.20 × 659 = 131.80. Otra posibilidad sería establecer y resolver la proporción $\frac{parte}{659} = \frac{20}{100}$. Luego, resta el monto del descuento del precio habitual para hallar el precio de venta con el descuento: $659 − $131.80 = $527.20.

11. B; **Nivel de conocimiento:** 2; **Temas:** Q.2.a, Q.2.e, Q.3.c, Q.3.d; **Prácticas:** MP.1.a, MP.1.e, MP.2.c, MP.4.a

Para hallar el número de llamadas, usa la ecuación **base × tasa = parte**, donde la base es 420, la tasa es 45% ó 0.45, y la parte es desconocida. Multiplica: 0.45 × 420 = 189. Otra posibilidad sería establecer y resolver la proporción $\frac{parte}{420} = \frac{45}{100}$.

12. D; **Nivel de conocimiento:** 2; **Temas:** Q.2.a, Q.2.e, Q.3.d; **Prácticas:** MP.1.a, MP.1.e, MP.2.c, MP.4.a

Usa la ecuación $I = prt$, donde I es el monto de interés ganado. En este caso, p es el monto de la inversión (o principal), $5,000; r es la tasa de interés, 5% ó 0.05; y t es el tiempo, 9 meses, o 0.75 año. $I = 5,000 \times 0.05 \times 0.75 = 187.50$.

REPASO DE LA UNIDAD 1, *págs. 16–23*

1. D; **Nivel de conocimiento:** 1; **Temas:** Q.2.a, Q.2.e; **Prácticas:** MP.1.a, MP.4.a

Un tercio de 24 es lo mismo que 24 dividido entre 3, u 8. Dos tercios es el doble de ese número, o 16 (opción D). Las opciones A, B y C son números enteros correlativos que llevan a la respuesta correcta.

2. C; **Nivel de conocimiento:** 2; **Temas:** Q.2.a, Q.2.e; **Prácticas:** MP.1.a, MP.4.a

El costo de las cuatro sillas es 4 por $65.30, o $261.20. Si lo sumamos al costo de la mesa, $764.50, el total es de $1,025.70 (opción C). La opción A es la suma del costo de la mesa y *una* silla. La opción B es la suma del costo de la mesa y de *dos* sillas. La opción D es la suma del costo de la mesa y *cinco* sillas.

3. A; Nivel de conocimiento: 1; **Temas:** Q.2.a, Q.2.e; **Prácticas:** MP.1.a, MP.4.a

La diferencia entre las millas que recorrieron el primer día y el segundo día se puede hallar restando 135.8 de 210.5, lo que da como resultado 74.7 (opción A). La opción B es el doble de la respuesta correcta. La opción C es el doble de la distancia recorrida el segundo día. La opción D es la suma de las millas que recorrieron el primer y el segundo día.

4. C; Nivel de conocimiento: 2; **Temas:** Q.2.a, Q.2.e; **Prácticas:** MP1.a, MP.4.a

Para hallar la solución, se puede dividir $4\frac{1}{2}$ entre $1\frac{1}{2}$ o se pueden volver a escribir los números como fracciones impropias y, así, dividir $\frac{9}{2}$ entre $\frac{3}{2}$. Dividir entre $\frac{3}{2}$ es lo mismo que multiplicar por $\frac{2}{3}$, entonces la solución es $\frac{9}{2} \times \frac{2}{3} = \frac{9}{3} = 3$ (opción C). Las opciones A, B y D son números enteros correlativos que llevan a la respuesta correcta.

5. C; Nivel de conocimiento: 3; **Temas:** Q.1.b, Q.2.a; **Prácticas:** MP.1.a, MP.1.b, MP.1.e, MP.5.c

Los múltiplos de 6 son: 12, 18, 24, 30, 36, 42 y 48. Los múltiplos de 8 son: 16, 24, 32, 40 y 48. El número más bajo que ambas listas tienen en común es el 24 (opción C). La opción A es la suma de ambos números. La opción B es un múltiplo de 6, pero no de 8. La opción D es el producto de 6 y 8, y, por lo tanto, los tiene a ambos como factores, pero no es el menor de ellos.

6. B; Nivel de conocimiento: 1; **Tema:** Q.1; **Práctica:** MP.1.a

Los dos números que están antes de la primera coma representan los millones, y, por lo tanto, se escribe *veintiún millones* para representarlos. Para representar los tres números siguientes, se escribe *trescientos cuarenta y tres mil.* Para representar los tres números finales, se escribe *ochocientos cuarenta y cinco.* Al combinarlos, obtenemos la opción B. La opción A tiene un "y" innecesario en los millares. En la opción C, hay un error en el dígito que ocupa el lugar de las centenas de millar (debería ser *trescientos* en lugar de *tres*). En la opción D se mencionan los tres dígitos finales de forma separada, lo que no representa su verdadero valor.

7. C; Nivel de conocimiento: 3; **Temas:** Q.1.b, Q.2.a; **Prácticas:** MP.1.a, MP.1.b, MP.1.e, MP.5.c

La lista de números naturales entre los que se puede dividir el 24 sin que quede residuo, sin contar el 1 y el 24, es: 2, 3, 4, 6, 8 y 12. Hay un total de 6 números (opción C). Las otras opciones son números naturales cercanos a la respuesta correcta.

8. C; Nivel de conocimiento: 2; **Temas:** Q.2.a, Q.2.e, Q.6.c; **Prácticas:** MP.1.a, MP.1.d, MP.2.c, MP.4.a

El número total de estudiantes en la lista es 864. El número de estudiantes que caminan es 54, que se puede expresar con la fracción $\frac{54}{864}$. El número 864 dividido entre 54 da como resultado 16, sin residuo; entonces, la fracción puede simplificarse a $\frac{1}{16}$.

También se puede hallar la solución dividiendo el numerador y el denominador entre factores de 2 ó 3 hasta que ya no sea posible seguir simplificando. Otras opciones incluyen la multiplicación o división de un factor externo de 2 ó 3.

9. D; Nivel de conocimiento: 2; **Temas:** Q.2.a, Q.2.e, Q.6.c; **Prácticas:** MP.1.a, MP.2.c, MP.4.a

El número total de estudiantes es 864. El número de estudiantes que toman el autobús o se quedan a programas extracurriculares es la suma de 468 y 224, es decir, 692. La fracción de estudiantes que toman el autobús o se quedan a programas extracurriculares es, entonces, $\frac{692}{864}$ que puede simplificarse a $\frac{173}{216}$, ya que tanto el numerador como el denominador se pueden dividir entre 4 sin que quede residuo.

10. D; Nivel de conocimiento: 2; **Temas:** Q.2.a, Q.2.e, Q.3.d; **Prácticas:** MP.1.a, MP.1.b, MP.4.a

El tiempo que la amiga de Kara tarda en devolverle su inversión más los intereses es 36 meses, o 3 años. Paga un interés del 6%, ó (0.06) ($1,250) = $75, por año. Durante tres años, el interés será de (3)($75), o $225. Después de 3 años, el interés sumado a la inversión inicial que Kara recibe es ($225) + ($1,250) = $1,475 (opción D). La opción A representa solo el interés. La opción B representa la inversión original *menos* el interés. La opción C representa la inversión más *un* año de intereses.

11. B; Nivel de conocimiento: 2; **Temas:** Q.1.b, Q.2.a, Q.2.e; **Prácticas:** MP.1.a, MP.4.a

La respuesta es la diferencia entre los dos números. Si se vuelve a escribir la diferencia usando fracciones impropias con un común denominador, nos da $\frac{16}{3} - \frac{19}{4} = \frac{64 - 57}{12} = \frac{7}{12}$ (opción B). Las opciones restantes son $\frac{6}{12}$, $\frac{8}{12}$ y $\frac{9}{12}$. Estas opciones están simplificadas apropiadamente, pero representan posibles errores en la conversión o en la resta.

12. A; Nivel de conocimiento: 1; **Tema:** Q.1.a; **Práctica:** MP.1.a

El dígito que le sigue al que ocupa el lugar de las centenas es el 4, que es menor que 5. Por eso, el dígito en el lugar de las centenas, 5, se mantiene igual, y los dígitos subsiguientes en el número se reemplazan con ceros (opción A). La opción B es el número redondeado a la decena más próxima. La opción C es el número redondeado a la centena mayor más próxima. La opción D es el número redondeado al millar más próximo.

13. C; Nivel de conocimiento: 1; **Temas:** Q.1; **Práctica:** MP.1.a

Ciento tres se escribe así: *103,* y va en el lugar de los millares justo antes de la coma. *Setecientos cincuenta* se escribe así: *750.* Si combinamos los dos números, obtenemos $103,750 (opción C). En la opción A se confunde *cincuenta* con 5. En la B se confunde el *cincuenta* con el 15. En la opción D se confunde *ciento tres* con 130.

14. A; Nivel de conocimiento: 2; **Temas:** Q.2.a, Q.2.e; **Prácticas:** MP.1.a, MP.4.a

El costo de dos *pretzels* es (2)($1.95) = $3.90. El costo de dos refrescos es (2)($0.99) = $1.88. Si se suman, se obtiene un total de $5.88. Si paga con un billete de $10, el cambio será ($10.00 − $5.88) = $4.12 (opción A). La opción B es el cambio que recibiría si comprara dos *pretzels* y *un* refresco. La opción C es el costo de la comida, no el cambio. La opción D es el cambio que recibiría si comprara *un pretzel* y *un refresco.*

15. C; Nivel de conocimiento: 2; **Tema:** Q.1.a; **Prácticas:** MP.1.a, MP.1.b

Como los numeradores de todas las fracciones son iguales a 1, la fracción con el menor denominador representará el número más grande. El denominador más bajo es 3, en la fracción $\frac{1}{3}$, que corresponde al fútbol.

Clave de respuestas

UNIDAD 1 *(continuación)*

16. B; **Nivel de conocimiento:** 2; **Temas:** Q.1.b, Q.2.a, Q.2.e; **Prácticas:** MP.1.a, MP.2.c, MP.4.a
La respuesta es la suma de las dos fracciones que representan al lacrosse y al básquetbol. Al volver a escribirlas con denominadores comunes, se obtiene $\frac{1}{4} + \frac{1}{6} = \frac{3}{12} + \frac{2}{12} = \frac{5}{12}$. La opción A proviene de sumar erróneamente los dos numeradores (1 + 1 = 2) y los denominadores (4 + 6), lo que dio como resultado la fracción resultante. La opción C proviene de haber convertido incorrectamente $\frac{1}{4}$ a $\frac{4}{12}$. La opción D proviene de haber obtenido 4 como resultado tras sumar erróneamente 3 y 2.

17. D; **Nivel de conocimiento:** 2; **Temas:** Q.1.b, Q.2.a, Q.2.e, Q.3.d, Q.6.c; **Prácticas:** MP.1.a, MP.2.c, MP.4.a
La fracción que representa al voleibol $\left(\frac{1}{20}\right)$ puede convertirse en porcentaje dividiendo el numerador entre el denominador (se obtiene 0.05) y multiplicándolo por 100 (obteniendo como resultado 5%). La fracción que representa al *frisbee* $\left(\frac{1}{5}\right)$ es igual a 0.20, ó 20%. Si sumamos los dos, obtenemos (5 + 20) = 25%.

18. 67; **Nivel de conocimiento:** 1; **Temas:** Q.2.a, Q.2.e, Q.3.a; **Prácticas:** MP.1.a, MP.4.a
La tasa es la distancia (301.5 millas) dividida entre el tiempo (4.5 horas), es decir, 67 millas por hora.

19. \$180; **Nivel de conocimiento:** 2; **Temas:** Q.2.a, Q.2.e; **Prácticas:** MP.1.a, MP.4.a
El cambio en el precio de las acciones es (\$52 − \$43) = \$9 por acción. La ganancia total de la inversión de Scarlett es ese cambio multiplicado por el número de acciones: \$9 × 20 = \$180.

20. 7; **Nivel de conocimiento:** 2; **Temas:** Q.2.a, Q.2.e; **Prácticas:** MP.1.a, MP.2.c, MP.4.a
Si se divide el número total de personas (426) entre el número de personas que caben en un autobús (65), se obtiene como resultado 6, con un residuo de 36. Esas personas que sobran necesitarán un séptimo autobús; entonces, la respuesta es 7.

21. −20; **Nivel de conocimiento:** 2; **Temas:** Q.2.a; **Prácticas:** MP.1.a, MP.4.a
El producto de −1 y 2 es −2. Ese resultado multiplicado por −3 es +6. Ese resultado por 4 es 24, y el producto de 24 y −5 es −120. Al dividir −120 entre 6, obtenemos −20.

22. 7; **Nivel de conocimiento:** 2; **Temas:** Q.2.a, Q.2.e, Q.3.c; **Prácticas:** MP.1.a, MP.1.b, MP.2.c, MP.4.a
Al dividir 45 entre 7, el resultado es 6, con un residuo de 3. Para asegurarse de que la proporción no sea mayor que 7 a 1, hay que incluir un séptimo acompañante.

23. 5; **Nivel de conocimiento:** 1; **Temas:** Q.2.a, Q.2.e, Q.3.a; **Prácticas:** MP.1.a, MP.4.a
Para hallar la solución, hay que dividir la distancia (135 millas) entre la tasa por unidad de velocidad (27 millas por hora). El resultado es $\left(\frac{135}{27}\right)$ = 5 horas.

24. \$28; **Nivel de conocimiento:** 2; **Temas:** Q.2.a, Q.2.e, Q.3.a; **Prácticas:** MP.1.a, MP.4.a
Si cada libra cuesta \$8, entonces $3\frac{1}{2}$ libras costarán $3\frac{1}{2} \times 8 = \frac{7}{2} \times 8 = 7 \times 4 = \$28$, en donde $3\frac{1}{2}$ se convirtió en una fracción impropia para simplificar el cálculo.

25. 6; **Nivel de conocimiento:** 3; **Tema:** Q.1.b; **Prácticas:** MP.1.a, MP.1.b, MP.1.e, MP.5.c
Los factores de 18 son: 1, 2, 3, 6, 9 y 18. Ni el 9 ni el 18 pueden dividir al 42 sin que quede residuo. El número 6 sí puede, lo que lo convierte en el máximo factor común de 18 y 42.

26. B; **Nivel de conocimiento:** 2; **Tema:** Q.1; **Práctica:** MP.1.a
Si se comparan los dos primeros platos del menú, vemos que los \$9.65 del emparedado de alce son más que los \$5.89 del filete de lucio. Si se compara el costo del emparedado de alce con los costos de los demás platos del menú, vemos que el emparedado es el plato más caro del menú.

27. B; **Nivel de conocimiento:** 2; **Temas:** Q.2.a, Q.2.e; **Prácticas:** MP.1.a, MP.2.c, MP.4.a
El costo de los 3 platos de búfalo para niños es (3)(\$3.50) = \$10.50. Si lo sumamos al costo del jabalí asado (\$9.19) y al del filete de lucio (\$5.89), obtenemos un total de (\$10.50 + \$9.19 + \$5.89) = \$25.58. El dinero que le queda a Kurt después de pagar es (\$50.00 − \$25.58) = \$24.42 (opción B). La opción A representa un costo que incluye solamente *un* plato para niños, no *tres*. La opción C es el *costo* de los platos que se mencionan en la pregunta, no el cambio de los \$50. La opción D es el cambio que recibiría si se pagara solo *un* plato para niños.

28. C; **Nivel de conocimiento:** 2; **Temas:** Q.2.a, Q.2.e; **Prácticas:** MP.1.a, MP.2.c, MP.4.a
El costo de los dos emparedados de alce es (2)(\$9.65) = \$19.30. El costo de los tres platos para niños es (3)(\$3.50) = \$10.50. La diferencia es (\$19.30 − \$10.50) = \$8.80 (opción C). La opción A es el costo de *un* emparedado de alce menos el costo de *un* plato para niños. La opción B es el costo de dos *jabalíes asados* menos el costo de tres platos para niños. La opción D es el costo de dos emparedados de alce menos el costo de *un* plato para niños.

29. D; **Nivel de conocimiento:** 1; **Tema:** Q.1; **Práctica:** MP.1.a
Cincuenta y seis mil se escribe así: *56,000. Doscientos veintiocho* se escribe así: *228*. Al combinar ambos números, se obtiene 56,228, que, si se escribe de a un dígito por vez, es la opción D.

30. B; **Nivel de conocimiento:** 2; **Temas:** Q.2.a, Q.2.e; **Prácticas:** MP.1.a, MP.4.a
El saldo de la cuenta después de depositar \$246 es (\$198 + \$246) = \$444. Con los dos cheques se extrae (\$54 + \$92) = \$146 de la cuenta. El saldo final es (\$444 − \$146) = \$298 (opción B). La opción A es el resultado de *restar* el monto del depósito del saldo de la cuenta y *sumar* los montos de los cheques. La opción C es el resultado de sumar el cheque de \$92 en vez de restarlo. La opción D es el resultado de sumar el monto del depósito *y* los montos de los cheques al saldo.

31. C; **Nivel de conocimiento:** 2; **Temas:** Q.2.a, Q.2.e, Q.3.c; **Prácticas:** MP.1.a, MP.4.a
Si la razón de hombres a mujeres es 2:3, eso significa que $\frac{\text{Número de hombres}}{\text{Número de mujeres}} = \frac{2}{3} = \frac{\text{Número de hombres}}{180}$. Al multiplicar cruzado, vemos que el número de hombres es $\frac{2}{3}$ de 180, o 120 (opción C).

32. A; **Nivel de conocimiento:** 2; **Temas:** Q.2.a, Q.2.e, Q.3.a; **Prácticas:** MP.1.a, MP.4.a
La tasa es 1 bufanda cada $1\frac{2}{3}$ horas. Para resolver el problema, se puede usar la proporción $\frac{1}{1\frac{2}{3}} = \frac{x}{4}$, donde los números de arriba representan las bufandas y los de abajo representan las horas. Multiplica cruzado: $(1 \times 4) \div 1\frac{2}{3} = 4 \div \frac{5}{3} = \frac{4}{1} \times \frac{3}{5} = \frac{12}{5} = 2\frac{2}{5}$. Como $x = 2\frac{2}{5}$, la respuesta es $2\frac{2}{5}$ bufandas (opción A).

33. D; Nivel de conocimiento: 2; **Temas:** Q.2.a, Q.2.e, Q.3.d; **Prácticas:** MP.1.a, MP.4.a
El número decimal equivalente al 84% es 0.84. Si se multiplican 175 estudiantes por 0.84, se obtiene el número de estudiantes que asistieron a la reunión: 147 atletas (opción D). La opción A es el número de estudiantes que *no* asistieron. La opción B confunde el porcentaje con el número. La opción C muestra el número de los que *no* asistieron más 100.

34. A; Nivel de conocimiento: 2; **Temas:** Q.2.a, Q.2.e, Q.3.d; **Prácticas:** MP.1.a, MP.4.a
El número de personas que estaban a favor de una carretera nueva puede hallarse multiplicando el número de personas encuestadas (1,200) por el número decimal equivalente a 35% (0.35). El resultado es 420 habitantes. El número de habitantes que no estaban de acuerdo con la nueva carretera es (1,200 − 420) = 780 habitantes (opción A). La opción B es el número de habitantes que estaban a favor de la nueva carretera. La opción C es el resultado de la suposición de que el 70% estaban a favor. La opción D proviene de confundir el porcentaje con el número.

35. D; Nivel de conocimiento: 2; **Temas:** Q.2.a, Q.2.e; **Prácticas:** MP.1.a, MP.1.d, MP.2.c, MP.4.a
El monto que gana Tom durante el año se calcula multiplicando los $200 por semana por las 52 semanas que hay en un año, lo que da $10,400. El monto que paga por la renta en un año se calcula multiplicando los $300 por mes por los 12 meses del año, lo que da $3,600. El dinero que le queda es ($10,400 - $3,600) = $6,800 (opción D). La opción A proviene de calcular la diferencia entre $300 y $200 y multiplicarla por 12. La opción B es el resultado de tomar la diferencia entre $300 y $200 y multiplicarla por 52. La opción C proviene de calcular que hay 4 semanas en un mes, lo que da un ingreso mensual de $800. Luego, a ese ingreso se le resta $300 y se obtiene $500, que es lo que le queda por mes, y luego se multiplica ese resultado por 12.

36. B; Nivel de conocimiento: 2; **Temas:** Q.2.a, Q.4.a; **Prácticas:** MP.1.a, MP.2.c, MP.4.a
El decimal equivalente a las millas que recorrió Ben es 25.80 millas. Si se lo restamos a las millas que recorrió Stefan, obtenemos (32.95 millas − 25.80 millas) = 7.15 millas (opción B). Las demás opciones representan números iguales a (32 - 25) = 7, más decimales o fracciones cercanas a la respuesta correcta.

37. C; Nivel de conocimiento: 2; **Temas:** Q.2.a, Q.4.a, Q.3.d; **Prácticas:** MP.1.a, MP.2.c, MP.4.a
La diferencia entre las millas que recorrió Stefan y las que recorrió Jackson es (32.95 millas − 26.375 millas) = 6.575 millas. Si dividimos ese resultado entre las millas recorridas por Jackson, se obtiene 0.2493, que, convertido al porcentaje más próximo, es 25% (opción C). Las opciones restantes son números correlativos próximos a la respuesta correcta.

38. A; Nivel de conocimiento: 2; **Temas:** Q.2.a, Q.2.e; **Prácticas:** MP.1.a, MP.2.c
La razón de personas que apoyan al Partido Verde a personas que apoyan al Partido Libertario es 10:2, que puede simplificarse a 5:1 (opción A). La opción B invierte la razón. En la opción C, se simplificó el número del Partido Libertario de 2 a 1, pero no se simplificó el número del Partido Verde de 10 a 5. La opción D es la misma que la opción B, pero sin simplificar la razón.

39. B; Nivel de conocimiento: 2; **Temas:** Q.1, Q.2.a, Q.2.e; **Prácticas:** MP.1.a, MP.2.c, MP.4.a
Si hay 78 demócratas en un grupo de 200 personas encuestadas, la mejor estimación del número de demócratas en una encuesta dos veces mayor (2 × 200 = 400) sería (2)(78) = 156 (opción B). En la opción A se asume que todas las demás personas encuestadas se identificarían con el Partido Demócrata . La opción C da por sentado que el número se mantendría más allá del incremento en el número de encuestados. La opción D es el resultado de *dividir* 78 entre 2, en vez de *multiplicar* por 2.

40. D; Nivel de conocimiento: 2; **Temas:** Q.2.a, Q.2.e, Q.3.d, Q.6.c; **Prácticas:** MP.1.a, MP.1.b, MP.2.c, MP.4.a
El número de personas encuestadas que no eran demócratas ni republicanos era (46 + 10 + 2) = 58. Al dividir 58 entre el número de personas encuestadas, se obtiene $\left(\frac{58}{200}\right)$ = 0.29, que, al convertirlo a porcentaje, es 29% (opción D). La opción A es el porcentaje de encuestados que eran demócratas o republicanos. La opción C es el porcentaje equivalente a la razón de los que no eran demócratas ni republicanos (58) a los que sí lo eran (142): $\left(\frac{58}{142}\right)$ = 0.41. La opción B es el resultado de restar la opción C del 100%.

41. C; Nivel de conocimiento: 2; **Temas:** Q.2.a, Q.2.e, Q.3.d; **Prácticas:** MP.1.a, MP.2.c, MP.4.a
La diferencia entre la población que había al principio del período de 5 años y la que había al final (45,687 − 43,209) = 2,478. Si se divide entre la población que había al comienzo del período (43,209), se obtiene $\left(\frac{2,478}{43,209}\right)$ = 0.0573. Si se convierte en porcentaje, da (100) (0.0573) = 5.73%; que, redondeado al número más próximo, es 6% (opción C). Las opciones restantes son números correlativos próximos a la respuesta correcta.

42. A; Nivel de conocimiento: 1; **Temas:** Q.2.a, Q.2.e, Q.3.d; **Prácticas:** MP.1.a, MP.4.a
El equivalente de 54%, expresado en forma de fracción, es $\frac{54}{100}$. Tanto el numerador como el denominador pueden dividirse entre 2, y se obtiene $\frac{27}{50}$ (opción A). Las demás opciones son fracciones próximas al 54 por ciento.

43. C; Nivel de conocimiento: 1; **Temas:** Q.2.a, Q.2.e; **Prácticas:** MP.1.a, MP.2.c, MP.4.a
El número de meses que hay en un año es 12; entonces, la cantidad pagada en un año es $165.40 por 12 meses, lo que da un total de $1,984.80 (opción C). Las opciones A, B y D son los montos pagados en 6 meses, 10 meses y 24 meses, respectivamente.

44. B; Nivel de conocimiento: 2; **Temas:** Q.2.a, Q.2.e; **Prácticas:** MP.1.a, MP.4.a
Para hallar la solución, hay que multiplicar $1\frac{3}{8}$ por 3. Al convertir $1\frac{3}{8}$ en una fracción impropia, se obtiene $\frac{11}{8}$, que, multiplicado por 3, da $\frac{33}{8}$. Si se vuelve a escribir como fracción propia, se obtiene $4\frac{1}{8}$ (opción B). Otra posibilidad sería ver el problema como $(3)\left(1\frac{3}{8}\right) = (3)\left(1 + \frac{3}{8}\right) = \left(3 + \frac{(3)(3)}{8}\right) = \left(3 + \frac{9}{8}\right) = \left(3 + 1 + \frac{1}{8}\right) = 4\frac{1}{8}$. La opción A es el resultado de no sumar el 1 al simplificar $\frac{9}{8}$. Las opciones C y D provienen de un error en el cálculo por $+ \frac{1}{8}$ y $+ \frac{1}{4}$, respectivamente.

Clave de respuestas

UNIDAD 1 *(continuación)*

45. D; **Nivel de conocimiento:** 2; **Temas:** Q.2.a, Q.2.e, Q.3.a; **Prácticas:** MP.1.a, MP.4.a
El costo total se obtiene multiplicando $8.99 (precio por libra) por 1.76 libras, lo que da $15.8224; este total, redondeado al centésimo más próximo, es $15.82 (opción D). La opción A es el resultado de dividir entre 1.76 en vez de multiplicar. La opción B es el resultado de usar erróneamente 1.6 como el número de libras de queso. La opción C es el resultado de redondear el costo a los diez centavos más próximos.

46. A; **Nivel de conocimiento:** 2; **Temas:** Q.2.a, Q.2.e; **Prácticas:** MP.1.a, MP.2.c, MP.4.a
El número total de meses es 15 años multiplicado por 12 meses por año, lo que da 180 meses. Si se divide el costo total de la hipoteca entre el número total de meses, el resultado es $\left(\dfrac{\$324{,}000}{180}\right)$ = $1,800 (opción A).

47. A; **Nivel de conocimiento:** 2; **Tema:** Q.1; **Prácticas:** MP.1.a, MP.1.e
Si se observan los números y nos concentramos en los dígitos a la izquierda de las comas, vemos que el número más grande comienza con 29 millares (sábado). El que le sigue comienza con 25 millares (domingo), seguido de 21 millares (viernes). Luego le sigue 16 millares (jueves). Los dos números siguientes comienzan con 14 millares (lunes y martes), por lo que hay que observar el dígito de las centenas. El dígito de las centenas del lunes (9) es más grande que el dígito de las centenas del martes (6), entonces el lunes es el día que completa la lista: sábado, domingo, viernes, jueves y lunes.

48. C; **Nivel de conocimiento:** 2; **Tema:** Q.1; **Prácticas:** MP.1.a, MP.1.e
Los dígitos que están a la izquierda de la coma son menores el miércoles (13 millares), lo que lo convierte en el día con menos recibos. Las demás opciones son días con relativamente pocos recibos, enumerados en orden cronológico.

49. B; **Nivel de conocimiento:** 3; **Tema:** Q.1; **Prácticas:** MP.1.a, MP.1.c, MP.3.a, MP.5.c
Los dos días con mayor cantidad de recibos son sábado y domingo, por lo que los fines de semana es cuando se vende más comida (opción B). La opción A es incorrecta porque, si bien la cantidad de recibos disminuye durante los primeros tres días de la semana, vuelve a aumentar el jueves y el viernes. La opción C es incorrecta porque las ventas bajan de sábado a domingo. La opción D puede ser verdadera o no, pero es imposible saberlo a partir de los datos de la tabla. Es posible que la cantidad de recibos aumente los fines de semana, pero no debido a los especiales del fin de semana, sino porque las personas tienen mayor disponibilidad para ir a los restaurantes los fines de semana.

50. C; **Nivel de conocimiento:** 2; **Temas:** Q.2.a, Q.2.e; **Prácticas:** MP.1.a, MP.4.a
El costo de las tres comidas fue ($13 + $15 + $16) = $44. Si se le suma la propina, el total es ($44 + $10) = $54. Si Fred y Mary se reparten el costo de manera equitativa, cada uno paga $\left(\dfrac{\$54}{2}\right)$ = $27 (opción C). La opción A es el resultado de repartir la cuenta entre *tres*. La opción B es el resultado de repartir la cuenta entre *dos*, pero sin incluir la propina. La opción D es el costo total, propina incluida.

51. D; **Nivel de conocimiento:** 2; **Tema:** Q.1; **Práctica:** MP.1.a
Las galletas que menos se vendieron son las de azúcar (32). En orden ascendente, las próximas son las de coco (56), seguidas por las de avena (89) y las de chocolate (125). Entonces, el orden correcto de la lista sería: azúcar, coco, avena y chocolate (opción D).

52. A; **Nivel de conocimiento:** 2; **Temas:** Q.2.a, Q.2.e; **Prácticas:** MP.1.a, MP.2.c, MP.4.a
La cantidad que se debita de la cuenta de Justina cada mes ($2,300) excede el monto que ella deposita ($2,000) en $300. Durante el curso de un año, entonces, el saldo disminuirá en (12)($300) = $3,600. Como el saldo disminuye, el cambio es −$3,600 (opción A). La opción B representa el cambio de su saldo por *mes*. Las opciones C y D son iguales a las opciones A y B, pero sin el signo negativo.

53. D; **Nivel de conocimiento:** 3; **Temas:** Q.2.a, Q.2.e; **Prácticas:** MP.1.a, MP.3.a, MP.4.a
Para hallar la solución, hay que sumar las caídas (300 pies + 180 pies + 300 pies = 780 pies), y restar el total de las subidas (240 pies + 130 pies = 370 pies). El resultado es (780 pies − 370 pies) = 410 pies. Como el comienzo del recorrido tiene una altura mayor que el final del recorrido, la respuesta es +410 pies (opción D). La opción A es el opuesto de la respuesta correcta. Las opciones B y C resultan de considerar la caída inicial de 300 pies como un aumento de 300 pies, con el signo negativo y sin él.

54. A; **Nivel de conocimiento:** 2; **Tema:** Q.2.a; **Prácticas:** MP.1.a, MP.1.b, MP.1.e, MP.3.a, MP.4.a
Restar −15 de un número es lo mismo que sumarle +15 a ese número. Si se obtiene un resultado de −12 al sumarle 15 a un número, esto significa que el número es −12 − 15 = −27 (opción A). La opción B es el resultado de restar 15 de +12. Las opciones C y D son iguales a las opciones A y B, pero sin los signos negativos.

55. B; **Nivel de conocimiento:** 2; **Temas:** Q.2.a, Q.2.e; **Prácticas:** MP.1.a, MP.4.a
El saldo de la cuenta después de haber depositado el cheque de $287 es ($1,244 + $287) = $1,531. El saldo disminuye en $50 cuando Sara extrae dinero, y el saldo final es ($1,531 − $50) = $1,481 (opción B).
La opción A es el resultado de sumar solamente la extracción de $50 al saldo inicial. La opción C es el resultado de sumar el depósito y no restar el efectivo que extrajo. La opción D es el resultado de sumar el depósito y el efectivo al saldo inicial.

56. C; **Nivel de conocimiento:** 2; **Temas:** Q.2.a, Q.2.e; **Prácticas:** MP.1.a, MP.1.b, MP.3.a, MP.4.a
Si Ellie asigna $65 por mes para la cuenta total de peaje, y $5 de esa cantidad son para pagar el cargo mensual, debe pagar ($65 − $5) = $60 por mes. Como cada peaje cuesta $1.25, el número de peajes pagados con $60 es $\dfrac{\$60}{\$1.25}$ = 48 peajes (opción C).

57. D; **Nivel de conocimiento:** 3; **Temas:** Q.2.a, Q.2.e; **Prácticas:** MP.1.a, MP.4.a
La posición del esquiador aumenta 786 pies, luego disminuye 137 pies y luego vuelve a aumentar 542 pies. Si consideramos que el punto de partida del esquiador tiene 0 pies, entonces el cambio en su posición es (786 − 137 + 542) pies = 1,191 pies (opción D).

58. A; **Nivel de conocimiento:** 2; **Temas:** Q.2.a, Q.2.e; **Prácticas:** MP.1.a, MP.4.a
Si el cambio en el saldo de su cuenta es de $64, el cambio en tres días será (3)($64) = $192. Como el cambio representa extracciones, el cambio en el saldo será negativo: −$192 (opción A). La opción B representa el cambio en el saldo de la cuenta tras *dos* días. Las opciones C y D son los opuestos de las opciones B y A, respectivamente.

59. D; **Nivel de conocimiento:** 1; **Temas:** Q.2.a, Q.2.e; **Prácticas:** MP.1.a, MP.2.c, MP.4.a
El gasto mensual total es la suma de todos los números de la tabla: $45,600 (opción D). La opción A proviene de tomar el número de salarios y de restarle las demás entradas de la tabla. La opción B es el número más alto de la tabla. La opción C es la suma de todas las entradas, sin incluir la entrada "Otros".

60. B; **Nivel de conocimiento:** 1; **Temas:** Q.2.a, Q.2.e; **Prácticas:** MP.1.a, MP.2.c, MP.4.a
El gasto mensual total, sin incluir los salarios de los empleados, es ($3,600 + $800 + $1,200 + $1,600) = $7,200 (opción B).

61. C; **Nivel de conocimiento:** 2; **Temas:** Q.2.a, Q.2.e, Q.3.d; **Prácticas:** MP.1.a, MP.2.c, MP.4.a
Los gastos por suministros y otros dan un total de ($1,200 + $1,600) = $2,800. El porcentaje que se usa para suministros y otros gastos se puede hallar resolviendo la fracción $\left(\frac{\$2,800}{\$45,600}\right)$ = 0.0614, que, redondeado al décimo de un porcentaje más próximo, es 6.1% (opción C). La opción A es el porcentaje que representa *todos* los gastos que no son salarios. La opción B es el resultado de dividir la suma de los *suministros* y *otros* entre los gastos por *salarios*, y no entre los gastos *totales*. La opción D es el porcentaje que corresponde solo a los suministros.

62. D; **Nivel de conocimiento:** 1; **Temas:** Q.2.a, Q.2.e; **Prácticas:** MP.1.a, MP.2.c, MP.4.a
La suma de todos los puntos de Morgan es igual a 1 + 3 + 1 − 1 + 1 − 1 + 1 = 5 (opción D). Las otras opciones son puntajes posibles por debajo del de Morgan, incluidos el de Tom (4) y el de Dana (2).

63. C; **Nivel de conocimiento:** 2; **Temas:** Q.2.a, Q.2.e; **Prácticas:** MP.1.a, MP.2.c, MP.3.a, MP.4.a
El puntaje de Morgan es 5. La suma de los puntos de Tom y de Dana da 4 y 2, respectivamente. Los puntajes, de menor a mayor, son: 2 (Dana), 4 (Tom) y 5 (Morgan).

64. 13 °F; **Nivel de conocimiento:** 2; **Temas:** Q.1.d, Q.2.a, Q.2.e; **Prácticas:** MP.1.a, MP.4.a
La temperatura a las 10 a. m. es cuatro marcas hacia la derecha de la marca de 60 °F. Como hay 10 marcas por cada 10 grados, los espacios entre marcas representan 1 grado. Entonces, la temperatura a las 10 a. m. es de 64 °F. De la misma manera, la temperatura a las 6 p. m. es de 77 °F. El cambio en la temperatura entre esas dos horas es (77 °F − 64 °F) = 13 °F.

65. −6 °F; **Nivel de conocimiento:** 2; **Temas:** Q.1.d, Q.2.a, Q.2.e; **Prácticas:** MP.1.a, MP.4.a
Hay seis marcas entre las temperaturas de las 6 p. m. y las 2 p. m.; cada una representa 1 grado de diferencia. La magnitud del cambio total es de 6 °F. Como la temperatura a las 6 p. m. es más baja que a las 2 p. m., el cambio es negativo: −6 °F.

66. Cualquier opción en el recuadro de arriba, 3 en el de abajo; **Nivel de conocimiento:** 3; **Temas:** Q.2.a, Q.2.d; **Prácticas:** MP.1.a, MP.1.b, MP.1.c, MP1.e, MP.2.c, MP.3.a, MP.4.a, MP.5.c
El requisito de que la expresión sea indefinida implica que el denominador debe ser cero. Para que el denominador sea cero, el doble del número desconocido en el denominador debe ser igual a 6. Por lo tanto, ese número debe ser 3. Eso es suficiente para que la expresión sea indefinida, independientemente del numerador, de manera que cualquiera de las otras opciones puede sustituirse en el recuadro del numerador.

67. $\frac{1}{5}$, **Nivel de conocimiento:** 2; **Temas:** Q.2.a, Q.2.e; **Prácticas:** MP.1.a, MP.4.a

La cantidad de leche entera almacenada es 15 galones. El número total de galones almacenados es (15 + 20 + 20 + 20) = 75. Si se divide 15 entre 75, se obtiene la fracción $\frac{1}{5}$. Algunas fracciones equivalentes podrían ser $\frac{2}{10}$ ó $\frac{4}{20}$, pero ninguna de estas posibilidades podría surgir de los números dados.

68. $\frac{2}{5}$, $\frac{7}{10}$ y $\frac{5}{4}$; **Nivel de conocimiento:** 2; **Temas:** Q.1.a, Q.2.a; **Prácticas:** MP.1.a, MP.4.a

Hay 10 marcas por cada distancia de 0.5 en la recta numérica, por lo que las marcas adyacentes están separadas por $\frac{1}{20}$. El punto A está a ocho marcas del cero, y, por lo tanto, se corresponde con el valor $\frac{8}{20}$. Si se simplifica el resultado dividiendo el numerador y el denominador entre 4, se obtiene $\frac{2}{5}$. El punto B está a cuatro marcas de la división 0.5 y, por lo tanto, se corresponde con el valor de 0.5 + $\frac{4}{20}$ = $\frac{5}{10}$ + $\frac{2}{10}$ = $\frac{7}{10}$. El punto C está a cinco marcas de la división 1.0 y, por lo tanto, se corresponde con el valor de 1.0 + $\frac{5}{20}$ = $\frac{4}{4}$ + $\frac{1}{4}$ = $\frac{5}{4}$.

69. $\frac{11}{20}$; **Nivel de conocimiento:** 2; **Temas:** Q.1.b, Q.2.a, Q.2.e; **Prácticas:** MP.1.a, MP.4.a
La diferencia puede escribirse como $\frac{5}{4}$ − $\frac{7}{10}$. Si se usa 20 como común denominador, se obtiene $\frac{25}{20}$ − $\frac{14}{20}$ = $\frac{11}{20}$.

70. $\frac{93}{100}$ · $\frac{\text{#circuitos}}{4,000}$ = 3,720; **Nivel de conocimiento:** 2; **Temas:** Q.3.c, Q.3.d; **Prácticas:** MP.1.a, MP.1.b

La razón de circuitos que pasaron la inspección se da como $\frac{93}{100}$. La razón también se puede expresar como $\frac{\text{#circuitos}}{4,000}$. Las dos razones representan lo mismo y son, por lo tanto, iguales. Al multiplicar 93 × 4,000 y luego dividir el producto entre 100, se obtiene que 3,720 circuitos pasaron la inspección.

UNIDAD 2 MEDICIÓN/ANÁLISIS DE DATOS

LECCIÓN 1, *págs. 26–27*
1. A; **Nivel de conocimiento:** 2; **Temas:** Q.2.a, Q.2.e; **Práctica:** MP.1.a, MP.1.b, MP.1.d, MP1.e, MP.2.c, MP.3.a
Convierte todas las medidas a unidades semejantes. En este caso, divide 30 ml entre 10 para obtener 3 cl. A continuación, suma 3 cl + 2 cl para obtener 5 cl.

UNIDAD 2 *(continuación)*

2. **30 pies**; **Nivel de conocimiento:** 2; **Temas:** Q.2.a, Q.2.e;
Prácticas: MP.1.a, MP.1.e
Como 1 yarda = 3 pies, multiplica por 3 para convertir yardas a
pies. Como 6 yardas = 6 × 3 = 18 pies, la cantidad total de madera
que tiene que comprar = 18 pies + 12 pies = 30 pies.

3. **640 g**; **Nivel de conocimiento:** 2; **Temas:** Q.2.a, Q.2.e, Q.3.c;
Práctica: MP.1.a, MP.1.b, MP.1.e, MP.2.c, MP.3.a, MP.4.a
2 km × 1,000 = 2,000 m
$$\frac{\text{Masa}}{\text{Longitud}} = \frac{40\ g}{125\ m} = \frac{x}{2,000\ m}$$

125x = 80,000
   x = 640 g

4. **5,500 m**; **Nivel de conocimiento:** 3; **Temas:** Q.2.a, Q.2.e, Q.3.a,
Q.3.c, Q.6.c; **Prácticas:** MP.1.a, MP.1.b, MP.1.d, MP.1.e, MP.2.c,
MP.3.a, MP.4.a
Primero, convierte 2 km a m multiplicando por 1,000 para que 2 km =
2,000 m. A partir de allí, hay que calcular la distancia total que corrió:
2,000 m + 2(1,500 m) + 5(100 m) = 5,500 m.

5. **.0966 s**; **Nivel de conocimiento:** 2; **Temas:** Q.2.a, Q.2.e;
Prácticas: MP.1.a, MP.1.b, MP.1.d, MP.1.e, MP.2.c, MP.3.a, MP.4.a
Establece una proporción para hallar la variable desconocida:
$$\frac{\text{distancia}}{\text{tiempo}} = \frac{200\ m}{19.32\ s} = \frac{1\ m}{x}$$

200x = 19.32
   x = 0.0966 s

6. **D**; **Nivel de conocimiento:** 2; **Temas:** Q.2.a, Q.2.e; **Prácticas:**
MP.1.a, MP.1.e
Dos comederos tienen una capacidad de 6 × 2 = 12 onzas fluidas.
Mientras tanto, 1 comedero grande = 1 taza de líquido
(8 onzas fluidas). El comedero más grande = 1 pinta (2 tazas).
Como 1 taza = 8 onzas fluidas, 2 tazas = 16 onzas fluidas.
Cantidad total de alimento necesaria = 12 + 8 + 16 = 36 onzas fluidas.

7. **C**; **Nivel de conocimiento:** 2; **Temas:** Q.2.a, Q.2.e; **Práctica:**
MP.1.a, MP.1.b, MP.1.d, MP.1.e, MP.2.c, MP.3.a, MP.4.a
Establece una ecuación para hallar la incógnita. Sea x = la
cantidad total de plástico que fluyó de la impresora.
$$\frac{\text{Plástico}}{\text{Tiempo}} = \frac{10\ ml}{1\ \text{segundo}} = \frac{x}{3,600\ \text{segundos}}$$

x = 36,000 ml
Luego, convierte de ml a l de modo que 36,000 ÷ 1,000 = 36 l.

8. **A**; **Nivel de conocimiento:** 2; **Temas:** Q.2.a, Q.2.e; **Prácticas:**
MP.1.a, MP.1.b, MP.1.d, MP.1.e, MP.2.c, MP.3.a
Para el derrame A, multiplica por 1,000 para convertir de kl a l. Para
el derrame C, convierte de minutos a horas (30 minutos – 0.5 hora).
Establece una ecuación para hallar la tasa de derrame de cada
desastre:

Derrame A
$$\frac{\text{Cantidad de petróleo derramado}}{\text{Tiempo}} = \frac{287,000,000\ l}{5\ h} = \frac{x}{1h}$$
x = 57,400,000 l/h

Derrame B
$$\frac{\text{Cantidad de petróleo derramado}}{\text{Tiempo}} = \frac{260,000\ l}{8\ h} = \frac{x}{1h}$$
x = 32,500 l/h

Derrame C
$$\frac{\text{Cantidad de petróleo derramado}}{\text{Tiempo}} = \frac{292,000\ l}{0.5\ h} = \frac{x}{1h}$$
x = 584,000 l/h

9. **D**; **Nivel de conocimiento:** 2; **Temas:** Q.2.a, Q.2.e; **Prácticas:**
MP.1.a, MP.1.b, MP.1.d, MP.1.e, MP.2.c, MP.3.a
Observa que el derrame con la tasa de derrame más alta (tal como
se muestra en la pregunta anterior) derramará la mayor cantidad
de petróleo en el mar tras 30 minutos. Las tasas de derrame de la
pregunta anterior son en litros por hora. Para hallar la cantidad de
petróleo derramado en 30 minutos, divide las tasas entre 2.

Derrame A
57,400,000 ÷ 2 = 28,700,000 l. Para convertir a kl, divide entre
1,000. 28,700,000 ÷ 1,000 = 28,700 kl.

LECCIÓN 2, *págs. 28–29*
1. **C**; **Nivel de conocimiento:** 2; **Temas:** Q.2.a, Q.2.e, Q.4a;
Prácticas: MP.1.a, MP.1.b, MP.1.e
Como un centímetro en el plano representa 3 pies de la estructura
real, es necesario hacer conversiones.

Ancho real = 5 cm × 3 pies = 15 pies
Altura real = 4 cm × 3 pies = 12 pies
Longitud real = 2 cm × 3 pies = 6 pies
Volumen real = $L × A × H$ = 15 pies × 12 pies × 6 pies = 1,080 pies ^{3}.

2. **D**; **Nivel de conocimiento:** 2; **Temas:** Q.2.a, Q.2.e, Q.4.c,
Q.4.d, Q.5.a; **Prácticas:** MP.1.a, MP.1.b, MP.1.e, MP.2.c, MP.3.a,
MP.4.a
La Figura A tiene dos partes (cuadrado y rectángulo).
Área del rectángulo = $L × A$
                   = 250 m × 30 m
                   = 7,500 m²
Área del cuadrado = l^2
                   = 50 m × 50 m
                   = 2,500 m²
Área de la Figura A = Área del rectángulo + Área del cuadrado
                   = 7,500 m² + 2,500 m²
                   = 10,000 m² (10,000 metros cuadrados)

3. **D**; **Nivel de conocimiento:** 2; **Temas:** Q.2.a, Q.2.e, Q.4.a, Q.4.c, Q.4.d; **Prácticas:** MP.1.a, MP.1.b, MP.1.e, MP.2.c, MP.3.a, MP.4.a
El perímetro es la distancia alrededor de toda la figura. Esta figura tiene 6 lados.
P = 250 m + 80 m + 50 m + 50 m + 200 m + 30 m
P = 660 m
Observa que el lado que mide 80 m es una combinación del ancho del rectángulo y el ancho del cuadrado (30m + 50 m). De la misma manera, el lado que mide 200 metros es la longitud del rectángulo menos la longitud parcial del cuadrado (250 m – 50 m).

4. **B**; **Nivel de conocimiento:** 2; **Temas:** Q.2.a, Q.2.e, Q.4.c, Q.4.d, Q.5.a; **Prácticas:** MP.1.a, MP.1.b, MP.1.e, MP.2.c, MP.3.a, MP.4.a
La Figura B está formada por 2 rectángulos medidos en pies.
Área del rectángulo horizontal = $L \times A$
            = 50 pies × 15 pies
            = 750 pies^2
Área del rectángulo vertical   = 20 pies × 10 pies
            = 200 pies^2
Área de la Figura B = Suma de ambos rectángulos
            = 750 pies^2 + 200 pies^2
            = 950 pies^2 (950 pies cuad.)

5. **A**; **Nivel de conocimiento:** 3; **Temas:** Q.2.a, Q.2.e, Q.4.a, Q.4.c, Q.4.d; **Prácticas:** MP.1.a, MP.1.b, MP.1.e, MP.2.c, MP.3.a, MP.4.a
Perímetro de la Figura A = 660 m

Si 1 m = 3.28 pies, podemos establecer una ecuación para hallar el producto cruzado:
$$\frac{1 \text{ m}}{3.28 \text{ pies}} = \frac{660 \text{ m}}{x}$$

x = 660 × 3.28
x = 2,164.8 pies
Perímetro de la figura B = 50 pies + 15 pies + 15 pies + 20 pies + 10 pies + 20 pies + 20 pies + 20 pies = 170 pies
La diferencia entre las figuras A y B es: 2,164.8 – 170 = 1,994.8 pies.

6. **D**; **Nivel de conocimiento:** 2; **Temas:** Q.2.a, Q.2.e, Q.5.a, Q.5.f; **Prácticas:** MP.1.a, MP.1.b, MP.1.e, MP.2.c
Volumen de un contenedor = área de la base × altura
Área de la Figura B = 950 pies^2
Volumen = 950 pies^2 × 30 pies = 28,500 pies^3 (28,500 pies cúbicos)

7. **B**; **Nivel de conocimiento:** 2; **Temas:** Q.2.a, Q.2.e, Q.5.a; **Prácticas:** MP.1.a, MP.1.b, MP.1.c, MP.1.e, MP.2.c, MP.3.a, MP.4.a
Volumen del prisma = área de la base × altura
            = $L \times A \times H$
    600 pies^3 = 20 pies × 15 pies × H
    600 pies^3 = 300 pies^2 × H
600 pies^3 ÷ 300 pies^2 = H
        2 pies = H

8. **D**; **Nivel de conocimiento:** 2; **Temas:** Q.2.a, Q.2.e, Q.5.a; **Prácticas:** MP.1.a, MP.1.b, MP.1.c, MP.1.e, MP.2.c, MP.3.a, MP.4.a
Perímetro de un rectángulo = $L + L + A + A$
        56 pulg = 2L + 4 pulg + 4 pulg
        56 pulg = 2L + 8 pulg
    56 pulg – 8 pulg = 2L
        48 pulg = 2L
            1L = 24 pulg

9. **C**; **Nivel de conocimiento:** 2; **Temas:** Q.2.a, Q.2.e, Q.5.a; **Práctica:** MP.1.a, MP.1.b, MP.1.c, MP.1.e, MP.2.c, MP.3.a, MP.4.a
Volumen de un cubo = C^3
        27 pies^3 = 3 pies × 3 pies × 3 pies
Longitud de la base = 3 pies.

10. **B**; **Nivel de conocimiento:** 2; **Temas:** Q.2.a, Q.2.e, Q.5.a; **Práctica:** MP.1.a, MP.1.b, MP.1.c, MP.1.e, MP.2.c, MP.3.a, MP.4.a
Recuerda que el volumen de un prisma es el área de la base × la altura. Sea h la altura del centro de distribución.
Volumen = área de la base × altura, por lo tanto,
1 km cúbico = 2 km cuadrados × h.
1 = 2 h, por lo tanto, $h = \frac{1}{2}$
h = 0.5 km

LECCIÓN 3, *págs. 30–31*

1. **C**; **Nivel de conocimiento:** 2; **Temas:** Q.2.a, Q.2.e, Q.6.c; **Prácticas:** MP.1.a, MP.1.b, MP.1.c, MP.1.e, MP.2.c, MP.3.a
Cuando los datos se ordenan de menor a mayor, los dos números del medio son 65 y 67. Sumar los números y luego dividirlos entre 2, da 66. Las demás respuestas provienen de elegir números que no son los números del medio.

2. **B**; **Nivel de conocimiento:** 2; **Temas:** Q.2.a, Q.2.e, Q.6.c; **Prácticas:** MP.1.a, MP.1.b, MP.1.c, MP.1.e, MP.2.c, MP.3.a
Para hallar el rango de un conjunto de datos, hay que ordenar todos los datos de menor a mayor y luego restar el número menor del número mayor. En este caso, sería 17.2 segundos – 11.8 segundos = 5.4 segundos.

3. **C**; **Nivel de conocimiento:** 2; **Temas:** Q.2.a, Q.2.e, Q.6.c; **Prácticas:** MP.1.a, MP.1.b, MP.1.c, MP.1.e, MP.2.c, MP.3.a
Para hallar la mediana del conjunto de datos, hay que ordenar los datos de menor a mayor. De esta manera, el número del medio será la mediana. Los dos números del medio son 12.8 y 13.5. Sumar los números y luego dividirlos entre dos da una mediana de 13.15 s. Las demás opciones de respuesta provienen de elegir otros valores del medio o de no ordenar los datos en orden ascendente.

4. **B**; **Nivel de conocimiento:** 2; **Temas:** Q.2.a, Q.2.e, Q.6.c, Q.7.a; **Prácticas:** MP.1.a, MP.1.b, MP.1.c, MP.1.e, MP.2.c, MP.3.a
Suma todos los datos (esto da 111.2 s), luego divide entre el número de entradas (8) para hallar la media, (111.2 ÷ 8) = 13.9. La diferencia entre el tiempo de Sarah y la media del tiempo de los otros corredores es 13.9 – 12.1 = 1.8 s.

5. **A**; **Nivel de conocimiento:** 2; **Temas:** Q.2.a, Q.2.e, Q.6.c, Q.7.a; **Prácticas:** MP.1.a, MP.1.b, MP.1.c, MP.1.e, MP.2.c, MP.3.a
Suma todos los datos (esto da 111.2 s), luego divide entre el número de entradas (8), para hallar la media, (111,2 ÷ 8) = 13.9. Para hallar la mediana, ubica los dos números del medio, 12.8 y 13.5. Sumar estos números y luego dividirlos entre 2 da una mediana de 13.15 s. La media de 13.9 fue apenas mayor que la mediana, 13.15.

Clave de respuestas

UNIDAD 2 *(continuación)*

6. C; **Nivel de conocimiento:** 2; **Temas:** Q.1.a, Q.2.a, Q.2.e, Q.6.c, Q.7.a; **Prácticas:** MP.1.a, MP.1.b, MP.1.c, MP.2.c, MP.3.a
Como el conjunto de datos incluye un valor atípico (85), la mediana describiría mejor el número de batidos vendidos en un día típico. Al ordenar los números de menor a mayor, 22 y 24 quedan en el medio. El número que está entre estos dos valores es el 23. Las demás opciones provienen de calcular la media en lugar de la mediana o de elegir la mediana incorrecta.

7. B; **Nivel de conocimiento:** 2; **Temas:** Q.2.a, Q.2.e, Q.6.c, Q.7.a; **Prácticas:** MP.1.a, MP.1.b, MP.1.c, MP.1.e, MP.2.c, MP.3.a
La fórmula para calcular la media es la siguiente:
$$Media = \frac{suma\ de\ todos\ los\ datos}{n\acute{u}mero\ de\ datos}$$
Si reordenamos la fórmula anterior se obtiene:
Suma de todos los datos = media × número de datos
Por lo tanto, $4,443 × 6 = $26,658. Como el total del lunes al viernes es $21,757, las ventas del sábado fueron:
$26,658 − $21,757 = $4,901.

8. A; **Nivel de conocimiento:** 2; **Temas:** Q.2.a, Q.2.e, Q.6.c; **Prácticas:** MP.1.a, MP.1.b, MP.1.c, MP.1.e, MP.2.c, MP.3.a
Puntaje medio = suma de todas las entradas dividido entre el número de entradas.
Media = 317 ÷ 4 = 79.25%
La opción de respuesta B representa la mediana del puntaje, la opción C representa el puntaje máximo y la opción D representa la suma de todas las entradas.

LECCIÓN 4, *págs. 32–33*

1. B; **Nivel de conocimiento:** 2; **Temas:** Q.1.b, Q.8.b; **Prácticas:** MP.1.a, MP.1.b, MP.1.e, MP.2.c, MP.3.a
Para el quinto suceso, hay 4 rayadas + 2 negras = 6 canicas en la bolsa. La probabilidad de elegir una canica negra es 2:6, que puede simplificarse a 1:3.

2. A; **Nivel de conocimiento:** 1; **Tema:** Q.8.b; **Prácticas:** MP.1.a, MP.1.b
Hay en total 8 secciones en la rueda giratoria. Una de ellas está rotulada con el número 6. Por lo tanto, hay 1 posibilidad en 8 de que la flecha caiga en el número 6.

3. C; **Nivel de conocimiento:** 2; **Temas:** Q.1.b, Q.8.b; **Prácticas:** MP.1.a, MP.1.b, MP.3.a
Hay dos secciones de la rueda rotuladas con los números 4 u 8. Como hay 8 secciones en total en la rueda, hay una probabilidad de $\frac{2}{8}$ de que caiga en 4 o en 8. La razón $\frac{2}{8}$ puede simplificarse a $\frac{1}{4}$, ó 0.25.

4. A; **Nivel de conocimiento:** 1; **Tema:** Q.8.b; **Prácticas:** MP.1.a, MP.1.b
Esta pregunta se refiere a la probabilidad experimental, por lo tanto, debemos guiarnos solamente por los datos que Maude ya ha obtenido. Las dos veces que hizo girar la rueda, Maude no hizo que cayera en un número impar. Por lo tanto, a partir del experimento de Maude, tiene una probabilidad de $\frac{0}{2}$ de que caiga en un número impar.

5. B; **Nivel de conocimiento:** 3; **Tema:** Q.8.b; **Prácticas:** MP.1.a, MP.1.b, MP.1.e, MP.2.c
Este es un problema de probabilidad compuesta. La probabilidad de que la flecha caiga en un número impar es $\frac{1}{2}$. La probabilidad de que caiga en el número 2 es $\frac{1}{8}$. La probabilidad de que primero caiga en el número impar y luego en el 2 se halla multiplicando, no sumando. Queremos hallar la probabilidad de ambos sucesos, no de uno u otro. Por lo tanto, la respuesta es $\frac{1}{2} × \frac{1}{8} = \frac{1}{16}$, que se puede convertir a 0.0625.

6. A; **Nivel de conocimiento:** 2; **Temas:** Q.2.a, Q.2.e, Q.8.b; **Prácticas:** MP.1.a, MP.1.b
El número total de quejas recibidas en ese día es 15. De esas 15, 3 fueron para el departamento de ropa, lo que representa un 20% de las llamadas recibidas en ese día.

7. D; **Nivel de conocimiento:** 2; **Temas:** Q.2.a, Q.2.e, Q.8.b; **Prácticas:** MP.1.a, MP.1.b
Se recibieron un total de 6 quejas para el departamento de electrónica y 4 para el de artículos del hogar, lo que suma un total de 10 llamadas para ambos departamentos. Hasta el momento se ha registrado un total de 15 llamadas. La probabilidad de que la próxima llamada sea para el departamento de electrónica o de artículos del hogar es $\frac{10}{15}$, ó $\frac{2}{3}$.

8. C; **Nivel de conocimiento:** 2; **Temas:** Q.2.a, Q.2.e, Q.8.b; **Prácticas:** MP.1.a, MP.1.b
Primero suma el número de quejas para todos los departamentos menos el de electrónica = 4 + 2 + 3 = 9. Por lo tanto, la probabilidad de que haya quejas para los departamentos que no son el de electrónica = $\frac{9}{15}$, ó 0.6.

9. C; **Nivel de conocimiento:** 1; **Temas:** Q.2.a, Q.2.e; **Prácticas:** MP.1.a, MP.1.b
La probabilidad de que no llueva mañana es $\frac{60}{100} = \frac{3}{5}$.

LECCIÓN 5, *págs. 34–35*

1. B; **Nivel de conocimiento:** 2; **Temas:** Q.6.a, Q.6.c; **Prácticas:** MP.1.a, MP.3.a, MP.4.c
La diferencia en la cantidad de precipitaciones en los dos parques fue mayor en abril, cuando hubo una diferencia de cuatro pulgadas.

2. Se debe encerrar en un círculo la barra del competidor A; **Nivel de conocimiento:** 2; **Temas:** Q.6.a, Q.6.c; **Prácticas:** MP.1.a, MP.3.a, MP.4.c
El competidor D ganó la competencia con un salto de 20 pies. El competidor A saltó la mitad de esa distancia: 10 pies.

3. Se debe encerrar en un círculo la distancia de 15 pies; **Nivel de conocimiento:** 2; **Temas:** Q.6.a, Q.6.c; **Prácticas:** MP.1.a, MP.3.a, MP.4.c
Los únicos dos competidores que saltaron la misma distancia fueron el B y el E. Ambos saltaron 15 pies.

4. Se debe colocar una X sobre la barra del competidor D; **Nivel de conocimiento:** 2; **Temas:** Q.6.a, Q.6.c; **Prácticas:** MP.1.a, MP.3.a, MP.4.c, MP.5.a
El competidor D saltó 20 pies, que es una distancia mayor que 18 pies y, por lo tanto, es quien no está de acuerdo con la afirmación.

5. **La barra del competidor C debería extenderse hasta una distancia de 15 pies en la gráfica; Nivel de conocimiento:** 2; **Temas:** Q.6.a, Q.6.c; **Prácticas:** MP.1.a, MP.3.a, MP.4.c
El primer salto del competidor C fue de 5 pies, por lo tanto, triplicar esa distancia daría 15 pies.

6. **17; Nivel de conocimiento:** 1; **Tema:** Q.6.c; **Prácticas:** MP.1.a, MP.2.c
La X debe ubicarse en la barra del competidor D, en la marca de los 17 pies.

7. **Se debe encerrar en un círculo 8 ó 10 horas, ya que el diagrama de dispersión muestra una frecuencia de puntajes del 80% o más en ese rango de tiempo de estudio; Nivel de conocimiento:** 2; **Temas:** Q.6.a, Q.6.c; **Prácticas:** MP.1.a, MP.3.a, MP.4.c
Los demás tiempos de estudio arrojan puntajes total o parcialmente por debajo de 80% (y algunos en ese nivel o por encima), al igual que con 6 horas de estudio.

8. **Los estudiantes deben encerrar en un círculo 5 niveles: Diplomatura, Licenciatura, Maestría, Título profesional y Doctorado; Nivel de conocimiento:** 2; **Temas:** Q.6.a, Q.6.c; **Prácticas:** MP.1.a, MP.3.a, MP.4.c
En 2012, 5 niveles de educación resultaron en desempleo por debajo del promedio nacional, 6.8%: la diplomatura (6.2%), la licenciatura (4.5%), la maestría (3.5%), el título profesional (2.1%) y el doctorado (2.5%).

LECCIÓN 6, *págs. 36–37*

1. **C; Nivel de conocimiento:** 2; **Tema:** Q.6.a; **Prácticas:** MP.2.c
La comida representa más de un cuarto del entero, o el 25%. Por lo tanto, la respuesta debe ser mayor que 25%. Eso permite descartar las opciones A y B. Observa las opciones restantes: 30% está entre un cuarto y un tercio, mientras que 45% es casi un medio. El sector de la gráfica que representa la comida es apenas más grande que un cuarto, por lo tanto, 30% es la mejor estimación.

2.

Nivel de conocimiento: 2; **Tema:** Q.6.a; **Prácticas:** MP.1.b, MP.2.c, MP.4.c
Ayuda financiera representa el 45%, que es un poco menos que el 50% o la mitad. El *salario* y las *becas* representan aproximadamente el 25%, o un cuarto, pero *Salario* representa un poco más que un cuarto mientras que *Becas* representa un poco menos de un cuarto. *Padres* representa un 15%, el porcentaje más bajo y, por lo tanto, la porción más pequeña del círculo.

3. **D; Nivel de conocimiento:** 2; **Tema:** Q.6.a; **Práctica:** MP.2.c
Las personas que van en carro a trabajar representan poco más de la mitad del círculo, de modo que puedes descartar las otras tres opciones de respuesta y quedarte con la opción D, o el 60%.

4. **A; Nivel de conocimiento:** 2; **Tema:** Q.6.a; **Prácticas:** MP.1.a, MP.1.b, MP.2.c, MP.3.a
Como el mejor argumento para ordenar este agosto, el bibliotecario podría usar las categorías más populares de septiembre pasado. Las categorías más populares están representadas en las partes más grandes de la gráfica. Las más grandes son no ficción y misterio, por lo tanto, estas categorías serían las que podría usar el bibliotecario como argumento para ordenar este agosto.

LECCIÓN 7, *págs. 38–39*

1. **B; Nivel de conocimiento:** 3; **Temas:** Q.6.b, Q.7.a; **Práctica:** MP.1.e, MP.2.c, MP.3.a, MP.4.c
Hay 16 puntos en cada mitad del conjunto de datos, por lo tanto, el punto medio del primer cuartil estará entre los valores de datos 8.° y 9.°. Si contamos desde la izquierda, el 8.° punto está en el valor 6 y el 9.° en el valor 7. La puntuación estará entre estos dos valores, es decir en 6.5.

2. **C; Nivel de conocimiento:** 3; **Temas:** Q.6.b, Q.7.a; **Prácticas:** MP.1.e, MP.2.c, MP.3.a, MP.4.c
Como hay un número par de puntos que representan los datos (40), la mediana estará entre dos puntos (el 20.° y el 21.°). Si contamos desde la izquierda, vemos que el 20.° punto tiene un valor de 7 y 21.°, un valor de 8. Por lo tanto, la mediana será 7.5 horas. Observa que obtienes el mismo resultado si cuentas desde la derecha. Las opciones B y D son valores que obtienes contando 20 puntos desde ambos extremos, pero calculando erróneamente la mediana. La opción A representa una mediana incorrecta.

3. **B; Nivel de conocimiento:** 1; **Temas:** Q.6.b, Q.7.a; **Prácticas:** MP.2.c, MP.4.c
La moda es el valor que ocurre con más frecuencia en un conjunto de datos. Cuando analizas diagramas de puntos, es el valor que tiene más puntos. En este caso, el valor que tiene más puntos es 7 horas. Las otras opciones surgen del ejercicio anterior, para verificar que no hay confusión entre la mediana y la moda.

4. **D; Nivel de conocimiento:** 1; **Temas:** Q.6.b, Q.7.a; **Prácticas:** MP.2.c, MP.4.c
El rango representa la diferencia entre los valores menores y los mayores. En este caso, el número máximo de horas de sueño es 12 y el mínimo es 4 horas. La opción D representa la diferencia entre estos dos valores.

5. **A; Nivel de conocimiento:** 1; **Temas:** Q.6.b, Q.7.a; **Prácticas:** MP.2.c, MP.4.c
Cada punto representa a un sujeto. Cuenta el número de puntos de la columna que representa 9 horas para determinar la cantidad de sujetos que hay en esa columna. La opción A representa este número.

Clave de respuestas

UNIDAD 2 *(continuación)*

6. C; **Nivel de conocimiento**: 3; **Temas**: Q.2.a, Q.2.e, Q.6.b, Q.7.a; **Prácticas**: MP.1.a, MP.1.b, MP.1.e, MP.2.c, MP.3.a, MP.4.a, MP.4.c

Según el histograma, el índice de audiencia del programa fue alto entre los adolescentes y los adultos menores de 50 años. Tuvo bastante éxito entre los jóvenes y los adultos de entre 35 y 49 años. Sin embargo, no tuvo el mismo éxito entre todos los grupos etarios: los índices de audiencia fueron más bajos en los grupos etarios de adultos de entre 50 y 64 años y de 65 años o más.

7. A; **Nivel de conocimiento**: 1; **Temas**: Q.2.a, Q.2.e, Q.6.b, Q.7.a; **Prácticas**: MP.2.c, MP.4.c

El rango es la diferencia entre el valor mayor y el menor de un conjunto de datos. En este caso, los valores van de 15 a 18, por lo tanto, el rango es (18 − 15 = 3). La opción de respuesta B es el número de valores distintos que hay en el conjunto de datos. La opción de respuesta C es el número de puntos (o valores de datos) que corresponden a la moda. La opción D es la media.

REPASO DE LA UNIDAD 2, *págs. 40–47*

1. B; **Nivel de conocimiento**: 1; 1; **Temas**: Q.2.a, Q.2.e; **Prácticas**: MP.1.a, MP.1.d, MP.2.c, MP.4.a

Para determinar el número de yardas que el artista quiere usar, se debe dividir el número de pies (840) entre el número de pies que hay en una yarda (3). Eso da como resultado $\frac{(840)}{(3)}$ = 280 yardas (opción B). La opción A es el resultado de dividir 840 pies entre 12 (el número de pulgadas que hay en un pie), en lugar de dividirlo entre 3. La opción C es el número de yardas que el artista deberá *comprar*, ya que la compañía solo la vende en rollos de 100 yardas. La opción D proviene de *multiplicar* 840 pies por 3, en lugar de *dividirlos* entre 3.

2. D; **Nivel de conocimiento**: 2; **Temas**: Q.2.a, Q.2.e; **Prácticas**: MP.1.a, MP.1.d, MP.2.c, MP.4.a

Como el problema pregunta por dos libros de texto, la masa de los dos libros es el doble de la masa de uno: (2)(1 kg) = 2 kg. Para convertir eso a gramos, se debe multiplicar los 2 kg por 1,000 gramos por kg, lo que da un resultado de 2,000 gramos. Como cada cordón tiene una masa de 1 gramo, se necesitarán 2,000 cordones para igualar la masa de dos libros de texto.

3. D; **Nivel de conocimiento**: 2; **Temas**: Q.2.a, Q.2.e, Q.4.a; **Prácticas**: MP.1.a, MP.1.b, MP.1.d, MP.2.c, MP.4.a

Como los dos sectores triangulares son idénticos, la longitud de lado del triángulo de la izquierda que no se especifica es 15.5 m. El perímetro del triángulo de la izquierda es, entonces, la suma de las longitudes de los tres lados, o (15.5 m + 28 m + 28 m) = 71.5 m. Como hay dos triángulos iguales, el perímetro total es (2)(71.5 m) = 143 m.

4. C; **Nivel de conocimiento**: 2; **Temas**: Q.2.a, Q.2.e, Q.4.a; **Prácticas**: MP.1.a, MP.1.b, MP.1.d, MP.2.c, MP.4.a

Cuando se juntan las tres partes, forman un rectángulo con una longitud de (10.5 pies + 12 pies) = 22.5 pies y una altura de 15 pies. El área del rectángulo será el producto de la longitud y el ancho, o (22.5 pies)(15 pies) = 337.5 pies^2 (opción C).

5. A; **Nivel de conocimiento**: 2; **Temas**: Q.2.a, Q.2.e; **Prácticas**: MP.1.a, Mp.4.a

La suma de las masas de las cuatro clases de polvos es (250 + 250 + 300 + 375) gramos = 1,175 gramos. Para convertirlo a kilogramos, hay que dividir los 1,175 gramos entre 1,000 gramos, lo que da un resultado de 1.175 kg (opción A). Las opciones B y C presentan errores en la conversión de 10 y 100, respectivamente. La opción D es el número de *gramos* de polvo, no de *kilogramos*.

6. A; **Nivel de conocimiento**: 2; **Temas**: Q.2.a, Q.2.e; **Prácticas**: MP.1.a, MP.1.b, MP.4.a

El tiempo que tarda el avión en volar desde Boston a Chicago se puede hallar dividiendo la distancia (850 millas) entre la velocidad promedio (500 mph), lo que da como resultado 1.7 horas. Es lo mismo que 1 hora y (0.7 horas) $\left(\frac{60 \text{ minutos}}{\text{hora}}\right)$ = 1 hora y 42 minutos. Cuando el avión sale de Boston a las 11:30 a. m., son las 10:30 a. m. en Chicago. Cuando el avión aterriza en Chicago 1 hora y 42 minutos más tarde, son las 11:30 a. m. más 42 minutos, o las 12:12 p. m. en Chicago (opción A). La opción B es la hora de Boston cuando el avión aterriza en Chicago. En la opción, C 1:42 es el tiempo de vuelo. La opción D de es el resultado de *sumar* la diferencia horaria a la hora de Boston, en lugar de *restarla*, para obtener la hora de Chicago.

7. D; **Nivel de conocimiento**: 2; **Temas**: Q.2.a, Q.2.e, Q.4.a; **Prácticas**: MP.1.a, MP.1.b, MP.4.a

El ancho del área cercada es el doble del ancho de la cancha de tenis (2 × 60 pies = 120 pies), más el doble del margen de 10 pies (2 × 10 = 20 pies), lo que da como resultado 140 pies. La longitud del área cercada es la longitud de la cancha de tenis (120 pies) más el doble del margen de 15 pies (2 × 15 = 30 pies), que da un resultado de 150 pies. La cantidad de cerca que se necesita es el perímetro, que es el doble de la suma del ancho y la longitud, o 2(140 pies + 150 pies) = 2(290 pies) = 580 pies.

8. C; **Nivel de conocimiento**: 2; **Temas**: Q.2.a, Q.2.e, Q.5.a; **Prácticas**: MP.1.a, MP.1.d, MP.2.c, MP.4.a

Como el recipiente A es un cubo, todas sus caras tienen una longitud de 8 cm. El volumen es entonces (8 cm × 8 cm × 8 cm) = 512 cm^3 (opción C). La opción A es tres por la longitud de las caras, no el cubo de la longitud de las caras. La opción B es el cuadrado de la longitud de las caras. La opción D es el área total.

9. A; **Nivel de conocimiento**: 2; **Temas**: Q.2.a, Q.2.e, Q.5.a; **Prácticas**: MP.1.a, MP.4.a

El volumen del recipiente B es el producto de las longitudes de las tres caras: (12 cm × 8 cm × 10 cm) = 960 cm^3. La cantidad de agua necesaria para llenar los dos recipientes es la suma de sus volúmenes, o (512 cm3 + 960 cm^3) = 1,472 cm^3 (opción A).

10. B; **Nivel de conocimiento**: 2; **Temas**: Q.2.a, Q.2.e, Q.6.c, Q.7.a; **Prácticas**: MP.1.a, MP.4.a

Para hallar la media, suma los números de horas que pasaron mirando televisión para hallar un total (213 horas) y dividirlo entre las 8 semanas para obtener 26.625 horas. Si se redondea ese número al décimo más próximo, se obtiene 26.6 horas (opción B).

11. A; **Nivel de conocimiento**: 2; **Temas**: Q.1.a, Q.2.a, Q.2.e, Q.6.c, Q.7.a; **Prácticas**: MP.1.a, MP.1.b, MP.1.d, MP.2.c, MP.4.a

La mediana es 27.5, y está a mitad de camino entre el cuarto y el quinto valor de los datos cuando los números se ordenan por orden numérico. La media es 26.6 horas. Por lo tanto, la mediana es levemente mayor que la media (opción A).

12. **C; Nivel de conocimiento:** 2; **Temas:** Q.1.a, Q.2.a, Q.2.e, Q.7.a; **Prácticas:** MP.1.a, MP.1.b, MP.1.d, MP.2.c, MP.4.a
El número máximo de horas es 35 horas durante la semana 8. El número mínimo de horas es 15.5 horas durante la semana 3. La diferencia, (35 horas – 15.5 horas) = 19.5 horas, es el rango (opción C).

13. **C; Nivel de conocimiento:** 2; **Temas:** Q.2.a, Q.2.e, Q.8.a, Q.8.b; **Prácticas:** MP.1.a, MP.1.b, MP.1.c, MP.1.d, MP.2.c, MP.3.a, MP.4.a
Hay un total de seis caras. Tres de ellas tienen números pares. La probabilidad de lanzar y sacar un número par es, entonces, $\frac{3}{6}$ = 0.5, que representa un 50% (opción C).

14. **B; Nivel de conocimiento:** 2; **Temas:** Q.2.a, Q.2.e, Q.8.a, Q.8.b; **Prácticas:** MP.1.a, MP.1.b, MP.1.c, MP.1.d, MP.2.c, MP.3.a, MP.4.a
Hay un total de seis caras, de las cuales dos tienen un 2 o un 4. La probabilidad de sacar 2 ó 4 es, entonces, $\frac{2}{6}$, = 0.333, que representa un 33% (opción B).

15. **B; Nivel de conocimiento:** 3; **Temas:** Q.2.a, Q.2.e, Q.8.a, Q.8.b; **Prácticas:** MP.1.a, MP.1.b, MP.1.c, MP.1.d, MP.1.e, MP.2.c, MP.3.a, MP.4.a, MP.5.c
Por cada uno de los seis lados de un dado, hay seis resultados posibles en el otro dado. El número total de combinaciones posibles es (6 × 6) = 36 combinaciones. Hay una sola manera de lanzar una suma de 2: ambos dados tienen que caer en 1. Hay tres maneras de obtener una suma de 4: que ambos dados caigan en 2, que el primero caiga en 1 y el otro caiga en 3 y que el primero caiga en 3 y el otro, en 1. Por lo tanto, de las 36 combinaciones posibles, hay 4 que podrían producir totales de 2 ó 4. Eso da una probabilidad, expresada como fracción, de $\frac{4}{36} = \frac{1}{9}$.

16. **D; Nivel de conocimiento:** 2; **Temas:** Q.2.a, Q.2.e; **Prácticas:** MP.1.a, MP.4.a
El tiempo que viaja es 45 minutos, o (45 minutos ÷ 60 minutos/hora) = 0.75 horas. Si Devaughn maneja a 45 millas por hora durante 0.75 horas, la distancia que puede recorrer es (45 × 0.75) = 33.75 millas.

17. **C; Nivel de conocimiento:** 2; **Temas:** Q.2.a, Q.2.e, Q.3.a; **Prácticas:** MP.1.a, MP.4.a
Si la señora Jackson camina durante 25 minutos, es un período de $\frac{25 \text{ minutos}}{60 \text{ minutos por hora}} = \frac{5}{12}$ horas. 1.25 millas = $1\frac{1}{4}$ millas = $\frac{5}{4}$ millas.

Al dividir las millas entre el tiempo, se obtiene
$\left(\frac{5}{4} \text{ millas} \div \frac{5}{12} \text{ horas}\right) = \left(\frac{5}{4} \times \frac{12}{5}\right)$ mph = 3 mph.

18. **A; Nivel de conocimiento:** 2; **Temas:** Q.2.a, Q.2.e; **Prácticas:** MP.1.a, MP.1.b, MP.1.d, MP.4.a
Entre las 11:50 a. m. y el mediodía, pasan 10 minutos. Desde el mediodía hasta las 2:10 p. m., transcurren 2 horas y 10 minutos. Al sumar ambos valores, se obtiene 2 horas 20 minutos, que es el tiempo que llevó el viaje.

19. **B; Nivel de conocimiento:** 2; **Temas:** Q.1, Q.6.c; **Prácticas:** MP.1.a, MP.1.d, MP.2.c, MP.5.c
Hay solo dos años en los que la cantidad de gratificaciones aumentaron: de 2003 a 2004 y de 2004 a 2005. El aumento entre 2004 y 2005 fue mayor, como lo demuestra la línea más empinada en la gráfica.

20. **D; Nivel de conocimiento:** 2; **Tema:** Q.6.c; **Prácticas:** MP.1.a, MP.1.b, MP.2.c
El único año en el que el punto de los datos está claramente por debajo de $5,000 es 2008, cuando el monto está entre $4,000 y $5,000.

21. **Negativa; Nivel de conocimiento:** 2; **Tema:** Q.6.c; **Práctica:** MP.1.a
Si bien la correlación no es perfecta, hay una clara tendencia en los datos que muestran que el número de veces que encestaron generalmente disminuye al aumentar la distancia. Esto representa una correlación negativa.

22. **20; Nivel de conocimiento:** 2; **Temas:** Q.2.a, Q.2.e, Q.6.c; **Práctica:** MP.1.a, MP.2.c, MP.4.a
Es posible hallar el margen de rendimiento para cada distancia. Para 5 pies, es (10 – 8) = 2 lanzamientos encestados. Para 10 pies, es (10 – 7) = 3 lanzamientos encestados. Para 15 pies, es (9 – 5) = 4 lanzamientos encestados. Para 20 pies, es (7 – 2) = 5 lanzamientos encestados. Para 25 pies, es (3 – 0) = 3 lanzamientos encestados. Para 30 pies, es (1 – 0) = 1 lanzamiento encestado. Por lo tanto, el mayor margen de rendimiento se produce desde una distancia de 20 pies.

23. **A; Nivel de conocimiento:** 2; **Temas:** Q.2.a, Q.2.e, Q.5.a; **Prácticas:** MP.1.a, MP.1.b, MP.4.a
Si la longitud, el ancho y la altura se duplicaran, las nuevas dimensiones de la caja serían 30 pies × 6 pies × 16 pies. El volumen es el producto de las tres dimensiones, o 2,880 pies³. El nuevo volumen también se puede calcular tomando el volumen de la caja original, (15 pies × 3 pies × 8 pies) = 360 pies³, y multiplicándolo por 2 × 2 × 2 = 8.

24. **D; Nivel de conocimiento:** 3; **Temas:** Q.2.a, Q.2.e, Q.8.a, Q.8.b; **Prácticas:** MP.1.a, MP.1.b, MP.1.c, MP.1.d, MP.1.e, MP.2.c, MP.3.a, MP.4.a
La probabilidad de sacar un tres con el dado es $\frac{1}{6}$. La probabilidad de sacar cara al lanzar una moneda es $\frac{1}{2}$. La probabilidad de que ocurran los tres sucesos es $\frac{1}{6} \times \frac{1}{2} \times \frac{1}{2} = \frac{1}{24}$

25. **B; Nivel de conocimiento:** 3; **Temas:** Q.8.a; **Prácticas:** MP.1.a, MP.1.b, MP.1.c, MP.1.d, MP.1.e, MP.2.c, MP.3.a, MP.5.c
Hay 4 × 3 × 2 × 1 = 24 formas posibles de organizar las cajas en una hilera. En este caso, la mitad son duplicadas, porque en cada caso, las dos cajas verdes pueden cambiarse sin producir ningún cambio que se pueda identificar. La mitad de las 12 formas restantes de organizar las cajas son duplicadas, porque, en cada caso, las dos cajas rojas se pueden intercambiar sin producir ningún cambio que se pueda identificar. Eso da como resultado 6 formas que no se repiten de organizar las cajas (opción B). La solución también se puede hallar identificando de manera sistemática las maneras de organizarlas. (Por ejemplo, si la primera caja es verde, las tres restantes pueden organizarse así: verde/roja/roja, roja/verde/roja y roja/roja/verde. Si la primera es roja, las tres restantes se pueden organizar así: verde/verde/roja, verde/roja/verde y roja/verde/verde, lo que da un total de seis formas posibles).

26. **C; Nivel de conocimiento:** 3; **Temas:** Q.2.a, Q.2.e, Q.8.a, Q.8.b; **Prácticas:** MP.1.a, MP.1.b, MP.1.c, MP.1.d, MP.1.e, MP.2.c, MP.3.a, MP.5.c
Cuando se lanzan tres dados de seis caras, hay (6)³ = 216 resultados posibles. De esas 216 posibilidades, hay 6 en las que los tres dados tienen el mismo número. Eso indica una probabilidad de $\frac{6}{216} = \frac{1}{36}$.

Clave de respuestas

UNIDAD 2 *(continuación)*

27. D; Nivel de conocimiento: 3; **Temas:** Q.2.a, Q.2.e, Q.8.a, Q.8.b; **Prácticas:** MP.1.a, MP.1.b, MP.1.c, MP.1.d, MP.1.e, MP.2.c, MP.3.a, MP.4.a, MP.5.c
La probabilidad de que salgan dos caras en un determinado lanzamiento es independiente de lo que pueda haber ocurrido en los lanzamientos anteriores. Quedan cuatro resultados posibles del lanzamiento, siendo solo uno de ellos un par de caras. Por lo tanto, la probabilidad sigue siendo 25%.

28. A; Nivel de conocimiento: 2; **Temas:** Q.2.a, Q.2.e, Q.8.b; **Prácticas:** MP.1.a, MP.1.b, MP.2.c, MP.4.a
La rueda tiene ocho secciones. Cuatro de ellas son secciones con premio y cuatro dicen "Sigue participando", lo que significa que no se entrega ningún premio. Por lo tanto, la probabilidad de ganar un premio es cuatro de ocho, o 0.5.

29. C; Nivel de conocimiento: 3; **Temas:** Q.2.a, Q.2.e, Q.8.a, Q.8.b; **Prácticas:** MP.1.a, MP.1.b, MP.1.d, MP.2.c, MP.3.a, MP.4.a, MP.5.c
Una vez más, hay 8 resultados posibles en la rueda. Si la flecha cae en "Pastel", el jugador gana un pastel. Si cae en "A elección", el jugador puede elegir su premio, en este caso, un pastel. Es decir que hay dos resultados que le permiten al jugador ganar un pastel. Por lo tanto, la probabilidad de ganar un pastel es dos de ocho, o 25%.

30. B; Nivel de conocimiento: 2; **Temas:** Q.2.a, Q.2.e, Q.6.c, Q.7.a; **Prácticas:** MP.1.a, MP.2.c, MP.4.a
La cantidad máxima recaudada en un día es $7,600. La mínima es $4,400. La diferencia, ($7,600 − $4,400) = $3,200, es el rango (opción B) La opción A es la mitad de la respuesta correcta. La opción C es el mínimo y la opción D es el máximo.

31. C; Nivel de conocimiento: 1; **Temas:** Q.2.a, Q.2.e, Q.6.c, Q.7.a; **Práctica:** MP.1.a, MP.2.c, MP.4.a
La suma de los resultados para los cinco días es $28,500. Al dividir esa cifra entre los cinco días, se obtiene la media diaria:
$$\frac{(\$28,500)}{5} = \$5,700.$$

32. C; Nivel de conocimiento: 1; **Temas:** Q.2.a, Q.2.e, Q.2.c; **Prácticas:** MP.1.a, MP.2.c, MP.4.a
La mediana es la cifra del medio en un conjunto con un número impar de datos. En este caso, es $5,400.

33. B; Nivel de conocimiento: 2; **Temas:** Q.2.a, Q.2.e, Q.6.c, Q.7.a; **Prácticas:** MP.1.a, MP.1.d, MP.2.c, MP.3.a, MP.4.a
Si el objetivo para el total de los siete días es $45,000 y recolectaron $28,500 en los primeros cinco días, deben recolectar ($45,000 − $28,500) = $16,500 en los dos días finales. Eso representa una media de $8,250 en cada uno de los dos últimos días.

34. 0.4; Nivel de conocimiento: 2; **Temas:** Q.2.a, Q.2.e, Q.6.c, Q.7.a; **Prácticas:** MP.1.a, MP.1.b, MP.4.a
El puntaje de Morgan al final de los nueve hoyos es la suma de los puntajes que obtuvo en cada hoyo, 5. El puntaje final de Tom es 4 y el de Dana es 2. Al sumar sus totales, se obtiene un total de (5 + 4 + 2) = 11 sobre el par en un total de (3)(9) = 27 hoyos. Entonces, el resultado medio es (11 + 27) = 0.407, o, redondeado al décimo más próximo, 0.4.

35. 1; Nivel de conocimiento: 2; **Temas:** Q.1.a, Q.6.c, Q.7.a; **Prácticas:** MP.1.a, MP.1.b, MP.1.d, MP.2.c
El puntaje 1 aparece 8 veces en la tabla, más que cualquier otro puntaje. Eso significa que 1 es la moda.

36.

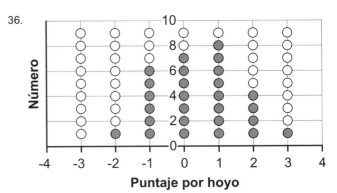

Puntaje por hoyo

Nivel de conocimiento: 2; **Tema:** Q.6.b; **Prácticas:** MP.1.a, MP.1.d, MP.2.c
El puntaje −2 aparece una vez. El puntaje −1 aparece 6 veces. El puntaje 0 aparece 7 veces. El puntaje 1 aparece 8 veces. El puntaje 2 aparece 4 veces. El puntaje 3 aparece 1 vez.

37.

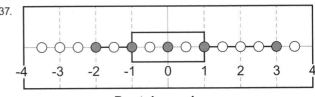

Puntaje por hoyo

Nivel de conocimiento: 2; **Temas:** Q.1.a, Q.6.b; **Prácticas:** MP.1.a, MP.1.b, MP.1.d, MP.2.c
Hay 27 valores, por lo tanto, la media será el 14.° contando en cualquier dirección. Hay 13 puntos en cada mitad de la distribución, por lo tanto, los cuartiles estarán en el 7.° punto contando hacia adentro desde cada extremo. El punto medio del primer cuartil es −1 y el del tercer cuartil es 1. El valor mínimo es −2 y el valor máximo es 3. Si se usan esos puntos, se forma el diagrama de caja correcto.

38. 17.6; Nivel de conocimiento: 2; **Temas:** Q.2.a, Q.2.e; **Prácticas:** MP.1.a, MP.4.a
La longitud de la cancha de fútbol es $\left(100 \text{ yardas} \times \frac{3 \text{ pies}}{\text{yarda}}\right) = 300$ pies.

El número de pies que hay en una milla es 5,280. Por lo tanto, para hallar el número de longitudes de una cancha de fútbol que hay en una milla, divide 5,280 pies entre 300 pies. El resultado es 17.6 longitudes.

39. 5.7; Nivel de conocimiento: 2; **Temas:** Q.2.a, Q.2.e, Q.4.a; **Prácticas:** MP.1.a, MP.4.a
El perímetro de la cancha de fútbol es el doble de la longitud (2 × 300 pies) más el doble de su ancho (2 × 160 pies), ó (600 pies + 320 pies) = 920 pies. Al dividir 5,280 entre 920 pies, se obtiene un resultado de 5.739 veces alrededor de la cancha de fútbol para haber recorrido una milla. Redondeado al décimo más próximo, es 5.7.

40. D; Nivel de conocimiento: 3; **Temas:** Q.8.a, Q.8.b; **Prácticas:** MP.1.a, MP.1.b, MP.1.c, MP.1.d, MP.1.e, MP.2.c, MP.3.a, MP.5.c
Hay 4 × 3 × 2 × 1 = 24 resultados posibles al dar las cuatro cartas. Sólo hay una manera de obtener 1/2/3/4. Entonces, la probabilidad de que el resultado sea 1/2/3/4 es $\frac{1}{24}$.

41.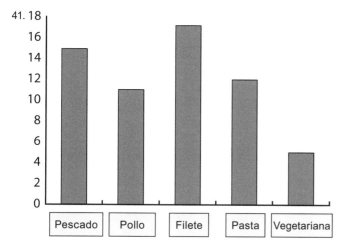

Nivel de conocimiento: 2; **Temas:** Q.1.a, Q.6.a, Q.6.c.;
Prácticas: MP.1.a, MP.1.b, MP.2.b
Las alturas de las barras, tal como se indica en el eje vertical,
deben corresponder al número de comidas de cada clase que se
sirven. La primera barra mide 15, y se corresponde con el número
de las porciones pescado que se sirvieron: se debe arrastrar la
palabra *Pescado* al lugar apropiado debajo de la barra. Continúa
de manera similar en el resto de la gráfica.

42.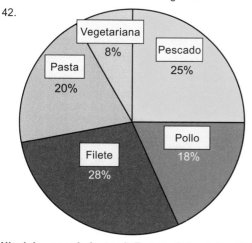

Nivel de conocimiento: 2; **Temas:** Q.1.a, Q.6.a, Q.6.c; **Prácticas:**
MP.1.a, MP.1.b, MP.2.b
El proceso es similar al que se usó con la gráfica de barras. Se
pueden estimar o calcular con exactitud los porcentajes de cada
tipo de comida para ubicar de manera adecuada cada una en
la gráfica circular. También, se puede notar que, por ejemplo,
los filetes fueron la comida más pedida y, por lo tanto, se puede
arrastrar la palabra "Filete" hasta el lugar adecuado, que está en el
sector más grande de la gráfica o junto a él. Continúa de manera
similar en el resto de la gráfica.

43. **Barras/Circular**; **Nivel de conocimiento:** 2; **Temas:** Q.6.a,
Q.6.c; **Prácticas:** MP.1.a, MP.2.b
La mejor para comparar los números de porciones de cada tipo
de comida que se pidió es la gráfica de barras, ya que las alturas
de las barras son proporcionales al número de porciones pedido y
la escala vertical proporciona información cuantitativa. La gráfica
circular es mejor para comparar el número de porciones de cada
tipo de comida que se pidió con el número total de porciones
pedidas, ya que se puede ver claramente qué parte del círculo
ocupa cada comida.

44. **C**; **Nivel de conocimiento:** 2; **Temas:** Q.1, Q.6.c; **Prácticas:**
MP.1.a, MP.1.b
Mientras que el orden de los nombres se corresponde con la
opción A, y ese es el orden correcto a los 20 años, a los 10 años
Kris es el más alto, le sigue Mike y luego Peter, de manera que la
respuesta correcta es C.

45. **B**; **Nivel de conocimiento:** 2; **Tema:** Q.6.c; **Prácticas:** MP.1.a,
MP.1.b
El mayor cambio en las líneas es el de Mike en el año siguiente a
su cumpleaños número 11 (opción B). Peter muestra un cambio
brusco en su línea en el año siguiente a su cumpleaños número
13 (opción A), pero el cambio no es tan grande como el que
experimenta Mike. Aunque Kris es el más alto durante los primeros
12 años, su línea no muestra cambios bruscos.

46. **B**; **Nivel de conocimiento:** 2; **Tema:** Q.6.a; **Prácticas:** MP.1.a,
MP.2.b
La Escuela Secundaria West Park está representada en la gráfica
circular de la izquierda. Los estudiantes blancos son más de la
mitad de los estudiantes de esta escuela. La segunda parte más
grande es la de estudiantes asiáticos, que ocupa más de un cuarto
del círculo. Eso los convierte en el segundo mayor grupo étnico.

47. **A**; **Nivel de conocimiento:** 2; **Temas:** Q.3.c, Q.6.a; **Prácticas:**
MP.1.a, MP.2.b
El área relativa de la parte que representa a los estudiantes
hispanos de West Park es más pequeña que la de North Hill; lo
cual permite descartar las opciones C y D. Si usamos la punta
del dedo como regla, también podemos estimar que el ancho
de la sección de estudiantes hispanos de West Park mide
aproximadamente la mitad de lo que mide el de North Hill, lo que
hace que la respuesta correcta sea 1:2 (opción A).

48.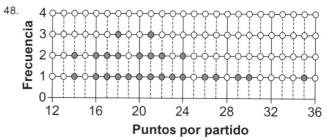

Nivel de conocimiento: 1; **Tema:** Q.6.b; **Práctica:** MP.1.a
Los puntos de datos se dan en orden, por lo tanto, solo hay que
contar el número de veces que se produjo cada puntaje y marcar
los puntos correspondientes en la gráfica.

Clave de respuestas

UNIDAD 2 (continuación)

49.

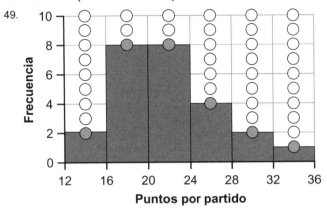

Puntos por partido

Nivel de conocimiento: 2; **Tema:** Q.6.b; **Prácticas:** MP.1.a, MP.1.b, MP.2.c

El primer intervalo del histograma va de 12 a 16. Hay dos puntos en 14 y dos en 16, pero, tal como se indica en la pregunta, los dos puntos de 16 deben incluirse en el conteo para el intervalo a la derecha de 16 (que va de 16 a 20). Por lo tanto, hay solo dos puntos de datos en el rango 12–16 del histograma. En el rango 16–20, hay 8 puntos; aquí también, los dos puntos de 20 deben incluirse en el intervalo siguiente (20–24). Al continuar de la misma manera, se completa el histograma.

50. **C; Nivel de conocimiento:** 2; **Temas:** Q.2.a, Q.2.e, Q.6.b, Q.7.a; **Prácticas:** MP.1.a, MP.1.b, MP.2.c

El valor nominal del diámetro del tornillo, expresado en su forma decimal, es 0.125 pulgadas. Al hallar ese valor sobre el eje vertical y seguir por sobre la línea, y anotar los valores de la mediana de cada caja (las líneas en el medio de cada caja), vemos que el valor de la mediana de la partida 3 está sobre la línea marcada como 0.1250 pulgadas.

51. **A; Nivel de conocimiento:** 3; **Temas:** Q.1.a, Q.6.b, Q.7.a; **Prácticas:** MP.1.a, MP.1.b, MP.1.c, MP.1.d, MP.2.c, MP.3.a, MP.5.c

La partida 1 está dentro del rango requerido excepto por los valores que están por sobre el tercer cuartil. Las otras tres partidas incluyen valores que están por debajo del tercer cuartil, por lo tanto, más tuercas son rechazadas.

UNIDAD 3 ÁLGEBRA, FUNCIONES Y PATRONES

LECCIÓN 1, págs. 50–51

1. **A; Nivel de conocimiento:** 1; **Tema:** A.1.c; **Prácticas:** MP.1.a, MP.2.a

Si x es la edad actual de la hermana de Gabe, entonces 3 por esa edad es $3x$ (opción A). En la opción B se divide la edad de la hermana en lugar de multiplicarla. En las opciones C y D se resta y suma 3 a la edad de la hermana en lugar de multiplicarla.

2. **La expresión algebraica que expresa la ganancia neta del plomero para un día es $55x - 20$; Nivel de conocimiento:** 1; **Temas:** Q.2.a, Q.2.e; **Prácticas:** MP.1.a, MP.4.a

La expresión $55x - 20$ nos indica que hay que multiplicar la ganancia por hora del plomero, $55, por el número de horas que trabajó, o x. Para hallar la ganancia neta, se debe restar el dinero que gastó en gasolina de la ganancia bruta del plomero.

3. **La expresión algebraica que expresa el ancho de la cancha de futbol americano es $a + 30$; Nivel de conocimiento:** 1; **Temas:** Q.2.a, Q.2.e; **Prácticas:** MP.1.a, MP.4.a

La longitud es 30 yardas más que el ancho, a, entonces, la expresión correcta es $a + 30$.

4. **En su mínima expresión, la expresión algebraica es $15x^2 - 30x$; Nivel de conocimiento:** 1; **Temas:** Q.2.a, Q.2.e; **Prácticas:** MP.1.a, MP.4.a

El producto de 5 y x multiplicado por 6 menos que el producto de 3 y x es $5x(3x - 6)$, que, al simplificarlo, es $15x^2 - 30x$.

5. **La expresión algebraica es $6x^2 - 30x$; Nivel de conocimiento:** 1; **Temas:** Q.2.a, Q.2.e; **Prácticas:** MP.1.a, MP.4.a

Un número por sí mismo es x^2, y x^2 sumado al producto de 5 y x es $x^2 + 5x$. A partir de allí, si se resta $x^2 + 5x$ de la diferencia de 6 y x, el resultado es $x^2 + 5x - (6 - x)$. Simplificada, la expresión es $x^2 - 30x + 5x^2$, que se vuelve a simplificar como $6x^2 - 30x$.

6. **D; Nivel de conocimiento:** 2; **Temas:** A.1.a, A.1.c; **Prácticas:** MP.1.a, MP.1.b, MP.2.a, MP.4.b

El perímetro del rectángulo es la suma de las longitudes de sus cuatro lados. En este caso, hay dos lados de longitud $2a - 3$, y dos lados de longitud a. Si los sumamos, obtenernos un total de $2a - 3 + a + 2a - 3 + a$. Se puede simplificar esta expresión combinando los términos semejantes con a, cuya suma es $6a$, y los términos semejantes con números enteros, que suman -6. Entonces, el resultado final es $6a - 6$ (opción D). La opción A es la suma de las longitudes solo de los dos lados cuyas dimensiones se dan en la figura. La opción B es el producto de las longitudes de los dos lados, lo que da como resultado el área, no el perímetro. La opción C es la suma de las longitudes de los dos lados largos más solo uno de los lados cortos.

7. **B**; **Nivel de conocimiento:** 1; **Tema:** A.1.g; **Prácticas:** MP.1.a, MP.2.a

El área de un rectángulo es el producto de las longitudes de los lados más largos y los más cortos. En este caso, es $a(2a - 3)$ (opción B). La opción A es la suma de esos dos lados. La opción C es el producto de los dos lados más cortos. La opción D es la suma de las longitudes de los cuatro lados, o perímetro.

8. **C**; **Nivel de conocimiento:** 1; **Tema:** A.1.c; **Práctica:** MP.1.a, MP.2.a

Si c representa el ancho de la cochera, entonces dos veces el ancho es $2c$, y dos veces el ancho aumentado en 10 pies es $2c + 10$ (opción C). La opción A es el producto de $2c$ y 10, no la suma. La opción B es $2c$ dividido entre 10. La opción D es $2c$ *reducido* en 10 pies, no *aumentado*.

9. **A**; **Nivel de conocimiento:** 1; **Tema:** A.1.c; **Prácticas:** MP.1.a, MP.2.a

Si c es la puntuación de Michael en su prueba de ciencias, entonces la mitad de su puntuación es $\frac{c}{2}$, y 8 más que la mitad de la puntuación es $\frac{c}{2} + 8$ (opción A). En la opción B se invierten los lugares del 2 y el 8. La opción C es 8 *menos* que la mitad de su puntuación en la prueba de ciencias, no 8 *más*. En la opción D se invierten los lugares de la c y el 8.

LECCIÓN 2, *págs. 52–53*

1. **D**; **Nivel de conocimiento:** 2; **Temas:** A.1.c, A.2.c; **Prácticas:** MP.1.a, MP.1.b, MP.1.e, MP.2.a, MP.2.c, MP.4.a

Como el objetivo es hallar el monto de la primera cuenta, sea x el monto de la primera cuenta. La segunda cuenta era $5 más que el doble del monto de la primera cuenta. La expresión $2x$ representa el doble de x, y la expresión $2x + 5$ representa 5 más que el doble de x. Las dos cuentas suman $157, entonces, la suma de la primera cuenta, x, y la segunda cuenta, $2x + 5$, es 157. Por lo tanto, $x + (2x + 5) = 157$.

2. **B**; **Nivel de conocimiento:** 2; **Temas:** Q.2.a, A.1.c, A.2.c; **Prácticas:** MP.1.a, MP.1.b, MP.1.e, MP.2.a, MP.2.c, MP.4.a

Como el objetivo es hallar el primer número, sea x el primero de los dos números enteros consecutivos. Como los números enteros son consecutivos, el segundo número entero es uno más que el primero, por lo tanto, la expresión $x + 1$ representa el segundo número entero. La suma de los dos números enteros es 15, por lo tanto, $x + (x + 1) = 15$. Agrupa los términos semejantes para simplificar la ecuación: $2x + 1 = 15$.

3. **C**; **Nivel de conocimiento:** 1; **Temas:** Q.2.a, A.1.b, A.1.c, A.2.a, A.2.c; **Prácticas:** MP.1.a, MP.1.b, MP.2.a, MP.2.c, MP.4.a

Comienza por representar la situación como una ecuación: $a = 2c - 4$. A continuación, reemplaza a con 20 y resuelve: $20 = 2c - 4$

Suma 4 a ambos lados para que: $24 = 2c$

A continuación, despeja la variable dividiendo ambos lados de la ecuación entre 2 para que $12 = c$.

Para comprobar tu respuesta, reemplaza c con 12 en la ecuación original: $20 = 2(12) - 4$. Como 12 satisface esta ecuación, es la respuesta correcta.

4. **B**; **Nivel de conocimiento:** 2; **Temas:** Q.2.a, Q.2.e, A.1.b, A.1.c, A.2.a, A.2.c; **Prácticas:** MP.1.a, MP.1.b, MP.2.a, MP.2.c, MP.4.a

Sea x la edad de Stephanie. La edad de Stephanie, x, es 3 años mayor que la mitad de la edad actual de su hermana, 24. La mitad de la edad de su hermana es $\frac{1}{2}(24)$, entonces, 3 años mayor que eso es $\frac{1}{2}(24) + 3$. Por lo tanto, $x = \frac{1}{2}(24) + 3 = 12 + 3 = 15$.

5. **D**; **Nivel de conocimiento:** 2; **Temas:** Q.2.a, Q.2.e, A.1.b, A.1.c, A.2.a, A.2.c; **Prácticas:** MP.1.a, MP.1.b, MP.2.a, MP.2.c, MP.4.a

Sea x el número de violonchelos. El número de violonchelos es 2 más que un tercio del número de violines. Un tercio del número de violines es $\frac{1}{3}(24)$, entonces, 2 más que eso es $\frac{1}{3}(24) + 2$. Por lo tanto, $x = \frac{1}{3}(24) + 2 = 8 + 2 = 10$.

6. **A**; **Nivel de conocimiento:** 2; **Temas:** A.1.b, A.1.c, A.2.a, A.2.c; **Prácticas:** MP.1.a, MP.1.b, MP.2.a, MP.2.c, MP.4.a

Sea x = el número de clases de ejercicios aeróbicos que toma y $2x$ = el número de clases de yoga. Entonces, $x + 2x = 3$, que es lo mismo que $3x = 3$.

7. **A**; **Nivel de conocimiento:** 2; **Temas:** A.1.b, A.1.c, A.2.a, A.2.c; **Prácticas:** MP.1.a, MP.1.b, MP.2.a, MP.2.c, MP.4.a

El perímetro del triángulo es la suma de las longitudes de sus lados. Como el perímetro es 16.5 pies, $a + 2a + 2a - 1 = 16.5$. Agrupa los términos semejantes para simplificar la ecuación, de manera que $a(1 + 2 + 2) - 1 = 16.5$; $5a - 1 = 16.5$.

8. **B**; **Nivel de conocimiento:** 2; **Temas:** Q.2.a, A.1.c, A.2.a, A.2.c; **Prácticas:** MP.1.a, MP.1.b, MP.1.e, MP.2.a, MP.2.c, MP.4.a

Como el objetivo es hallar el número, sea x dicho número. Cuatro veces ese número es igual a $4x$. Cuatro menos que el doble del número es cuatro menos que $2x$, ó $2x - 4$. Haz una ecuación con las dos expresiones: $4x = 2x - 4$. Resta $2x$ de ambos lados de la ecuación para agrupar los términos semejantes: $4x - 2x = -4$. Simplifica: $2x = -4$, de manera que $x = -2$.

9. **B**; **Nivel de conocimiento:** 2; **Temas:** Q.2.a, A.1.c, A.2.a, A.2.c; **Prácticas:** MP.1.a, MP.1.b, MP.1.e, MP.2.a, MP.2.c, MP.4.a

Como el objetivo es hallar el número de broches del Partido Republicano, sea x el número de broches del Partido Republicano. El número de broches del Partido Demócrata es 14 menos que 3 por x, o $3x - 14$. La suma del número de broches del Partido Republicano, x, y el número de broches del Partido Demócrata, $3x - 14$, es 98, por lo tanto, $x + (3x - 14) = 98$. Agrupa los términos semejantes: $4x - 14 = 98$. Simplifica: $4x = 112$, por lo tanto, $x = 28$.

10. **B**; **Nivel de conocimiento:** 2; **Temas:** Q.2.a, A.1.b, A.2.a; **Prácticas:** MP.1.a, MP.1.b, MP.1.e, MP.4.a

Desarrolla las expresiones mediante la propiedad distributiva para simplificar la ecuación: $10y - 4y - 8 + 3x = 15 - 5x$. Agrupa los términos semejantes: $6y - 8 + 3x = 15 - 5x$. Simplifica: $6y - 8 - 15 = -5x - 3x$, por lo tanto, $6y - 23 = -8x$. A continuación, reemplaza y con 2.5 y simplifica: $6(2.5) - 23 = -8x$, por lo tanto, $15 - 23 = -8x$, y $-8 = -8x$. Si se dividen ambos lados entre -1 el resultado es $x = 1$.

LECCIÓN 3, *págs. 54–55*

1. **C**; **Nivel de conocimiento:** 1; **Temas:** Q.2.a, Q.2.b; **Prácticas:** MP.1.a, MP.4.a

Si el área es 81 m², entonces la raíz cuadrada del área es la raíz cuadrada de 81. Esto se puede hallar con una calculadora u observando que el número 9, al multiplicarse por sí mismo, es igual a 81.

UNIDAD 3 *(continuación)*

2. **[>0; <0; indefinida; <0]; Nivel de conocimiento: 1; Temas:** Q.2.b, Q.2.c, Q.2.d, A.1.e; **Prácticas:** MP.1.a, MP.1.b
El número en cuestión es negativo (ej. −1). El cuadrado de un número negativo (el primer caso) es positivo (ej. 1) y, por lo tanto, mayor que cero. El cubo de un número negativo (el segundo caso) es −1 y, por lo tanto, menor que cero. La raíz cuadrada de un número negativo (el tercer caso) es indefinida, ya que no hay un número real, negativo o positivo, que, al multiplicarlo por sí mismo, dé como resultado un número negativo. La raíz cúbica de un número negativo (el cuarto caso), por otro lado, existe y es negativa.

3. **8; Nivel de conocimiento: 2; Temas:** Q.2.a, Q.2.c; **Prácticas:** MP.1.a, MP.4.a
La raíz cúbica de 512 es 8 (se puede usar calculadora si es necesario). Como el problema es sobre una raíz cúbica, y no una raíz cuadrada, −8 no es la respuesta correcta, por lo que 8 es la única respuesta correcta posible.

4. **D; Nivel de conocimiento: 1; Temas:** Q.2.a, Q.2.c, Q.2.e, A.1.e; **Práctica:** MP.1.a, MP.4.a
El cubo del número 5 (5^3) es lo mismo que $5 \times 5 \times 5 = 125$ (opción D). La opción A es 2 veces 5, mientras que la opción B es 3 veces 5. La opción C es el cuadrado de 5.

5. **A; Nivel de conocimiento: 1; Temas:** Q.2.a, Q.2.c; **Práctica:s** MP.1.a, MP.4.a
La longitud de lado de un cubo es la raíz cúbica del volumen del cubo, que en este caso es 64 cm^3. El número que multiplicado por sí mismo y luego vuelto a multiplicar por sí mismo da 64 es 4. Por lo tanto, la respuesta correcta es la opción A, 4.0 cm. La opción B es la raíz cuadrada del volumen. La opción C es un cuarto del volumen y la opción D es la mitad del volumen.

6. **A; Nivel de conocimiento: 2; Temas:** Q.2.a, Q.2.b, Q.2.e; **Práctica:** MP.1.a, MP.4.a
Primero se debe sacar la raíz cuadrada de 64, que es 8. (Nótese que $8 \times 8 = 64$, lo que confirma el resultado). Luego, al dividir el resultado, 8, entre 4 se obtiene 2 (opción A). La opción B proviene de suponer, de manera errónea, que la raíz cuadrada de 64 es 16. La opción C es la raíz cuadrada de 64. La opción D es 64 dividido entre 4, el resultado que se obtiene si se olvida calcular la raíz cuadrada.

7. **C; Nivel de conocimiento: 2; Temas:** Q.2.a, Q.2.b; **Prácticas:** MP.1.a, MP.4.a
Usando una calculadora para calcular la raíz cuadrada de 30, vemos que el resultado es 5.477 que, redondeado al décimo más próximo, es 5.5 (opción C). La opción A representa la respuesta correcta pero con los dígitos invertidos. La opción B es la raíz cuadrada de 30 redondeada hacia *abajo*. La opción D es la mitad de 30.

8. **B; Nivel de conocimiento: 2; Temas:** Q.2.a, Q.2.b; **Prácticas:** MP.1.a, MP.4.a
El lado de un cuadrado con un área de 50 pies cuadrados es la raíz cuadrada de 50 o, con calculadora, 7.07 pies. El perímetro es ese resultado por cuatro, o 28.28. Redondeado al pie más próximo es 28 pies (opción B). Las respuestas son tan diferentes entre sí que se podría haber estimado, si notamos que 50 está muy próximo a 7^2, lo que indica una longitud de lado próxima a 7 y un perímetro próximo a 4×7. La opción A es la longitud de lado aproximada. La opción C es 7^2. La opción D es, en números, el doble del área.

9. **C; Nivel de conocimiento: 3; Temas:** Q.2.a, Q.2.b, Q.2.e; **Prácticas:** MP.1.a, MP.1.b, MP.1.e, MP.2.c, MP.3.a, MP.4.a, MP.4.b, MP.5.a, MP.5.b, MP.5.c
Una forma de hallar la respuesta consiste en usar el razonamiento lógico y recordar que $\sqrt{64}$ puede ser +8 ó −8. Piensa: Si $(8 − x)^2 = 64$, entonces $8 − x = \sqrt{64}$ por lo tanto $8 − x = −8$, y $x = 16$, u $8 − x = 8$, y $x = 0$. Como el estudiante dijo que el carro está en movimiento, su velocidad es 16 mph. Eso hace que la mejor respuesta sea la opción C.

10. **B; Nivel de conocimiento: 2; Temas:** Q.2.a, Q.2.c, Q.2.e; **Prácticas:** MP.1.a, MP.4.a
Al usar la calculadora para hallar la raíz cúbica de 231, hallamos que la longitud de lado es 6.135 pulgadas. Si redondeamos el resultado al décimo de pulgada más próximo, la respuesta es 6.1 pulgadas (opción B). La opción de respuesta A es el resultado de redondear hacia abajo a la pulgada más próxima. La opción C es el resultado de redondear hacia arriba hasta el décimo de pulgada más próximo. La opción D es el paso siguiente en la progresión resultante.

LECCIÓN 4, *págs. 56–57*

1. **B; Nivel de conocimiento: 1; Temas:** Q.1.c, Q.2.e; **Práctica:** MP.1.a
Trabaja de atrás para adelante para responder la pregunta correctamente. Para llegar de 58,000,000 a 5.8, el punto decimal debe desplazarse siete lugares a la derecha. Como resultado, el número, expresado en notación científica, es 5.8×10^7 (opción B). El 10 se eleva a una potencia *positiva* porque el punto decimal (en 58,000,000.00) se desplazó hacia la *izquierda*. La opción A proviene de contar mal el número de lugares que debe desplazarse el punto decimal. La opción C es matemáticamente equivalente a la respuesta correcta (B), pero la forma correcta de escribir los números en notación científica requiere que el punto decimal se encuentre justo a la derecha del primer dígito. La opción D tampoco cumple con esta regla y además, en ella se contaron erróneamente los lugares que debe moverse el punto decimal.

2. **B; Nivel de conocimiento: 1; Temas:** Q.1.c, Q.2.e; **Práctica:** MP.1.a
El punto decimal en 25,400,000.0 se desplazó siete lugares hacia la izquierda desde su posición original hasta un lugar justo a la derecha del primer dígito del número (2). Como resultado, el número, expresado en notación científica, es 2.54×10^7 (opción B). El 10 se eleva a una potencia *positiva* porque el punto decimal se desplazó hacia la *izquierda*.

3. **B; Nivel de conocimiento: 2; Temas:** Q.1.c, Q.2.a, Q.4.a; **Prácticas:** MP.1.a, MP.4.a
El área de un rectángulo es el producto del ancho por la longitud: $(2^6)(2^5)$. Según las reglas de multiplicación de números con exponentes, como las bases son iguales, simplemente se debe mantener las bases y sumar los exponentes: $2^{(6+5)} = 2^{11}$ (opción B). En la opción A se restan los exponentes en lugar de sumarlos. En la C se multiplican los exponentes. En la opción D se suman los exponentes correctamente, pero además se suman las bases, lo que no es correcto.

4. D; Nivel de conocimiento: 2; **Temas:** Q.1.c, Q.2.a, Q.2.e; **Prácticas:** MP.1.a, MP.4.a

El ancho de un gran número de hebras de cabello colocadas una al lado de la otra es el número de hebras multiplicado por el ancho de cada hebra. En ese caso es $(2.0 \times 10^5)(1.5 \times 10^{-3})$ cm. Si lo reagrupamos, obtenemos $(2.0 \times 1.5)(10^5 \times 10^{-3})$ cm. El primer término es una multiplicación simple que da como resultado un valor de 3.0 y, como las potencias de 10 tienen la misma base, simplemente se deben sumar los exponentes del segundo término $(5 - 3 = 2)$. El resultado es 3.0×10^2 cm (opción D). En la opción A se suman las bases de los dos números en lugar de multiplicarlas, y se suman los exponentes de manera incorrecta. En las opciones B y C se multiplican correctamente las bases de los dos números, pero la suma de los exponentes es incorrecta: en la opción B se intercambian los signos y en la opción C se ignora el signo negativo.

5. C; Nivel de conocimiento: 2; **Tema:** Q.2.a; **Prácticas:** MP.1.a, MP.4.a

El primer término es un número distinto de cero elevado a la primera potencia, de manera que es simplemente el número 5. El segundo término es un número distinto de cero elevado a la potencia cero, que es siempre 1. Por lo tanto, la suma se puede volver a escribir como $5 + 1 = 6$ (opción C). La opción A es la suma de 5 y 4, sin tomar en cuenta la potencia cero en el segundo término. En la opción B se suman el 5 y el 4 y luego se restan las potencias 1 y 0. En la opción D se supone, de manera errónea, que 4^0 es cero.

6. A; Nivel de conocimiento: 2; **Temas:** Q.1.c, Q.2.a, Q.2.b; **Prácticas:** MP.1.a, MP.4.a

Como todos los números con exponentes tienen la misma base, se puede simplificar el primer término como $5(7^4)$. De la misma manera, el segundo término es $5(7^0) = 5$, y el último término es $-(7^4)$. Como el primer y el tercer término tienen una base elevada a la misma potencia, pueden combinarse, lo que da como resultado $(5 - 1)7^4 = 4(7^4)$. Al sumar el segundo término, se obtiene el resultado final, $4(7^4) + 5$ (opción A).

7. C; Nivel de conocimiento: 3; **Temas:** Q.2.d, A.1.e; **Prácticas:** MP.1.a, MP.1.b, MP.1.e, MP.2.c, MP.3.a, MP.4.b, MP.5.c

La expresión no da la posibilidad de que haya raíces cuadradas de números negativos, y el primer y el tercer término son positivos y no permiten la división entre cero. Sin embargo, el término del medio tiene un -3 como exponente, y, por lo tanto, representa una división entre y $(x^3 + 8)^3$. La expresión será igual a cero si $x^3 = -8$, que es el caso si $x = -2$ (opción C).

8. C; Nivel de conocimiento: 2; **Temas:** Q.1.c, Q.2.a, Q.2.c; **Prácticas:** MP.1.a, MP.4.a

Como los exponentes son negativos, trátalos como fracciones, de manera que $2^{-3} = \frac{1}{8}$. Con esto en mente, el primer término es igual a $6\left(\frac{1}{8}\right) = \frac{6}{8}$. El segundo término es igual a $5\left(\frac{1}{16}\right) = \frac{5}{16}$. El último término es igual a $4\left(\frac{1}{32}\right) = \frac{4}{32}$. Si notamos que el mínimo común denominador es 16, la suma es $\frac{(12 + 5 + 2)}{16} = \frac{19}{16}$ (opción C).

9. D; Nivel de conocimiento: 2; **Temas:** Q.2.a, A.1.d; **Prácticas:** MP.1.a, MP.4.b

Si multiplicamos el factor 2 en el segundo término obtenemos $(2x^2 - 10x - 4)$. Si sumamos eso al primer término, $(3x^2 + 3x + 2)$, y combinamos los términos semejantes, obtenemos $(5x^2 - 7x - 2)$, que es la opción de respuesta D.

10. A; Nivel de conocimiento: 2; **Temas:** Q.2.a, A.1.d; **Prácticas:** MP.1.a, MP.4.b

Si se multiplica el factor 2 en el segundo término, se obtiene $(2x^2 + 10x + 4)$. Si se resta eso del primer término $(3x^2 + 3x + 2)$, y se combinan los términos semejantes, se obtiene $(x^2 + 13x + 6)$, la opción A. (La resta del segundo término del primer resultado es positivo $13x$ y 6 porque involucran la resta de factores negativos, que se convierte en la suma de valores positivos).

11. B; Nivel de conocimiento: 3; **Temas:** Q.2.a, A.1.d, A.1.f; **Prácticas:** MP.1.a, MP.1.b, MP.4.b

Enfocarse primero en el segundo término del numerador y multiplicarlo por el factor -2 da un resultado de $(-4 + 6x^2)$. Sumar eso al primer término del numerador, $(6x^2 + 4)$, da $12x^2$. Al dividir ese resultado entre el denominador, $4x$, se obtiene el resultado final, $3x$, que es la opción B.

12. A; Nivel de conocimiento: 2; **Temas:** Q.2.a, Q.2.b; **Prácticas:** MP.1.a, MP.1.b, MP.1.d, MP.3.c, MP.5.c

Como $x^{-2} = \frac{1}{x^2}$, x^{-2} será mayor que x^2 para los números cuya magnitud es menor que 1. Sólo la opción A cumple con este criterio. Para todas las demás opciones de respuesta, $x^2 > x^{-2}$.

LECCIÓN 5, *págs. 58–59*

1. C; Nivel de conocimiento: 1; **Temas:** Q.2.a, Q.2.b, A.1.e, A.7.a, A.7.b; **Prácticas:** MP.1.a, MP.4.a

Si se reemplaza x por 4 en la ecuación, se obtiene $f(4) = (4)^2 - 5 = 16 - 5 = 11$. La opción A es la respuesta que se obtiene si se saca la raíz cuadrada de 4 en lugar del cuadrado de 4. La opción B es el resultado de ignorar el cuadrado por completo. La opción D es el resultado de sumar 5 a 4^2 en lugar de restar 5 de 4^2.

2. $2.00; Nivel de conocimiento: 1; **Temas:** Q.2.a, Q.2.e, Q.3.d, Q.6.c, A.1.b, A.7.b; **Prácticas:** MP.1.a, MP.2.a, MP.4.a

Si el total de sus compras, x, es igual a $25, entonces el impuesto sobre las ventas es $y = 0.08x = (0.08)($25) = 2.00.

3. D; Nivel de conocimiento: 2; **Temas:** Q.2.a, A.1.b; **Prácticas:** MP.1.a, MP.1.b, MP.4.a

La respuesta correcta debe ser un múltiplo de 5 (5, 10, 15, 20, 25, etc.), y la única opción que cumple con ese requisito es 25 (opción D). Las demás opciones son una mezcla de números que no son divisibles entre 5.

4. C; Nivel de conocimiento: 3; **Temas:** Q.2.a, Q.2.b; **Prácticas:** MP.1.a, MP.1.b, MP.1.e, MP.3.a, MP.4.a

Si revisamos primero las cuatro operaciones básicas, vemos que 4 es dos más que 2 y también el doble de 2. Pero el siguiente número de la secuencia (16), no es ni dos más que 4 ni el doble de 4. (Eso permite descartar a la opción A). Sin embargo, resulta bastante claro que 4 es el cuadrado de 2 y, si observamos el siguiente número en la secuencia, 16 es el cuadrado de 4. Si vemos los demás números de la secuencia, todos ellos cumplen con una regla: todos son el cuadrado del término anterior (opción C). Las opciones B y D quedan descartadas como posibilidades por los dos primeros números del patrón.

UNIDAD 3 *(continuación)*

5. C; Nivel de conocimiento: 3; **Tema:** Q.2.a; **Prácticas:** MP.1.a, MP.1.b, MP.1.e, MP.3.a, MP.4.a

Los primeros dos números (192 y 96) tienen una diferencia de 96, pero 96 y el próximo número del patrón (48) no tienen una diferencia de 96, entonces la regla no es una simple cuestión de resta. El segundo número es la mitad del primero $\left(\frac{192}{96} = 2\right)$ y, si observamos el número siguiente en la secuencia $\left(\frac{96}{48} = 2\right)$, la regla se mantiene. También se cumple con el último número del patrón, y así se establece la regla de que cada número es la mitad del número anterior. El quinto término, entonces, será la mitad de 24, ó 12. El sexto será la mitad de 12, ó 6 (opción C). La opción A no cumple la regla, y la B y la D son el quinto y el séptimo término del patrón, respectivamente.

6. A; Nivel de conocimiento: 3; **Temas:** Q.2.a; **Prácticas:** MP.1.a, MP.1.b, MP.2.c, MP.4.b

Una clave para resolver este problema consiste en reconocer que se pide hallar el valor de x (entrada) que produce un valor de $f(x) = 4$ (salida). Se debe igualar la expresión a 4: $2 - \frac{2}{3}x = 4$. Al reagrupar la ecuación, se obtiene $\frac{2}{3}x = -2$; al multiplicar ambos lados por $\frac{3}{2}$ se obtiene $x = -3$ (opción A). La opción D proviene de un error en el signo. Las opciones B y C provienen de multiplicar por $\frac{2}{3}$, en lugar de $\frac{3}{2}$, con y sin un error en el signo, en el último paso.

7. C; Nivel de conocimiento: 2; **Temas:** Q.2.a, Q.2.b, Q.6.c, A.1.b, A.1.e, A.1.i, A.7.a, A.7.b; **Prácticas:** MP.1.a, MP.1.b, MP.4.a

Al reemplazar los diferentes valores de x en la expresión para y, se hallan todos los valores correspondientes de y en la tabla, excepto el valor de $x = 1$. Ese valor de y debería ser $\frac{(1 + 1)}{(1^2 + 1)} = \frac{(2)}{(2)} = 1$.

8. A; Nivel de conocimiento: 3: **Temas:** Q.2.a, Q.2.e, Q.6.c, A.7.a, A.7.b; **Prácticas:** MP.1.a, MP.1.b, MP.1.e, MP.2.a, MP.2.c, MP.3.a, MP.4.a, MP.5.c

Si se usa la ecuación para determinar el valor de v para los distintos puntos, se halla que $v = 250$ para todos los puntos excepto para el valor $t = 3.0$. Para ese valor de t, el valor calculado de v es 300, que es distinto del resultado para todos los demás puntos.

LECCIÓN 6, *págs. 60–61*

1. A; Nivel de conocimiento: 1; **Temas:** Q.2.a, A.2.a; **Prácticas:** MP.1.a, MP.1.b, MP.1.e, MP.4.b

Para hallar el valor de x que hace que la ecuación sea verdadera, resuelve la ecuación para hallar x. Primero, resta 9 de ambos lados de la ecuación: $3x + 9 - 9 = 6 - 9$. Simplifica: $3x = -3$. A continuación, divide ambos lados de la ecuación entre 3 para cancelar la multiplicación: $\frac{3x}{3} = \frac{-3}{3}$. Simplifica: $x = -1$. Las otras respuestas provienen de operaciones incorrectas (no dividir entre tres, sumar en lugar de restar).

2. D; Nivel de conocimiento: 1; **Temas:** Q.2.a, A.2.a; **Prácticas:** MP.1.a, MP.1.b, MP.1.e, MP.4.b

Para resolver la ecuación para hallar x, despeja la variable en un lado de la ecuación. Primero, suma 4 a ambos lados de la ecuación: $0.5x - 4 + 4 = 12 + 4$. Simplifica: $0.5x = 16$. Divide ambos lados de la ecuación entre 0.5: $\frac{0.5x}{0.5} = \frac{16}{0.5}$. También puedes multiplicar ambos lados de la ecuación por 2: $2(0.5x) = 2(16)$. Simplifica: $x = 32$. Las otras respuestas provienen del uso de operaciones incorrectas o del uso incorrecto del orden de las operaciones.

3. D; Nivel de conocimiento: 1; **Temas:** Q.2.a, A.2.a; **Prácticas:** MP.1.a, MP.1.b, MP.1.e, MP.4.b, MP.5.c

Para resolver la ecuación para hallar y, comienza por agrupar los términos variables en un lado de la ecuación y los constantes en el otro lado. Resta $3y$ de ambos lados de la ecuación: $5y - 3y + 6 = 3y - 3y - 14$. Agrupa los términos semejantes: $2y + 6 = -14$. A continuación, resta 6 de cada lado de la ecuación: $2y + 6 - 6 = -14 - 6$. Agrupa los términos semejantes: $2y = -20$. Por último, divide ambos lados de la ecuación entre 2: $\frac{2y}{2} = \frac{-20}{2}$. Simplifica: $y = -10$. Las otras respuestas provienen del uso de operaciones incorrectas.

4. A; Nivel de conocimiento: 1; **Temas:** Q.2.a, A.2.a; **Prácticas:** MP.1.a, MP.1.b, MP.1.e, MP.4.b

Para resolver la ecuación para hallar t, comienza por agrupar los términos variables en un lado de la ecuación y los constantes en el otro lado. Una forma de hacerlo es restar $\frac{1}{2}t$ de ambos lados: $\frac{1}{2}t + 8 - \frac{1}{2}t = \frac{5}{2}t - 10 - \frac{1}{2}t$. A continuación, agrupa los términos semejantes y simplifica la fracción para simplificar: $8 = 2t - 10$. Suma 10 a ambos lados de la ecuación: $8 + 10 = 2t - 10 + 10$. Simplifica $18 = 2t$. Por último, divide ambos lados de la ecuación entre 2: $t = 9$. Las otras respuestas provienen del uso de operaciones incorrectas.

5. C; Nivel de conocimiento: 2; **Temas:** Q.2.a, Q.2.e, Q.3.d, A.2.a, A.2.b, A.2.c; **Prácticas:** MP.1.a, MP.1.b, MP.1.e, MP.2.a, MP.4.b, MP.5.c

Como Cameron ganó un total de $2,800, $1,200 + 0.08v = 2,800$. Resuelve la ecuación para hallar v. Primero, resta 1,200 de ambos lados de la ecuación: $1,200 - 1,200 + 0.08v = 2,800 - 1,200$. Simplifica: $0.08v = 1,600$. Divide ambos lados de la ecuación entre 0.08: $\frac{0.08v}{0.08} = \frac{1600}{0.08} = 20,000 \, v$. La respuesta de $15,000 es el resultado de dividir 1,200 entre 0.8. La respuesta de $16,000 es el resultado de dividir 1,600 entre 0.10. La respuesta de $50,000 es el resultado de sumar 1,200 a cada lado de la ecuación.

6. B; Nivel de conocimiento: 2; **Temas:** Q.2.a, Q.2.e, A.2.a, A.2.b, A.2.c; **Prácticas:** MP.1.a, MP.1.b, MP.1.e, MP.2.a, MP.5.c

Como el perímetro del patio es 84 pies, $4x + 8 = 84$. Resuelve la ecuación para hallar x. Primero, resta 8 de ambos lados de la ecuación: $4x + 8 - 8 = 84 - 8$. Simplifica: $4x = 76$. A continuación, divide ambos lados de la ecuación entre 4: $\frac{4x}{4} = \frac{76}{4}$. Simplifica: $x = 19$. Como x representa el ancho del patio, suma 4 pies para hallar la longitud del patio. El patio mide 23 pies de largo.

7. C; Nivel de conocimiento: 3; Temas: Q.2.a, A.2.a; Prácticas: MP.3.a
Resuelve la ecuación para hallar x y luego determina qué operaciones se usaron y cuáles no. Comienza por agrupar los términos variables en un lado de la ecuación y los constantes en el otro lado de la ecuación. **Resta** $4x$ de ambos lados de la ecuación: $9x - 4x - 2 = 4x - 4x + 8$. Simplifica: $5x - 2 = 8$. **Suma** 2 a ambos lados de la ecuación: $5x - 2 + 2 = 8 + 2$. Simplifica: $5x = 10$. **Divide** ambos lados de la ecuación entre 5: $\frac{5x}{5} = \frac{10}{5}$. Por lo tanto, para resolver la ecuación. se usan la resta, la suma y la división.

8. C; Nivel de conocimiento: 3; Temas: Q.2.a, A.2.a; Prácticas: MP.5.a, MP.5.c
Resuelve la ecuación. Luego, compara cada opción de respuesta con los pasos que tomaste en tu solución. Primero, elimina los paréntesis: $3x = 8 - 0.25x - 3 + 0.75x$. Agrupa los términos semejantes: $3x = 5 + 0.5x$. Resta $0.5x$ de ambos lados de la ecuación: $3x - 0.5x = 5 + 0.5x - 0.5x$. Simplifica: $2.5x = 5$. Divide ambos lados de la ecuación entre 2.5: $\frac{2.5x}{2.5} = \frac{5}{2.5}$.
Simplifica: $x = 2$. Por lo tanto, la solución de Lucas es incorrecta. Dividir ambos lados de la ecuación entre 2.5 es un paso correcto para hallar la solución. Sumar $0.75x$ a ambos lados de la ecuación daría como resultado una respuesta incorrecta porque ya se sumó $0.75x$ a la parte derecha de la ecuación. Restar $0.5x$ de ambos lados de la ecuación es un paso adecuado para hallar la solución.

9. D; Nivel de conocimiento: 1; Temas: Q.2.a, A.2.a; Prácticas: MP.1.a, MP.1.b, MP.1.e, MP.4.b
Para resolver la ecuación, agrupa los términos variables en un lado de la ecuación y los constantes en el otro lado de la ecuación. Comienza con ambos lados de la ecuación: $-3x + 11 + 3x = x - 5 + 3x$. Simplifica: $11 = 4x - 5$. Suma 5 a ambos lados de la ecuación: $11 + 5 = 4x - 5 + 5$. Simplifica: $16 = 4x$. Divide ambos lados entre 4 para obtener $x = 4$. Por lo tanto, $x = 4$.

10. D; Nivel de conocimiento: 1; Temas: Q.2.a, A.2.a; Prácticas: MP.1.a, MP.1.b, MP.1.e, MP.4.b
Para resolver la ecuación, agrupa los términos variables en un lado de la ecuación y los constantes en el otro lado de la ecuación. Comienza por agrupar los términos de y del lado derecho de la ecuación: $0.6y + 1.2 = 1.1y - 0.9$. A continuación, resta $0.6y$ de ambos lados de la ecuación: $0.6y + 1.2 - 0.6y = 1.1y - 0.9 - 0.6y$. Simplifica: $1.2 = 0.5y - 0.9$. Suma 0.9 a ambos lados de la ecuación: $1.2 + 0.9 = 0.5y - 0.9 + 0.9$. Simplifica: $2.1 = 0.5y$. Divide ambos lados de la ecuación entre 0.5 para obtener $y = 4.2$.

11. A; Nivel de conocimiento: 1; Temas: Q.2.a, A.2.a; Prácticas: MP.1.a, MP.1.b, MP.1.e, MP.4.b
Para resolver la ecuación, agrupa los términos variables en un lado de la ecuación y los constantes en el otro lado de la ecuación.
Comienza por restar $\frac{3n}{2}$ de ambos lados de la ecuación: $\frac{n}{4} - \frac{3n}{2} - \frac{1}{2} = \frac{3n}{2} - \frac{3n}{2} + \frac{3}{4}$. Simplifica: $\frac{n}{4} - \frac{3n}{2} - \frac{1}{2} = \frac{3}{4}$. A continuación, suma $\frac{1}{2}$ a ambos lados de la ecuación:
$\frac{n}{4} - \frac{3n}{2} - \frac{1}{2} + \frac{1}{2} = \frac{3}{4} + \frac{1}{2}$. Simplifica: $\frac{n}{4} - \frac{3n}{2} = \frac{3}{4} + \frac{1}{2}$.
Para sumar o restar fracciones, las fracciones deben tener denominadores semejantes. El mínimo común múltiplo de 4 y 2 es 4, por lo tanto, debes escribir las fracciones con denominador 4:
$\frac{n}{4} - \frac{6n}{4} = \frac{3}{4} + \frac{2}{4}$. Simplifica: $-\frac{5n}{4} = \frac{5}{4}$. Multiplica ambos lados de la ecuación por $-\frac{4}{5}$: $\left(-\frac{4}{5}\right)\left(-\frac{5n}{4}\right) = \left(-\frac{4}{5}\right)\left(\frac{5}{4}\right)$. Simplifica: $n = -1$. La opción de respuesta C proviene del uso de un signo erróneo, y las opciones de respuesta B y D son otros números enteros a iguales intervalos próximos a la respuesta correcta.

LECCIÓN 7, págs. 62–63
1. C; Nivel de conocimiento: 2; Temas: Q.2.a, A.2.a, A.2.d; Prácticas: MP.1.a, MP.1.b, MP.1.e, MP.2.c, MP.4.a
Para resolver este sistema por el método de la sustitución, resuelve la primera ecuación para hallar x y luego reemplaza ese valor en la ecuación original y resuelve para hallar el valor de y. $x = 1 - 3y$, por lo tanto, $2(1 - 3y) + 2y = 6$. Desarrolla los paréntesis: $2(1) - 2(3y) + 2y = 6$. Simplifica: $2 - 6y + 2y = 6$. Agrupa los términos semejantes: $2 - 4y = 6$. Resta 2 de cada lado de la ecuación: $-4y = 4$. Divide ambos lados de la ecuación entre -4: $y = -1$. Reemplaza y con -1 en la primera ecuación y resuelve para hallar x: $x + 3(-1) = 1$. Simplifica: $x - 3 = 1$. Suma 3 a cada lado de la ecuación: $x = 4$. Por lo tanto, el par ordenado es $(4, -1)$. Para resolver esta ecuación mediante el método de la combinación lineal, multiplica la primera ecuación por -2: $-2x - 6y = -2$. Suma esta ecuación a la segunda ecuación y resuelve la ecuación resultante para hallar y. Luego reemplaza y con -1 en la ecuación original para hallar x.

2. 3; −1; Nivel de conocimiento: 2; Temas: Q.2.a, A.2.a, A.2.d; Prácticas: MP.1.a, MP.1.b, MP.1.e, MP.2.c, MP.4.a
Para resolver el sistema mediante la combinación lineal suma las dos ecuaciones: $5x + 0y = 15$. Divide ambos lados de la ecuación entre 5: $x = 3$. Reemplaza x con 3 en cualquiera de las ecuaciones originales: $3(3) - y = 10$. Resuelve: $9 - y = 10$; $y = -1$. Para resolver el sistema por el método de la sustitución, resuelve cualquiera de las ecuaciones para hallar y: $y = 5 - 2x$. Reemplaza y con $(5 - 2x)$: $3x - (5 - 2x) = 10$. Simplifica: $3x - 5 + 2x = 10$. Agrupa los términos semejantes: $5x - 5 = 10$. Resuelve: $5x = 15$, entonces $x = 3$. Reemplaza $x = 3$ en cualquiera de las ecuaciones para hallar y.

3. 2; 3; Nivel de conocimiento: 2; Temas: Q.2.a, A.2.a, A.2.d; Prácticas: MP.1.a, MP.1.b, MP.1.e, MP.2.c, MP.4.a
Aunque este sistema se puede resolver mediante la sustitución, es más fácil resolverlo mediante la combinación lineal. Multiplica la segunda ecuación por 2: $-4x + 10y = 22$. Suma la nueva ecuación a la primera ecuación de modo que $7y = 21$. Divide ambos lados de la ecuación entre 7: $y = 3$. Reemplaza y con 3 en cualquiera de las ecuaciones originales: $4x - 3(3) = -1$. Multiplica: $4x - 9 = -1$. Suma 9 a ambos lados de la ecuación: $4x = 8$. Divide ambos lados de la ecuación entre $x = 2$.

Clave de respuestas

UNIDAD 3 *(continuación)*

4. 8; **−1**; **Nivel de conocimiento:** 2; **Temas:** Q.2.a, A.2.a, A.2.d;
Prácticas: MP.1.a, MP.1.b, MP.1.e, MP.2.c, MP.4.a
Aunque este sistema se puede resolver mediante la sustitución, es más fácil resolverlo mediante la combinación lineal. Multiplica la primera ecuación por 4 de modo que los coeficientes de y sean opuestos: $2x − 8y = 24$. Suma esta ecuación a la segunda ecuación: $5x + 0y = 40$. Divide ambos lados de la ecuación entre 5: $x = 8$. Reemplaza x con 8 en cualquiera de las ecuaciones originales: $3(8) + 8y = 16$. Multiplica: $24 + 8y = 16$. Resta 24 de ambos lados de la ecuación: $8y = −8$. Divide ambos lados de la ecuación entre 8: $y = −1$. También puedes multiplicar la primera ecuación por −6 de modo que los coeficientes de x sean opuestos. Combina las ecuaciones y resuelve para hallar y, luego reemplaza y en una de las ecuaciones originales para hallar x.

5. 12; **8**; **Nivel de conocimiento:** 2; **Temas:** Q.2.a, Q.2.e, A.2.a, A.2.b, A.2.d; **Prácticas:** MP.1.a, MP.1.b, MP.1.e, MP.2.a, MP.2.c, MP.4.a
Como la primera ecuación ya está expresada en función de m, reemplaza m con $2g − 4$ en la segunda ecuación: $2g − 4 + g = 20$. Agrupa los términos semejantes: $3g − 4 = 20$. Suma 4 a ambos lados de la ecuación: $3g = 24$. Divide ambos lados de la ecuación entre 3: $g = 8$. Reemplaza g con 8 en cualquiera de las ecuaciones: $m = 2(8) − 4$; $m = 12$. Para resolver este sistema mediante la combinación lineal, comienza por volver a escribir la primera ecuación: $m − 2g = −4$. Multiplica esta ecuación por −1: $−m + 2g = 4$. Suma esta ecuación a la segunda ecuación: $3g = 24$. Luego resuelve para hallar m.

6. −2; **4**; **Nivel de conocimiento:** 2; **Temas:** Q.2.a, A.2.a, A.2.d;
Prácticas: MP.1.a, MP.1.b, MP.1.e, MP.2.c, MP.4.a
En este sistema de ecuaciones, ninguna de las ecuaciones se resuelve fácilmente para hallar una variable y ninguna de las variables tiene coeficientes que sean múltiplos de otros coeficientes. Para resolver este sistema, halla el mínimo común múltiplo de los coeficientes de una de las variables. El mínimo común múltiplo de 2 y 3 es 6. Para eliminar los términos y, multiplica la primera ecuación por 3 y la segunda ecuación por 2. Luego suma las dos nuevas ecuaciones:

$$3(3x + 2y = 2) \longrightarrow 9x + 6y = 6$$
$$2(2x − 3y = −16) \longrightarrow \underline{4x − 6y = −32}$$
$$13x = −26$$
$$x = −2$$

Reemplaza x con −2 en cualquiera de las ecuaciones originales: $3(−2) + 2y = 2$. Multiplica: $−6 + 2y = 2$. Suma 6 a ambos lados de la ecuación: $2y = 8$. Divide ambos lados de la ecuación entre 2: $y = 4$. También puedes multiplicar la primera ecuación por 2 y la segunda por −3 y luego sumar las nuevas ecuaciones para eliminar los términos x. Luego resuelve para hallar y y reemplaza y con este valor en una de las ecuaciones originales para hallar el valor de x.

7. D; **Nivel de conocimiento:** 2; **Temas:** Q.2.a, A.2.a, A.2.d;
Prácticas: MP.1.a, MP.1.b, MP.1.e, MP.2.c, MP.4.a
Para resolver este sistema mediante la combinación lineal, suma las dos ecuaciones. La ecuación resultante es $3x + 0y = 18$. Simplifica: $3x = 18$. Divide ambos lados de la ecuación entre 3: $x = 6$. Reemplaza x con 6 en la primera ecuación: $6 + y = 10$. Resta 6 de ambos lados de la ecuación: $y = 4$. Por lo tanto, la solución es (6, 4). Para resolver el sistema mediante la sustitución, resuelve cualquiera de las ecuaciones para hallar y. La primera ecuación da como resultado $y = 10 − x$. Luego reemplaza y con $10 − x$ en la segunda ecuación: $2x − (10 − x) = 8$. Simplifica: $2x − 10 + x = 8$. Agrupa los términos semejantes: $3x − 10 = 8$. Suma 10 a ambos lados de la ecuación: $3x = 18$. Por lo tanto, $x = 6$. Reemplaza x con 6 en la ecuación original y resuelve para hallar y, de modo que $y = 4$.

8. B; **Nivel de conocimiento:** 2; **Tema:** A.2.d; **Prácticas:** MP.1.a, MP.1.b, MP.1.e, MP.4.a, MP.5.c
El objetivo del método de la combinación lineal es multiplicar una o ambas ecuaciones para que los coeficientes de una variable sean opuestos y se cancelen entre sí, dejando así una sola variable para hallar. En las opciones de respuesta A y C, los signos de las ecuaciones son iguales (en la opción A x y $2x$ son positivos y $−3y$ y $−y$ son negativos; en la opción C, los signos también son iguales: x y $5x$ son positivos y $3y$ y y también lo son). En la opción de respuesta D, los signos son iguales para x, pero distintos para y. Sin embargo, 3 por $−2y$ ó $4y$ no permite cancelar la variable y. No obstante, la opción de respuesta B permite la combinación lineal cuando y se multiplica por 3. Entonces se puede sumar $3y$ a $−3y$, cancelando así la variable y y dejando para hallar solo la x.

LECCIÓN 8, *págs. 64–65*

1. C; **Nivel de conocimiento:** 2; **Temas:** A.1.a, A.1.d, A.1.g, A.4.a, A.4.b; **Prácticas:** MP.1.a, MP.1.b, MP.1.e, MP.2.a, MP.2.c
Factores de −6: (**6, −1**), (−6, 1), (3, −2), (−3, 2)
$x^2 + 5x − 6 = 0$
$x^2 + 6x − 1x − 6 = 0$
$(x^2 + 6x) (−1x − 6) = 0$
$x(x + 6) − 1(x + 6) = 0$
$(x + 6) = 0$, ó $(x − 1) = 0$
$x = −6$, ó $x = 1$
En las opciones de respuesta incorrectas (A, B y D) no se descompuso la expresión en factores correctamente. Desarrolla los paréntesis para obtener la expresión original y comprobar.

2. D; **Nivel de conocimiento:** 2; **Temas:** Q.1.b, A.1.a, A.1.d, A.1.g, A.4.a, A.4.b; **Prácticas:** MP.1.a, MP.1.b, MP.1.e, MP.2.a, MP.2.c
Primeros: $x(x) = x^2$
Externos: $x(−7) = −7x$
Internos: $5(x) = 5x$
Últimos: $5(−7) = −35$
Ecuación cuadrática: $x^2 − 7x + 5x − 35 = x^2 − 2x − 35$
Observa que en las opciones de respuesta incorrectas no se incluyen los signos adecuados (opciones B y C) o no se completó adecuadamente el proceso *FOIL* (todas las demás).

3. A; **Nivel de conocimiento:** 2; **Temas:** Q.1.b, A.1.a, A.1.d, A.1.g, A.4.a, A.4.b; **Prácticas:** MP.1.a, MP.1.b, MP.1.e, MP.2.a, MP.2.c
Primeros: $x(x) = x^2$
Externos: $x(-3) = -3x$
Internos: $-3(x) = -3x$
Últimos: $-3(-3) = 9$
Ecuación cuadrática: $x^2 - 3x - 3x + 9 = x^2 - 6x + 9$

4. D; **Nivel de conocimiento:** 2; **Tema:** Q.1.b; **Prácticas:** MP.1.a, MP.1.b, MP.1.e, MP.2.a, MP.2.c
Primero halla factores de -16: $(16, -1)$ $(1, -16)$ $(2, -8)$ $(-2, 8)$ $(4, -4)$ $(-4, 4)$
Luego, halla los dos factores del tercer término (16) que, al sumarlos, dan como resultado el coeficiente del término del medio (6). Esos factores son -2 y 8. A continuación, usa la variable x como primer término en cada factor y los números enteros como los segundos, de modo que:
$x^2 - 6x - 16 = 0$
$x^2 + 8x - 2x - 16 = 0$
$(x^2 + 8x) (-2x - 16) = 0$
$x(x + 8) - 2(x + 8) = 0$
$(x - 2) = 0$, ó $(x + 8) = 0$
$x = 2$, ó $x = -8$

5. A; **Nivel de conocimiento:** 2; **Temas:** Q.1.b, Q.4a, A.1.a, A.1.g, A.4.a, A.4.b; **Prácticas:** MP.1.a, MP.1.b, MP.1.e, MP.2.a, MP.2.c
Área del rectángulo $= l \times a$, por lo tanto, si
$l = 2x - 5$
$a = -4x + 1$, por lo tanto, el área $= (2x - 5)(-4x + 1)$.
Primeros: $2x(-4x) = -8x^2$
Externos: $2x(1) = 2x$
Internos: $-5(-4x) = 20x$
Últimos: $5(1) = -5$
Ecuación cuadrática: $-8x^2 + 22x - 5$
Las opciones de respuesta B y D tienen valores incorrectos de a y las opciones de respuesta C y D tienen valores incorrectos de b.

6. B; **Nivel de conocimiento:** 2; **Tema:** Q.1.b; **Prácticas:** MP.1.a, MP.1.b, MP.1.e, MP.2.a, MP.2.c
Al quitar el factor $4x + 1$ de $4x^2 + 13x + 3$, puedes determinar el otro factor por sustitución. El factor $x + 3$ es correcto para la expresión $4x^2 + 13x + 3$.

7. A; **Nivel de conocimiento:** 2; **Temas:** A.1.a, A.1.d, A.4.a, A.4.b, A.1.g, A.4.a; **Prácticas:** MP.1.a, MP.1.b, MP.1.e, MP.2.a, MP.2.c
Primero, reemplaza x con los valores de las opciones de respuesta C y D para comprobar si resuelven la ecuación. Ninguna de ellas la resuelve. A continuación, intenta usar la opción de respuesta B para resolver la ecuación. Los valores de esta opción son 2 ó 6, y ninguno de ellos resuelve la ecuación. Por último, usa la fórmula cuadrática para resolver según la opción de respuesta A.

Comienza con la fórmula:
$$\frac{-b \pm \sqrt{b^2 - 4ac}}{2a}$$
Luego, reemplaza las variables con los valores de modo que:
$a = 3$
$b = -10$
$c = 5$
A partir de allí, inserta los valores en la fórmula de modo que:
$$x = \frac{-(-10) \pm \sqrt{(100 - 60)}}{6}$$
A continuación, simplifica de modo que:
$$x = \frac{10 \pm \sqrt{40}}{6}$$

8. B; **Nivel de conocimiento:** 2; **Temas:** Q.4a, A.1.a, A.1.g, A.4.a, A.4.b; **Prácticas:** MP.1.a, MP.1.b, MP.1.e, MP.2.a, MP.2.c, MP.4.b
Reordena la ecuación para que el resultado sea cero. Esta ecuación representa el área de la huerta. Descompón la ecuación cuadrática en factores para hallar el posible ancho de la huerta.
$a - 12a + 32 = 0$
$a - 8a - 4a + 32 = 0$
$(a^2 - 8a) (-4a + 32) = 0$
$a(a - 8) - 4(a - 8)$
$(a - 4) = 0$, ó $(a - 8) = 0$
$a = 4$, ó $a = 8$
Como solo usó 12 m de cerco, a no puede ser 8, ya que tiene forma de rectángulo.

9. A; **Nivel de conocimiento:** 3; **Temas:** A.1.a, A.1.d, A.4.a, A.4.b, A.1.g; **Prácticas:** MP.1.a, MP.1.b, MP.1.e, MP.2.c, MP.4.b
Primero, reemplaza x con los valores de las opciones de respuesta C y D para comprobar si resuelven la ecuación. Ninguna de ellas la resuelve. A continuación, intenta usar la opción de respuesta B para resolver la ecuación. Los valores de esta opción son 2 ó -6, y ninguno de ellos resuelve la ecuación. Por último, usa la fórmula cuadrática para resolver según la opción de respuesta A, después de volver a escribir la ecuación para que sea igual a cero.
$2x^2 + x - 0.5 = 0$
Comienza con la fórmula:
$$\frac{-b \pm \sqrt{b^2 - 4ac}}{2a}$$
A continuación, reemplaza las variables con los valores de modo que:
$a = 2$
$b = 1$
$c = -.5$
A partir de allí inserta los valores en la fórmula de modo que:
$$\frac{-1 \pm \sqrt{1^2 - 4(2)(-.5)}}{2(2)} = \frac{-1 \pm \sqrt{1 - -4}}{4} = \frac{-1 - \sqrt{5}}{4} \text{ ó } \frac{-1 + \sqrt{5}}{4}$$

10. D; **Nivel de conocimiento:** 2; **Temas:** Q.1.b; **Prácticas:** MP.1.a, MP.1.b, MP.1.e, MP.2.a, MP.2.c
Como cada término es divisible entre 2, divídelos de modo que: $x^2 + 9x + 18 = 0$. Luego, halla los factores del tercer término (18) que suman lo mismo que el coeficiente del término del medio (9). Esos factores son 6 y 3. A continuación, usa la variable x como primer término de cada factor y los números enteros como los segundos términos de modo que: $(x + 3) (x + 6)$. Como $x + 3 = 0$, $x = -3$. De la misma manera, como $x + 6 = 0$, $x = -6$.

11. C; **Nivel de conocimiento:** 2; **Tema:** Q.1.b; **Prácticas:** MP.1.a, MP.1.b, MP.1.e, MP.2.a, MP.2.c
Para hallar un producto con solo dos términos, busca los factores con signos opuestos. Las opciones de respuesta B y D usan los mismos signos y, por lo tanto, tendrán tres términos, de manera que se pueden descartar como posibles respuestas. La opción A tiene factores con signos opuestos, pero cuando usas el método *FOIL* obtienes $x^2 + 6x - 7$. Por último, la opción C, que da como resultado $x^2 - 49$, produce dos términos.

Clave de respuestas

UNIDAD 3 *(continuación)*

LECCIÓN 9, *págs. 66–67*

1. A; Nivel de conocimiento: 2; **Temas:** Q.2.a, A.1.d, A.1.f; **Prácticas:** MP.1.a, MP.1.b, MP.1.e, MP.4.b
Para simplificar la expresión, comienza por descomponer en factores el numerador y el denominador. Los términos del numerador tienen un factor común de $2x$, por lo tanto, $2x^2 + 10x = 2x(x + 5)$. El denominador es una expresión cuadrática de la forma $Ax^2 + Bx + C$, y puede descomponerse en factores. Como $(-3)(5) = -15$ y $-3 + 5 = 2$, $x^2 + 2x - 15 = (x - 3)(x + 5)$. Cancela el factor común $(x + 5)$. Por lo tanto, la expresión simplificada es $\frac{2x}{x - 3}$. La respuesta $\frac{x^2 + 5x}{-15}$ es el resultado de simplificar por separado los términos x^2, los términos x y los términos constantes. La respuesta $\frac{2x + 5}{-15}$ es el resultado de restar el x^2 y los términos de x en el denominador de los términos correspondientes del denominador. La respuesta $\frac{2x(x + 5)}{x^2 + 2x - 15}$ es el resultado de no descomponer el denominador en factores.

2. C; Nivel de conocimiento: 2; **Temas:** Q.2.a, A.1.a, A.1.h; **Prácticas:** MP.1.a, MP.1.b, MP.1.e, MP.4.b
Para resolver la ecuación racional, comienza por identificar el mínimo común denominador de las tres expresiones:
$2x = 2 \cdot x$; $4 = 2^2$. Por lo tanto, el mínimo común denominador es $2^2 \cdot x$, ó $4x$. Multiplica cada lado por $4x$: $4x \cdot \frac{5}{2x} + 4x \cdot \frac{1}{4} = 4x \cdot \frac{3}{x}$.
Simplifica: $10 + x = 12$. Resta 10 de cada lado: $x = 2$.

3. D; Nivel de conocimiento: 2; **Temas:** Q.2.a, A.1.a, A.1.d, A.1.f, A.1.h; **Prácticas:** MP.1.a, MP.1.b, MP.1.e, MP.4.b
Comienza por descomponer en factores los denominadores de la expresión para hallar el mínimo común denominador. El denominador $x^2 + 3x - 4$ se descompone en factores de la siguiente manera: $(x + 4)(x - 1)$, por lo tanto, el mínimo común denominador es $(x + 4)(x - 1)$. $(x + 4)\cancel{(x - 1)} \times \frac{2}{\cancel{x - 1}} = \cancel{(x + 4)}\cancel{(x - 1)} \times \frac{16}{\cancel{(x + 4)(x - 1)}}$. Simplifica: $2(x + 4) = 16$.
Multiplica: $2x + 8 = 16$. Resta 8 de ambos lados: $2x = 8$. Por lo tanto, $x = 4$.

4. C; Nivel de conocimiento: 2; **Temas:** Q.2.a, A.1.a, A.1.d, A.1.f, A.1.h; **Prácticas:** MP.1.a, MP.1.b, MP.1.e, MP.4.b
Comienza por descomponer en factores los denominadores de la expresión para hallar el mínimo común denominador. El denominador $2x - 6$ se descompone en factores de la siguiente manera $2(x - 3)$, por lo tanto, el mínimo común denominador es $2(x - 3)$.
$2\cancel{(x - 3)} \cdot \frac{5}{2\cancel{(x - 3)}} - 2\cancel{(x - 3)} \times \frac{3}{\cancel{x - 3}} = \cancel{2}(x - 3) \times \frac{1}{\cancel{2}}$.
Simplifica: $5 - 2(3) = x - 3$. Multiplica: $5 - 6 = x - 3$. Resta: $-1 = x - 3$. Suma 3 a ambos lados: $x = 2$.

5. A; C; Nivel de conocimiento: 2; **Temas:** Q.2.a, A.1.a, A.1.d, A.1.f, A.1.h; **Prácticas:** MP.1.a, MP.1.b, MP.1.e, MP.4.b
Los denominadores de las expresiones están descompuestos en factores y no hay factores comunes, por lo tanto, el mínimo común denominador es el producto de los dos denominadores:
$7\cancel{(x + 3)} \cdot \frac{4}{\cancel{x + 3}} = \cancel{7}(x + 3) \cdot \frac{x}{\cancel{7}}$. Simplifica: $7 \cdot 4 = x(x + 3)$.
Multiplica: $28 = x^2 + 3x$. Resta 28 de ambos lados de la ecuación: $x^2 + 3x - 28 = 0$. Como $(7)(-4) = -28$ y $7 + (-4) = 3$, $x^2 + 3x - 28 = (x + 7)(x - 4)$. Por lo tanto, $(x + 7)(x - 4) = 0$ y $x = -7$ ó $x = 4$.

6. C; Nivel de conocimiento: 2; **Temas:** Q.1.b, Q.2.a, A.1.a, A.1.d, A.1.f, A.1.h; **Prácticas:** MP.1.a, MP.1.b, MP.1.e, MP.4.b
Para hallar el mínimo común denominador de las expresiones racionales, comienza por descomponer en factores los denominadores: $4x^2 = 2^2 \cdot x^2$; $6x = 2 \cdot 3 \cdot x$. El mínimo común denominador contiene la potencia más alta de cada factor que aparece en cualquiera de los denominadores, por lo tanto, el mínimo común denominador es $2^2 \cdot 3 \cdot x^2$, ó $12x^2$.

7. C; Nivel de conocimiento: 1; **Temas:** Q.1.b, Q.2.a, A.1.d, A.1.f, A.4.a; **Prácticas:** MP.1.a, MP.1.b, MP.1.e, MP.4.b
Para hallar la expresión que se puede simplificar cancelando el factor $(x + 4)$, descompón por completo en factores el numerador y el denominador de cada expresión. Si el factor $(x + 4)$ aparece tanto en el numerador como en el denominador, se puede cancelar. En la opción A, el numerador y el denominador ya están descompuestos en factores; el factor $(x + 4)$ no aparece en el denominador. En la opción B, la expresión descompuesta en factores es $\frac{x^2 + 4}{(x + 2)(x - 2)}$, y el factor $(x + 4)$ no aparece en el numerador ni en el denominador. En la opción C, la expresión descompuesta en factores es $\frac{3(x + 4)}{(x + 4)(x - 4)}$, y el factor $(x + 4)$ aparece en el numerador y en el denominador. Por lo tanto, la expresión se puede simplificar cancelando el factor $(x + 4)$. En la opción D, la expresión descompuesta en factores es $\frac{2(x + 4)}{(x - 4)(x - 4)}$. El factor $(x + 4)$ aparece en le numerador pero no en el denominador.

8. A; Nivel de conocimiento: 2; **Temas:** Q.2.a, A.1.a, A.1.d, A.1.f, A.1.h, A.4.a; **Prácticas:** MP.1.a, MP.1.b, MP.1.e, MP.4.b
Para dividir expresiones racionales, multiplica por el recíproco del divisor:
$$\frac{5x}{x^2 + 6x + 9} \div \frac{10x^2 + 5x}{x + 3} = \frac{5x}{x^2 + 6x + 9} \cdot \frac{x + 3}{10x^2 + 5x} \cdot$$
Multiplica los numeradores y los denominadores:
$$\frac{5x}{x^2 + 6x + 9} \times \frac{x + 3}{10x^2 + 5x} = \frac{5x(x + 3)}{(x^2 + 6x + 9)(10x^2 + 5x)} \cdot$$
Descompón en factores y cancela los factores comunes:
$$\frac{5x(x + 3)}{(x^2 + 6x + 9)(10x^2 + 5x)} = \frac{5\cancel{x}\cancel{(x + 3)}}{\cancel{(x + 3)}(x + 3)\cancel{(5x)}(2x + 1)}$$
Por lo tanto, $\frac{5x}{x^2 + 6x + 9} \div \frac{10x^2 + 5x}{x + 3} = \frac{1}{(x + 3)(2x + 1)} \cdot$

9. A; Nivel de conocimiento: 2; **Temas:** Q.2.a, A.1.a, A.1.d, A.1.f, A.1.h; **Prácticas:** MP.1.a, MP.1.b, MP.1.e, MP.3.c, MP.4.b, MP.5.b
Para hallar la expresión que indica que Jason no tiene razón, determina qué expresión no se puede simplificar. En la opción A, el numerador y el denominador están descompuestos en factores y no comparten factores en común. Por esa razón, aunque hay un término x tanto en el numerador como en el denominador, la expresión no se puede simplificar. En la opción B, el numerador y el denominador son opuestos. Por lo tanto, el numerador se puede volver a escribir como $-1(6 - x)$ y el numerador y el denominador tienen un factor común $(6 - x)$. En la opción C, el numerador y el denominador tienen un factor común de 3. En la opción D, el numerador se puede volver a escribir como $x(x + 2)$, entonces el numerador y el denominador tienen un factor común x.

LECCIÓN 10, *págs. 68–69*

1. **D; Nivel de conocimiento:** 2; **Temas:** Q.2.a, A.3.a, A.3.d; **Prácticas:** MP.1.a, MP.1.e, MP.2.a, MP.4.b
Sea x el número. Cinco por el número, $5x$, es menor que o igual a dos por el número, $2x$, más 9. Por lo tanto, $5x \leq 2x + 9$. Resta $2x$ de cada lado: $3x \leq 9$. Divide cada lado entre 3: $x \leq 3$. La opción de respuesta A proviene de escribir el signo de la desigualdad de manera errónea y de no dividir la constante entre 3. La opción de respuesta B proviene de no dividir la constante entre 3. La opción de respuesta C proviene de escribir incorrectamente el signo de la desigualdad.

2. **D; Nivel de conocimiento:** 1; **Temas:** Q.2.a, A.3.a; **Prácticas:** MP.1.a, MP.1.e, MP.4.b
Resuelve la desigualdad del mismo modo en que resolverías una ecuación. Resta 5 de cada lado: $x > 4 - 5$. Simplifica: $x > -1$. La opción de respuesta A proviene de un error en la resta. La opción de respuesta B proviene de escribir un signo de la desigualdad erróneo. La opción de respuesta C proviene de un error en la resta y de escribir el signo de la desigualdad equivocado.

3. **A; Nivel de conocimiento:** 1; **Temas:** Q.2.a, A.3.a; **Prácticas:** MP.1.a, MP.1.e, MP.4.b
Resuelve la desigualdad del mismo modo en que resolverías una ecuación. Resta 6 de cada lado: $2x \geq 8 - 2$. Simplifica: $2x \geq 2$. Divide cada lado entre 2: $x \geq 1$. La opción de respuesta B proviene de escribir el signo de la desigualdad en la dirección incorrecta. La opción de respuesta C es el resultado de sumar 6 a cada lado en lugar de restarlo. La opción de respuesta D es el resultado de sumar 6 a cada lado en lugar de restarlo y de colocar el signo de la desigualdad en la dirección equivocada.

4. **B; Nivel de conocimiento:** 1; **Tema:** A.3.b; **Práctica:** MP.4.c
El círculo cerrado en −2 indica que −2 es parte del conjunto de soluciones. La flecha apunta hacia la izquierda, por lo tanto, la gráfica muestra la desigualdad $x \leq -2$. La gráfica de la opción de respuesta A mostraría un círculo cerrado en 2 con una flecha hacia la izquierda. La gráfica de la opción C mostraría un círculo abierto en 2 con una flecha hacia la derecha. La gráfica de la opción D mostraría un círculo abierto en −2 con una flecha hacia la derecha.

5. **D; Nivel de conocimiento:** 2; **Temas:** Q.2.a, A.3.a, A.3.d; **Prácticas:** MP.1.a, MP.1.e, MP.2.a, MP.4.b
Sea x el número. El producto del número y 5, $5x$, con un incremento de 3 es menor que o igual a 13. Por lo tanto, la desigualdad es $5x + 3 \leq 13$. La opción A representa "El producto de un número y 5 con un incremento de 2 es menor que o igual a 13". La opción B representa "El producto de un número y 5 es menor que o igual a 13 con un incremento de 3". La opción de respuesta C usa el símbolo de "menor que" en lugar de "menor que o igual a".

6. **D; Nivel de conocimiento:** 2; **Temas:** Q.2.a, Q.4.a, A.3.a, A.3.d; **Prácticas:** MP.1.a, MP.1.e, MP.2.a, MP.4.b
El área de un rectángulo es el producto de su longitud y su ancho, por lo tanto, el área del rectángulo está dada por la expresión $a(3a - 3)$. Como el área del rectángulo no puede ser mayor que 80 centímetros cuadrados, 80 es mayor que o igual al área. Por lo tanto, la desigualdad de $80 \geq a(3a - 3)$ muestra esta relación.

7. **A; Nivel de conocimiento:** 2; **Temas:** Q.2.a, Q.2.e, Q.4.a, A.3.a, A.3.c, A.3.d; **Prácticas:** MP.1.a, MP.1.e, MP.2.a, MP.4.b
Sea x la cantidad necesaria para comprar un par de boletos para el concierto. Entre los dos, Kara y Brett tienen $15 + 22 = \$37$. Como esta cantidad es menor que la necesaria para comprar boletos para el concierto, $37 < x$.

8. **C; Nivel de conocimiento:** 2; **Temas:** Q.2.a, Q.2.e, Q.4.a, A.3.a, A.3.c, A.3.d; **Práctica:** MP.1.a, MP.1.e, MP.2.a, MP.4.b
Sea x el número de millas recorridas. El costo del taxi es $\$2.00$ más $\$0.50$ por milla, ó $2 + 0.5x$. Josie solo tiene $\$8$, por lo tanto, el costo total debe ser menor que o igual a $\$8$. Esto se puede representar con la desigualdad $2 + 0.5x \leq 8$. Resta 2 de cada lado: $0.5x \leq 6$. Multiplica cada lado por 2: $x \leq 12$. La opción de respuesta A es el resultado de restar $\$2$ de $\$8$. La opción de respuesta B proviene de un error al hacer los cálculos. La opción de respuesta D es el resultado de dividir $\$8$ entre $\$0.50$.

9. **B; Nivel de conocimiento:** 2; **Temas:** Q.2.a, A.3.d; **Prácticas:** MP.1.a, MP.1.e, MP.2.a, MP.4.b
Sea x el número. La suma del número y 12, ó $x + 12$, es menor que o igual a 5 por el número más 3, ó $5x + 3$. Esta situación se puede representar con $x + 12 \leq 5x + 3$. La opción de respuesta A muestra que la primera cantidad es mayor que o igual a la segunda cantidad. La opción C muestra que la primera cantidad es mayor que la segunda cantidad. La opción D muestra que la segunda cantidad es mayor que la primera cantidad.

10. **B; Nivel de conocimiento:** 2; **Temas:** Q.2.a, A.3.a, A.3.d; **Prácticas:** MP.1.a, MP.1.e, MP.2.a, MP.4.b
Para resolver la desigualdad, despeja la variable en un lado del signo de la desigualdad. Para comenzar, resta 8 de cada lado de la desigualdad de modo que $-3x > 2x - 10$. A continuación, resta $2x$ de cada lado de la desigualdad de modo que $-5x > -10$. Divide cada lado entre −5 y cambia la dirección de la desigualdad, ya que estás dividiendo entre un número negativo: $x < 2$.

11. **D; Nivel de conocimiento:** 2; **Temas:** Q.2.a, A.3.a; **Prácticas:** MP.1.a, MP.1.e, MP.2.a, MP.4.b
Para resolver la desigualdad, comienza por multiplicar para eliminar los paréntesis: $-x - 4x > 30 - 3x - 24$. Combina los términos semejantes: $-5x > 6 - 3x$. Suma $3x$ a cada lado: $-2x > 6$. Divide cada lado entre −2 y cambia la dirección del signo de la desigualdad, ya que estás dividiendo entre un número negativo: $x < -3$, ó $-3 > x$.

12. **C; Nivel de conocimiento:** 2; **Temas:** Q.2.a, A.3.a, A.3.b; **Prácticas:** MP.1.a, MP.1.e, MP.2.a, MP.4.b
La recta numérica representa la desigualdad $x < 1$. Resuelve cada desigualdad para determinar cuál tiene la solución $x < 1$. Para la opción A, $2x + 5 > 3x - 6$. Resta $3x$ de cada lado: $-x + 5 > -6$. Resta 5 de cada lado: $-x > -11$. Divide y cambia la dirección de la desigualdad: $x < 11$. En la opción B, el signo de la desigualdad no concuerda con la solución que se muestra en la recta numérica. Para la opción C, $4x - 3 > 5x - 4$. Resta $5x$ de cada lado: $-x - 3 > -4$. Suma 3 a cada lado: $-x > -1$. Divide y cambia la dirección de la desigualdad: $x < 1$. En la opción D, el signo de la desigualdad no concuerda con la solución que se muestra en la recta numérica.

UNIDAD 3 *(continuación)*

LECCIÓN 11, *págs. 70–71*

1. A; **Nivel de conocimiento:** 1; **Tema:** A.5.a; **Prácticas:** MP.1.e, MP.3.a

El punto *C* está ubicado 2 unidades a la derecha del origen y 2 unidades por sobre él. Las dos direcciones están representadas por números positivos, por lo tanto, el punto *C* está ubicado en (2, 2). El par ordenado (−2, 2) describe la ubicación 2 unidades a la izquierda del origen y 2 por sobre el origen. El par ordenado (2, −2) describe la ubicación 2 unidades a la derecha del origen y 2 unidades por debajo de él. El par ordenado (3, −2) describe la ubicación 3 unidades a la derecha del origen y 2 unidades debajo de él.

2.

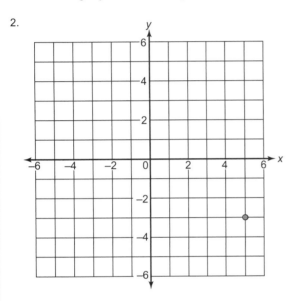

Nivel de conocimiento: 1; **Tema:** A.5.a; **Prácticas:** MP.1.e, MP.3.a

El punto (5, −3) tiene una coordenada *x* positiva y una coordenada *y* negativa. Por lo tanto, muévete 5 unidades hacia la derecha del origen y 3 unidades hacia abajo del origen para marcar el punto.

3.

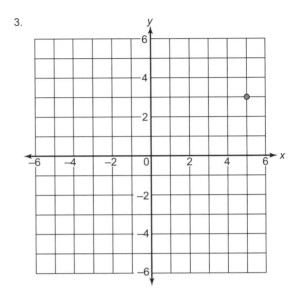

Nivel de conocimiento: 2; **Tema:** A.5.a; **Práctica:** MP.1.e

El punto (5, −3) está 5 unidades a la derecha del origen y 3 unidades por debajo del origen. Para trasladar el punto 6 unidades hacia arriba, suma 6 a la coordenada *y*, que es −3. Como −3 + 6 = 3, marca el punto 5 unidades a la derecha del origen y 3 unidades por sobre del origen.

4.

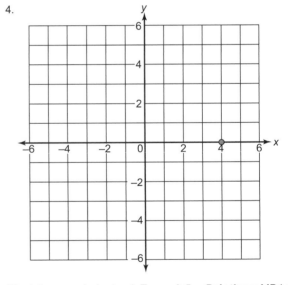

Nivel de conocimiento: 1; **Tema:** A.5.a; **Prácticas:** MP.1.e, MP.3.a

El punto (4, 0) tiene una coordenada *x* positiva y una coordenada *y* de 0. Por lo tanto, debes desplazarte 4 unidades hacia la derecha del origen y 0 unidades hacia arriba o hacia abajo del origen para marcar el punto.

5.

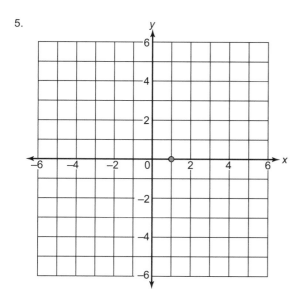

Nivel de conocimiento: 2; **Tema:** A.5.a; **Práctica:** MP.1.e
El punto (4, 0) está 4 unidades a la derecha del origen y 0
unidades por sobre o debajo de él. Para trasladar el punto 3
unidades hacia la izquierda, resta 3 de la coordenada x, que es 4.
Como 4 − 3 = 1, marca el punto 1 unidad a la derecha del origen y
0 unidades por sobre o debajo de él.

6.

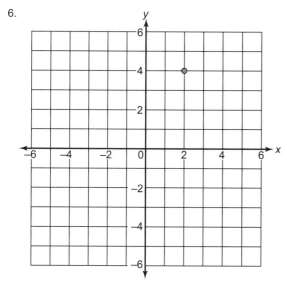

Nivel de conocimiento: 2; **Tema:** A.5.a; **Práctica:** MP.1.e
Cuando $x = 2$, la coordenada x es 2 y la coordenada y es $2^2 = 4$.
Por lo tanto, marca el par ordenado (2, 4). Ambos números son
positivos, así que desplázate 2 unidades hacia la derecha del
origen y 4 unidades hacia arriba del origen para marcar el punto.

7.

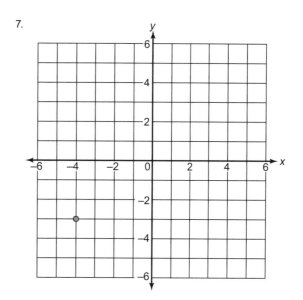

Nivel de conocimiento: 2; **Tema:** A.5.a; **Práctica:** MP.1.e
Cuando $x = -4$, la coordenada x es −4 y la coordenada y es
0.75(−4) = −3. Por lo tanto, marca el par ordenado (−4, −3). Ambos
son números negativos, así que desplázate 4 unidades hacia
la izquierda del origen y 3 unidades hacia abajo del origen para
marcar el punto.

8.

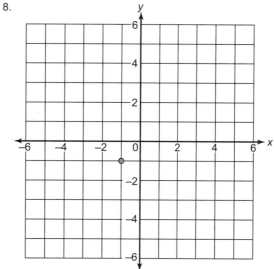

Nivel de conocimiento: 2; **Tema:** A.5.a; **Práctica:** MP.1.e
Si $x = -1$, la coordenada x es −1 y la coordenada y es (−1)(−1) = −1.
Por lo tanto, marca el par ordenado (−1, −1). Ambos son números
negativos, así que desplázate 1 unidad hacia la izquierda del
origen y 1 unidad hacia abajo del origen para marcar el punto.

Clave de respuestas

UNIDAD 3 *(continuación)*

9. B; **Nivel de conocimiento:** 1; **Tema:** A.5.a; **Prácticas:** MP.1.e, MP.3.a

El punto T está ubicado 4 unidades a la derecha del origen, lo cual se representa con un número positivo, y 4 unidades por debajo del origen, lo cual se representa con un número negativo. Por lo tanto, el punto T está ubicado en $(4, -4)$. El par ordenado $(5, -4)$ describe la ubicación 5 unidades a la derecha y 4 unidades por debajo del origen. El par ordenado $(4, -5)$ describe la ubicación 4 unidades a la derecha y 5 unidades por debajo del origen. El par ordenado $(-4, 4)$ describe la ubicación 4 unidades a la izquierda del origen y 4 unidades por sobre el origen.

10. A; **Nivel de conocimiento:** 1; **Tema:** A.5.a; **Prácticas:** MP.1.e, MP.3.a

El punto S está ubicado 1 unidad a la derecha del origen, lo cual se representa con un número positivo, y 0 unidades por sobre o por debajo del origen. Por lo tanto, el par ordenado $(1, 0)$ describe la ubicación del punto S. El par ordenado $(-1, 0)$ describe la ubicación 1 unidad a la izquierda del origen. El par ordenado $(0, 1)$ describe la ubicación 1 unidad por sobre el origen. El par ordenado $(0, -1)$ describe la ubicación 1 unidad por debajo del origen.

11. A; **Nivel de conocimiento:** 1; **Tema:** A.5.a; **Prácticas:** MP.1.e, MP.3.a

El punto P está ubicado 5 unidades a la izquierda del origen y 5 unidades por debajo del origen. Ambas direcciones se representan con números negativos, por lo tanto, el punto P está ubicado en $(-5, -5)$. El par ordenado $(-5, 5)$ describe la ubicación 5 unidades a la izquierda del origen y 5 unidades por sobre el origen. El par ordenado $(5, -5)$ describe la ubicación 5 unidades a la derecha del origen y 5 unidades por debajo del origen. El par ordenado $(5, 5)$ describe una ubicación 5 unidades a la derecha y 5 unidades por sobre el origen.

12. B; **Nivel de conocimiento:** 1; **Tema:** A.5.a; **Prácticas:** MP.1.e, MP.3.a

Las coordenadas de los puntos T y U son $(4, 4)$ y $(4, -4)$ respectivamente, por lo tanto, tienen la misma coordenada x.

LECCIÓN 12, *págs. 72–73*

1. B; **Nivel de conocimiento:** 1; **Temas:** A.1.b, A.5.d; **Prácticas:** MP.1.a, MP.1.e, MP.4.b, MP.4.c

Si un par ordenado es una solución de una ecuación, hace que la ecuación sea verdadera. Reemplaza x y y con los valores de cada par ordenado en la ecuación.
Para $(-1, 3)$, $(-1, 3)$, $2x + y = 2(-1) + 3 = -2 + 3 = 1$.
Como $1 \neq 5$, $(-1, 2)$ no es una solución.
Para $(0, -5)$, $2x + y = 2(0) + (-5) = 0 - 5 = -5$.
Como $-5 \neq 5$, $(0, -5)$ no es una solución.
Para $(-2, 6)$, $2x + y = 2(-2) + 6 = -4 + 6 = 2$.
Como $2 \neq 5$, $(-2, 6)$ no es una solución.
Para $(3, -1)$, $2x + y = 2(3) + (-1) = 6 - 1 = 5$. Como $5 = 5$, $(3, -1)$ es una solución.

2. C; **Nivel de conocimiento:** 1; **Temas:** A.1.b, A.5.d; **Prácticas:** MP.1.a, MP.1.e, MP.4.b, MP.4.c

Si un par ordenado es una solución de una ecuación, hace que la ecuación sea verdadera. Reemplaza x y y con los valores de cada par ordenado en la ecuación.
Para $(-2, 0)$, $(-2, 0)$, $x + 2y = -2 + 2(0) = -2 + 0 = -2$.
Como $-2 \neq 4$, $(-2, 0)$ no es una solución.
Para $(1, 3)$, $x + 2y = 1 + 2(3) = 1 + 6 = 7$.
Como $7 \neq 4$, $(1, 3)$ no es una solución.
Para $(2, -4)$, $x + 2y = 2 + 2(-4) = 2 - 8 = -6$.
Como $-6 \neq 4$, $(2, -4)$ no es una solución.
Para $(0, 2)$, $x + 2y = 0 + 2(2) = 0 + 4 = 4$.
Como $4 = 4$, $(0, 2)$ es una solución.

3. A; **Nivel de conocimiento:** 1; **Temas:** A.1.b, A.5.d; **Prácticas:** MP.1.a, MP.1.e, MP.4.b, MP.4.c

Si un par ordenado es una solución de una ecuación, hace que la ecuación sea verdadera. Reemplaza x y y con los valores de cada par ordenado en la ecuación.
Para $(1, -2)$, $2x - y = 2(1) - (-2) = 2 + 2 = 4$.
Como $4 \neq 0$, $(1, -2)$ no es una solución.
Para $(-1, 2)$, $2x - y = 2(-1) - 2 = -2 - 2 = -4$.
Como $-4 \neq 0$, $(1, -2)$ no es una solución.
Para $(2, -2)$, $2x - y = 2(2) - -2 = 2 + 4 = 6$.
Como $6 \neq 0$, $(2, -2)$ no es una solución.
Para $(0, 0)$, $2x - y = 2(0) - 0 = 0 - 0 = 0$.
Como $0 = 0$, $(0, 0)$ es una solución.

4. C; **Nivel de conocimiento:** 2; **Temas:** A.1.b, A.5.d; **Prácticas:** MP.1.a, MP.1.e, MP.2.c, MP.4.c

Como $(x, 3)$ es una solución de $y = 2x + 2$, reemplaza y con 3 y luego resuelve para hallar x: $3 = 2x + 2$. Para hallar x, comienza por restar 2 de ambos lados de la ecuación: $3 - 2 = 2x$, por lo tanto, $1 = 2x$. A continuación, divide ambos lados de la ecuación entre 2: $\frac{1}{2} = x$.

5. B; **Nivel de conocimiento:** 2; **Temas:** A.1.b, A.5.d; **Prácticas:** MP.1.a, MP.1.e, MP.4.c

Usa la ecuación $d = \sqrt{(x_2 - x_1)^2 + (y_2 - y_1)^2}$, donde $x_2 = -4$, $x_1 = 0$, $y_2 = 3$, y $y_1 = 0$. Reemplaza x y y con los valores y resuelve.
$d = \sqrt{(-4 - 0)^2 + (3 - 0)^2}$
$d = \sqrt{(-4)^2 + (3)^2}$
$d = \sqrt{16 + 9}$
$d = \sqrt{25}$
$d = 5$

6. D; **Nivel de conocimiento:** 2; **Temas:** A.1.b, A.5.d; **Prácticas:** MP.1.a, MP.1.e, MP.4.c

Usa la ecuación $d = \sqrt{(x_2 - x_1)^2 + (y_2 - y_1)^2}$, donde $x_2 = 4$, $x_1 = 2$, $y_2 = 3$, y $y_1 = 5$. Sustituye con los valores y resuelve.
$d = \sqrt{(4 - 2)^2 + (3 - 5)^2}$
$d = \sqrt{(2)^2 + (2)^2}$
$d = \sqrt{4 + 4}$
$d = \sqrt{8}$
$d \approx 2.83$

7. D; **Nivel de conocimiento:** 1; **Temas:** A.1.b, A.5.a, A.5.d; **Prácticas:** MP.1.a, MP.1.e, MP.4.c

Si un par ordenado es una solución de una ecuación, hace que la ecuación sea verdadera. Reemplaza x y y con los valores de cada par ordenado en la expresión $x + 2y$. Si la expresión tiene un valor de -3, la ecuación es verdadera y el par ordenado es una solución.
Para $(0, -3)$, $x + 2y = 0 + 2(-3) = 0 - 6 = -6$.
Como $-6 \neq -3$, $(0, -3)$ no es una solución.
Para $(-1, 2)$, $x + 2y = -1 + 2(2) = -1 + 4 = 3$.
Como $3 \neq 3$, $(-1, 2)$ no es una solución.
Para $(0, -2)$, $x + 2y = 0 + 2(-2) = 0 - 4 = -4$.
Como $-4 \neq -3$, $(0, -2)$ no es una solución.
Para $(-5, 1)$, $x + 2y = -5 + 2(1) = -5 + 2 = -3$.
Como $-3 = -3$, $(-5, 1)$ es una solución.

8. C; Nivel de conocimiento: 3; **Temas:** A.1.b, A.5.a, A.5.d;
Prácticas: MP.1.a, MP.1.e, MP.4.c
Usa la fórmula de la distancia: resuelve $d = \sqrt{(x_2 - x_1)^2 + (y_2 - y_1)^2}$,
donde $x_2 = -3$, $x_1 = -5$, $y_2 = 1$, y $y_1 = 2$. Reemplaza x y y con los
valores y resuelve. La distancia entre $(-5, 2)$ y $(-3, 1)$ es:
$$d = \sqrt{(-3 - -5)^2 + (1 - 2)^2}$$
$$d = \sqrt{(-3 + 5)^2 + (1 - 2)^2}$$
$$d = \sqrt{(2)^2 + (-1)^2}$$
$$d = \sqrt{5} \approx 2.236$$
La distancia entre $(-3, 1)$ y $(-1, -4)$ es:
$$d = \sqrt{(-1 - -3)^2 + (-4 - 1)^2}$$
$$d = \sqrt{(-1 + 3)^2 + (-4 - 1)^2}$$
$$d = \sqrt{(2)^2 + (-5)^2}$$
$$d = \sqrt{29} \approx 5.385$$
Suma $2.236 + 5.385$ para obtener 7.62.

9. B; Nivel de conocimiento: 2; **Temas:** A.1.b, A.5.d; **Prácticas:**
MP.1.a, MP.1.e, MP.4.c
Usa la ecuación
$d = \sqrt{(x_2 - x_1)^2 + (y_2 - y_1)^2}$, donde $x^2 = 3$, $x_1 = 0$, $y_2 = -3$ y $y_1 = 0$.
El resultado es
$\sqrt{(3 - 0)^2 + (-3 - 0)^2} = \sqrt{(3)^2 + (-3)^2} = \sqrt{18} = \sqrt{9 \cdot 2} = 3\sqrt{2}$. El punto
ubicado a igual distancia del origen, en el lado positivo del eje de
la y, es $(0, 3\sqrt{2})$ (opción B).

LECCIÓN 13, *págs. 74–75*
1. C; Nivel de conocimiento: 2; **Temas:** Q.2.a, Q.2.e, Q.6.c,
A.5.b, A.6.a, A.6.b; **Prácticas:** MP.1.a, MP.1.b. MP.1.e, MP.3.a
Usa la fórmula para hallar la pendiente: $\frac{y_2 - y_1}{x_2 - x_1} = m = \frac{4 - 3}{1 - -1} = \frac{1}{2}$

2. A; Nivel de conocimiento: 2; **Temas:** Q.2.a, Q.2.e, Q.6.c, A.5.b,
A.6.a, A.6.b; **Prácticas:** MP.1.a, MP.1.b. MP.1.e, MP.3.a
Para hallar la pendiente de la línea A, inserta dos pares de puntos
cualesquiera (de los tres dados) en la fórmula de la pendiente. Por
ejemplo: $m = \frac{y_2 - y_1}{x_2 - x_1}$, usando $(-2, -4)$ y $(1, 5)$:
$$m = \frac{5 - -4}{1 - -2} = \frac{5 + 4}{1 + 2} = \frac{9}{3} = 3$$

3. C; Nivel de conocimiento: 2; **Temas:** Q.2.a, Q.2.e, Q.6.c,
A.5.b, A.6.a; **Práctica:** MP.1.a, MP.1.b. MP.1.e, MP.3.a
La pendiente es $\frac{\text{elevación}}{\text{distancia}} = \frac{2}{32} = \frac{1}{16}$

4. C; Nivel de conocimiento: 2; **Temas:** Q.2.a, Q.2.e, Q.6.c,
A.5.b, A.6.a, A.6.b; **Prácticas:** MP.1.a, MP.1.b. MP.1.e, MP.3.a
Si $f(x) = 2$, entonces usando la forma $y = mx + b$, $f(x) = 2 + 0x$,
entonces la pendiente es 0. Además, siempre que y es
directamente igual a un número que no tiene variable, la pendiente
de la línea es siempre 0. Por otro lado, si $y = 0$ en dos puntos
cualesquiera de las líneas, la diferencia entre y_1 y y_2 es siempre 0,
lo que también hace que la pendiente sea 0.

5. D; Nivel de conocimiento: 2; **Temas:** Q.2.a, Q.2.e, Q.6.c,
A.6.a; **Prácticas:** MP.1.a, MP.1.b. MP.1.e, MP.3.a
Compara las respuestas con la forma punto-pendiente:
$y - y_1 = m(x - x_1)$
Solo la opción de respuesta D corresponde a esta forma, por lo
tanto, las otras opciones se pueden descartar.

---

6. C; Nivel de conocimiento: 2; **Temas:** Q.2.a, Q.2.e, Q.6.c,
A.6.a, A.6.b; **Prácticas:** MP.1.a, MP.1.b. MP.1.e, MP.3.a
Primero, recuerda la fórmula punto-pendiente: $y - y_1 = m(x - x_1)$.
A continuación, inserta los valores de la pregunta: $y - 5 = 3(x + 2)$.

7. D; Nivel de conocimiento: 2; **Temas:** Q.2.a, Q.2.e, Q.6.c,
A.6.a, A.6.b; **Prácticas:** MP.1.a, MP.1.b. MP.1.e, MP.3.a
Halla la pendiente: $m = \frac{-11 - (-1)}{9 - (-6)} = -\frac{10}{15} = -\frac{2}{3}$
A continuación, inserta los valores $(-6, -1)$ en la fórmula de
punto-pendiente para obtener:
$y - y_1 = m(x - x_1)$
$y + 1 = -\frac{2}{3}x + 6$

8. A; Nivel de conocimiento: 2; **Temas:** Q.2.a, Q.2.e, Q.6.c,
A.6.a, A.6.b; **Prácticas:** MP.1.a, MP.1.b. MP.1.e, MP.3.a
La ecuación dada está en la forma punto-pendiente. Las opciones
de respuesta están en la forma pendiente-intersección. Para
expresar la ecuación dada en la forma pendiente-intersección,
comienza por sumar 2 a cada lado de la ecuación:
$y = -5(x - 1) + 2$. A continuación, multiplica para eliminar los
paréntesis: $y = -5x + 5 + 2$. Por último, combina los términos
semejantes: $y = -5x + 7$.

9. D; Nivel de conocimiento: 3; **Temas:** Q.2.a, Q.2.e, Q.6.c,
A.6.a, A.6.b; **Prácticas:** MP.1.a, MP.1.b. MP.1.e, MP.3.a
Si dos líneas son paralelas, tienen la misma pendiente. La
pendiente de una línea expresada en la forma pendiente-
intersección es el coeficiente de x. Para expresar la ecuación dada
en la forma pendiente-intersección, resuelve la ecuación $4 - y = 2x$
para hallar y. Primero, resta 4 de cada lado:
$-y = 2x - 4$. A continuación, multiplica cada lado por -1: $y = -2x + 4$. Por lo tanto, la pendiente de la línea es -2. Las opciones C y D
tienen coeficientes de x de -2. Sin embargo, la opción C no está
expresada en la forma pendiente-intersección y la pendiente de la
línea es 2. La opción D es la correcta.

LECCIÓN 14, *págs. 76–77*
1. C; Nivel de conocimiento: 2; **Temas:** Q.2.a, Q.6.c, A.6.c;
Prácticas: MP.1.a, MP.2.c
El hecho de que las líneas sean paralelas o perpendiculares está
determinado por sus pendientes. La ecuación de la línea de la
pregunta está dada en la forma pendiente-intersección, con una
pendiente de $-\frac{2}{3}$. Las líneas paralelas a la línea dada tienen la
misma pendiente, como la línea C. Las líneas perpendiculares a la
línea dada tienen pendientes que son el inverso negativo de $-\frac{2}{3}$, ó
$\frac{3}{2}$, que es la misma pendiente que la de la línea B. Por lo tanto, la
línea especificada es perpendicular a B y paralela a C (opción C).

2. D; Nivel de conocimiento: 1; **Temas:** A.5.b, A.6.c; **Prácticas:**
MP.1.a, MP.2.c
La ecuación de la línea está dada en la forma pendiente-
intersección $y = mx + b$, por lo tanto, la pendiente $m = 4$. Las líneas
paralelas tendrán la misma pendiente, 4 (opción D). La opción A
es el negativo de la razón de b y m. La opción B es el negativo del
inverso de m, que es la pendiente de una línea perpendicular a la
línea dada. La opción C es el valor de la intersección con el eje de
la y, b.

Clave de respuestas

UNIDAD 3 *(continuación)*

3. C; **Nivel de conocimiento:** 1; **Temas:** A.5.b, A.6.c; **Prácticas:** MP.1.a, MP.2.c

La pendiente de la línea dada por la ecuación es −3. La pendiente de las líneas perpendiculares a la línea dada será el inverso negativo, o $\frac{1}{3}$ (opción C). La opción A es la pendiente de la línea dada. La opción B es el inverso de la pendiente de la línea dada. La opción D es el negativo de la pendiente de la línea dada.

4. D; **Nivel de conocimiento:** 2; **Temas:** A.5.b, A.6.c; **Prácticas:** MP.1.a, MP.2.c

Si volvemos a escribir la ecuación en la forma pendiente-intersección, $y = mx + b$, vemos que $y = -2x + 4$. Entonces, la pendiente es $m = -2$. Cualquier línea paralela a la línea dada tendrá también una pendiente de −2. De las opciones dadas, la única que cumple ese requisito es la opción D. La opción A tiene una pendiente de +2. La pendiente de la opción B es $\frac{1}{2}$. La pendiente de la opción C, después de volver a escribirla como $y = 2x - 2$, es +2.

5. B; **Nivel de conocimiento:** 2; **Temas:** A.5.b, A.6.c; **Prácticas:** MP.1.a, MP.2.c

La ecuación ya está en la forma pendiente-intersección, con una pendiente de $m = -\frac{4}{3}$. Las líneas perpendiculares a la línea dada tendrán una pendiente que es el inverso negativo de dicho valor: $\frac{3}{4}$.

De las opciones dadas, la única que cumple ese requisito es la opción B. La pendiente de la opción A es el negativo de la pendiente de la línea dada, la pendiente de la opción C es el inverso y la de la opción D es igual a la pendiente de la línea dada.

6. A; **Nivel de conocimiento:** 3; **Temas:** A.5.b, A.6.c; **Prácticas:** MP.1.a, MP.2.c

Si expresamos la ecuación dada en la forma pendiente-intersección, obtenemos $y = -\frac{1}{3}x + \frac{5}{3}$; la pendiente es $-\frac{1}{3}$. Las líneas perpendiculares a la línea dada tienen una pendiente que es el inverso negativo, 3. En la pregunta se especifica que la intersección con el eje de la y es 3, por lo tanto, la ecuación de la línea, en la forma pendiente-intersección, es $y = 3x + 3$. Si dividimos ambos lados de la ecuación entre 3, vemos que la opción A es una forma equivalente alternativa.

7. C; **Nivel de conocimiento:** 3; **Temas:** Q.6.c, A.5.a, A.5.b, A.6.a, A.6.b, A.6.c; **Prácticas:** MP.1.a, MP.1.b, MP.2.c, MP.3.a

La línea que atraviesa los puntos C y D es paralela a la línea que atraviesa los puntos A y B, y, por lo tanto, tiene la misma pendiente: 3. Se especifica en el problema que el punto C se ubica sobre el eje de la y en $y = 8$: esa es la intersección con el eje de la y de la línea que atraviesa los puntos C y D. Se conocen tanto la pendiente como la intersección, y la ecuación de la línea es $y = 3x + 8$ (opción C). La opción A tiene la intersección con el eje de la y, pero el inverso de la pendiente correcta. La opción B tiene el inverso de la pendiente correcta y el negativo de la intersección con el eje de la y correcta. La opción D tiene la pendiente correcta pero el negativo de la intersección correcta.

8. B; **Nivel de conocimiento:** 3; **Temas:** Q.6.c, A.5.a, A.5.b, A.6.a, A.6.b, A.6.c; **Prácticas:** MP.1.a, MP.1.b, MP.2.c, MP.3.a

La línea que atraviesa los puntos B y C es perpendicular a la línea que atraviesa los puntos A y B. Como resultado, la pendiente de la línea es el inverso negativo de la pendiente de la línea que atraviesa los puntos A y B, ó $-\frac{1}{3}$. La intersección con el eje de la y de la línea que atraviesa los puntos B y C es el punto C, por lo tanto, $y = 8$. Esa combinación de pendiente e intersección con el eje de la y indica que la opción B es la correcta. La opción A tiene el negativo de la intersección con el eje de la y correcta. La opción C tiene el inverso de la pendiente correcta y el negativo de la intersección con el eje de la y correcta. La opción D tiene el inverso de la pendiente correcta.

9. C; **Nivel de conocimiento:** 3; **Temas:** Q.2.a, Q.6.c, A.5.a, A.5.b, A.6.a, A.6.c; **Prácticas:** MP.1.a, MP.1.b, MP.1.c, MP.1.e, M.2.c, MP.3.a, MP.4.b, MP.5.c

La ecuación de la línea que atraviesa los puntos A y B es $y = 3x$. La ecuación de la línea que atraviesa los puntos B y C es $y = -\frac{1}{3}x + 8$.

En el punto B, donde se intersecan las dos líneas, los dos valores de y son los mismos, de manera que las expresiones en x se pueden igualar: $3x = -\frac{1}{3}x + 8$. Si volvemos a escribir la ecuación, obtenemos $\frac{10}{3}x = 8$, por lo tanto, $x = \frac{24}{10}$ (después de multiplicar cada lado por $\frac{3}{10}$ para simplificar x) = 2.4. Si reemplazamos x con ese valor en la ecuación de la línea que atraviesa los puntos A y B, obtenemos $y = 3x = 3(2.4) = 7.2$. (También se podría usar la ecuación para la línea que atraviesa los puntos B y C). Por lo tanto, la respuesta correcta es (2.4, 7.2), o la opción C. Las opciones restantes son puntos cercanos a la respuesta correcta.

10. D; **Nivel de conocimiento:** 3; **Temas:** Q.2.a, Q.6.c, A.5.a, A.5.b, A.6.a, A.6.c; **Prácticas:** MP.1.a, MP.1.b, MP.1.c, MP.1.e, M.2.c, MP.3.a, MP.4.b, MP.5.c

Como es paralela a la línea que atraviesa los puntos B y C, la ecuación de la línea que atraviesa los puntos A y D es $y = -\frac{1}{3}x$. Mientras tanto, sabemos por la pregunta 7 que la ecuación de la línea que atraviesa los puntos C y D es $y = 3x + 8$. Si las igualamos, obtenemos: $-\frac{1}{3}x = 3x + 8$. Al volver a escribirlas, se obtiene $\frac{10}{3}x = -8$, por lo tanto, $x = -2.4$. Al reemplazar x con ese valor en la ecuación $y = -\frac{1}{3}x$, vemos que $y = 0.8$. Por lo tanto, la respuesta correcta es (−2.4, 0.8), la opción D. Las opciones restantes son puntos cercanos a la respuesta correcta.

LECCIÓN 15, *págs. 78–79*

1. D; **Nivel de conocimiento:** 2; **Temas:** Q.2.a, Q.6.c, A.5.a, A.5.e; **Prácticas:** MP.1.a, MP.1.b, MP.4.a, MP.5.c

El valor de x del mínimo está dado por $x = \frac{-b}{2a} = \frac{-1}{2\left(\frac{1}{3}\right)} = -\frac{3}{2} = -1.5$. Al reemplazar la x en la ecuación se obtiene $\frac{1}{3}(-1.5)^2 + (-1.5) - 4 = .75 + -5.5$, por lo tanto, $y = -4.75$. Entonces, las coordenadas del mínimo son (−1.50, −4.75). Las opciones restantes son puntos cercanos distribuidos de manera pareja.

2. B; **Nivel de conocimiento:** 2; **Temas:** Q.2.a, A.5.a, A.5.e; **Prácticas:** MP.1.a, MP.1.b, MP.1.d, MP.4.b

La curva atraviesa el eje de la x cuando $y = 0$. Al reemplazar y descomponer en factores la expresión en x se obtiene $(x + 4)(x - 2) = 0$. Hay dos soluciones: $x = -4$ y $x = 2$ (opción B). La opción A es el término constante en la ecuación (c) y el negativo de ese número. La opción C es válida para el primer valor, pero no para el segundo. En la opción D se dan los opuestos de las respuestas correctas.

3. A; **Nivel de conocimiento:** 1; **Temas:** A.5.a, A.5.e; **Prácticas:** MP.1.a, MP.2.c

La curva atraviesa el eje de la y cuando $x = 0$. La intersección con el eje de la y es el término constante de la ecuación, por lo tanto, la respuesta es −8 (opción A). Las opciones B y C son la mitad de la respuesta correcta, con el signo de la resta o sin él. La opción D es el opuesto a la respuesta correcta.

4. B; Nivel de conocimiento: 2; **Temas:** Q.2.a, A.5.a, A.5.e; **Prácticas:** MP.1.a, MP.1.b, MP.4.a, MP.5.c

El mínimo ocurre en $x = \frac{-b}{2a}$, donde $b = 2$ y $a = 1$ (el valor de x^2). Eso da un valor de x de $\frac{-2}{2} = -1$ (opción B). La opción A es el doble de la respuesta correcta, la opción C es el opuesto de la respuesta correcta y la opción D es el opuesto del doble de la respuesta correcta.

5. C; Nivel de conocimiento: 3; **Temas:** Q.6.c, A.5.a, A.5.e; **Prácticas:** MP.1.a, MP.1.b, MP.2.c, MP.3.a, MP.5.c

El punto dado en $y = -2$ tiene un valor de x de $+1$, que está tres unidades a la derecha del valor de x del máximo. Un punto correspondiente en la curva se ubicará tres unidades a la izquierda del máximo, de modo que $x = -2 - 3 = -5$ (opción C). Las opciones restantes son puntos cercanos distribuidos de manera pareja.

6. D; Nivel de conocimiento: 2; **Temas:** Q.6.c, A.5.e; **Prácticas:** MP.1.a, MP.1.b, MP.2.c, MP.5.c

Las ecuaciones cuadráticas con valores negativos de a muestran máximos, no mínimos; los valores negativos de a dan vuelta la curva. Las curvas D y E son curvas que están al revés (negativas) con máximos.

7. A; Nivel de conocimiento: 2; **Temas:** Q.6.c, A.5.e; **Prácticas:** MP.1.a, MP.1.b, MP.2.c, MP.5.c

Las ecuaciones cuadráticas con $b = 0$ tienen máximos o mínimos con centro en el eje de la y. La curva B es la única con centro en el eje de la y (opción A).

8. C; Nivel de conocimiento: 2; **Temas:** Q.6.c, A.5.e; **Prácticas:** MP.1.a, MP.1.b, MP.2.c, MP.5.c

Las curvas alcanzan su máximo o mínimo en valores de x iguales a $\frac{-b}{2a}$. Si $\frac{b}{2a}$ es negativo, el valor de x del máximo o el mínimo debe ser positivo en la gráfica. Las curvas C y E (opción C) están completamente del lado positivo del eje de la x. Partes de las curvas A, B y D están en la parte negativa del eje de la x.

9. D; Nivel de conocimiento: 2; **Temas:** Q.6.c, A.5.e; **Prácticas:** MP.1.a, MP.1.b, MP.2.c, MP.5.c

El valor de c es el valor de y en las que las curvas atraviesan el eje de la y. Las curvas que atraviesan el eje de la y en $y = 0$ son las curvas B y D (opción D).

LECCIÓN 16, *págs. 80–81*

1. D; Nivel de conocimiento: 2; **Temas:** Q.2.a, Q.6.c, A.5.e, A.7.c; **Prácticas:** MP.1.a, MP.4.a

La curva se interseca con el eje de la y cuando x es igual a cero. Si se reemplaza x con 0 en la función, se obtiene $y = (0-2)(0+2)(0+1) = (-2)(2)(1) = 4$ (opción D). Las opciones restantes corresponden a los valores de x donde la curva se interseca con el eje de la x.

2. C; Nivel de conocimiento: 1; **Temas:** Q.6.c, A.5.e, A.7.c; **Prácticas:** MP.1.a, MP.2.c

Mientras que la función aumenta cuando x es igual a x_1, x_3 y x_4, el único de esos dos puntos donde la curva está por sobre el eje de la x (y positivo) es en x_4 (opción C).

3. D; Nivel de conocimiento: 2; **Temas:** Q.6.c, A.5.e, A.7.c; **Prácticas:** MP.1.a, MP.2.c

La función aumenta cuando x es igual a x_1, x_3 y x_4 (opción D). Las opciones A y C también se refieren a puntos donde la función aumenta, pero representan listas incompletas de dichos puntos. La opción B da un valor de x en el cual la función disminuye.

4. B; Nivel de conocimiento: 2; **Temas:** Q.6.c, A.5.e, A.7.c; **Prácticas:** MP.1.a, MP.2.c

La pendiente es negativa cuando $x = x_2$ y positiva cuando $x = x_3$. Lo que significa que la curva debe atravesar su mínimo en algún lugar entre estos dos puntos (opción B). (Esto también es evidente al observar la gráfica).

5. B; Nivel de conocimiento: 3; **Temas:** Q.6.c, A.5.a, A.5.e, A.7.c; **Prácticas:** MP.1.a, MP.1.b, MP.1.d, MP.2.c, MP.3.a, MP.5.c

La curva se interseca con el eje de la y cuando $x = 0$. Si se reemplaza x con 0 en la ecuación, se obtiene $y = (0^2 + 1)(0 - 4)$, que al simplificarse da $(1)(-4) = -4$ (opción B).

6. A; Nivel de conocimiento: 2; **Temas:** Q.6.c, A.5.e, A.7.c; **Prácticas:** MP.1.a, MP.1.b, MP.2.c, MP.5.c

El primer término $(x^2 + 1)$ nunca puede ser cero, ya que x_2 nunca puede ser negativo para valores reales de x. El segundo término, $(x - 4)$ queda en cero cuando $x = 4$ (opción A). Las opciones restantes son números enteros que están entre la respuesta correcta y cero.

7. A; Nivel de conocimiento: 2; **Temas:** Q.6.c, A.5.e; **Prácticas:** MP.1.a, MP.1.b, MP.2.c, MP.5.c

Como el numerador de varias de las opciones de respuesta es $+x$ ó $-x$, todas las opciones atraviesan el 0, lo que es coherente con la gráfica. A partir de la gráfica, se puede inferir que la función es indefinida en $x = -1$ y $x = +2$; esto significa que el denominador se convierte en 0 en esos valores. Eso permite descartar como posibilidades a las opciones B y D. Si se reemplaza x con 1 en la opción A, se obtiene $y = \frac{1}{2}$. Si se reemplaza x con 1 en la opción C, se obtiene $y = \frac{-1}{2}$. Como la gráfica es positiva en $x = 1$, la opción A es correcta.

8. C; Nivel de conocimiento: 2; **Temas:** Q.6.c, A.5.e; **Prácticas:** MP.1.a, MP.1.b, MP.2.c

La función atraviesa un máximo en $x = 0$. Atraviesa su próximo máximo en $x = 4$ y el siguiente en $x = 8$. Los dos intervalos subsiguientes de 4 y los dos intervalos previos de 4 (que llegan hasta $x = -8$) muestran segmentos de curva idénticos al que está entre $x = 0$ y $x = 4$. Por lo tanto, el período es 4 (opción C). Las opciones A y B cubren solo una parte del ciclo completo del patrón. La opción D es el doble de la respuesta correcta.

9. C; Nivel de conocimiento: 3; **Tema:** A.7.b; **Prácticas:** MP.1.a, MP.1.b, MP.1.e, MP.2.c, MP.3.a, MP.5.c

La característica esencial que se debe buscar es la ausencia de múltiples valores de y para un valor de x dado. Por ejemplo, la opción A muestra valores de x de -2 y -1, que aparecen dos veces cada uno, pero lo hacen con valores de y múltiples y diferentes (por ejemplo, -2 y 2 y -1 y 1), respectivamente. Lo mismo ocurre con las opciones B y D. Solo la opción C tiene cinco puntos bien diferenciados sin valores de x duplicados, lo que la convierte en la opción correcta.

Clave de respuestas

UNIDAD 3 *(continuación)*

LECCIÓN 17, *págs. 82–83*

1. C; **Nivel de conocimiento:** 2; **Temas:** Q.6.c, A.5.e, A.7.a, A.7.d; **Prácticas:** MP.1.a, MP.1.b, MP.1.e, MP.4.c
La tasa de cambio de una función representada de manera algebraica, en notación de función, está dada por el coeficiente de x. Una función con una tasa de cambio mayor que $\frac{2}{3}$ y menor que 2 tendrá un coeficiente de x que estará entre estos dos valores. En la opción de respuesta A, el coeficiente de x es 3. Como 3 es mayor que 2, la tasa de cambio de la función dada por $f(x) = 3x + 2$ tiene una tasa de cambio mayor que la de la función representada en la tabla. En la opción de respuesta B, el coeficiente de x es $\frac{1}{2}$. Como $\frac{1}{2}$ es menor que $\frac{2}{3}$, la tasa de cambio de la función dada por $f(x) = \frac{1}{2x} - 1$ es menor que la tasa de cambio de la función representada en la gráfica. En la opción de respuesta C, el coeficiente de x es 1. Como 1 es mayor que $\frac{2}{3}$ y menor que 2, la tasa de cambio de la función dada por $f(x) = x + 3$ es mayor que la tasa de cambio que se muestra en la gráfica y menor que la tasa de cambio que se muestra en la tabla. En la opción de respuesta D, el coeficiente de x es $\frac{5}{2}$. Como $\frac{5}{2}$ es mayor que 2, la tasa de cambio de la función dada por $f(x) = \frac{5}{2}x + 2$ es mayor que la tasa de cambio de la función representada en la tabla.

2. C; **Nivel de conocimiento:** 2; **Temas:** Q.6.c, A.5.e, A.7.a, A.7.d; **Prácticas:** MP.1.a, MP.1.b, MP.1.e, MP.4.c
La función representada en la gráfica atraviesa la intersección con el eje de la y en $y = 2$. Al expresarla como función, la intersección con el eje de la y está representada por el término constante. En la opción de respuesta A, la intersección con el eje de la y es -2, por lo tanto, la intersección tiene el signo equivocado. En la opción de respuesta B, la tasa de cambio de la función es la misma que la tasa de cambio que se muestra en la gráfica, pero la intersección con el eje de la y, 3, no es la misma que la intersección con el eje de la y que se muestra en la gráfica. En la opción de respuesta C, la intersección con el eje de la y es 2, que es la misma que la intersección con el eje de la y que se muestra en la gráfica. En la opción de respuesta D, la intersección con el eje de la y es -1, que es la misma que la intersección con el eje de la x que se muestra en la gráfica.

3. B; **Nivel de conocimiento:** 2; **Temas:** Q.6.c, A.5.e, A.7.a, A.7.d; **Prácticas:** MP.1.a, MP.1.b, MP.1.e, MP.4.c
Primero, determina la tasa de cambio y la intersección con el eje de la y de la función que se muestra en gráfica. La razón de cambio horizontal a cambio vertical de la tabla es 2:1, por lo tanto, la tasa de cambio es 2. La gráfica atraviesa el eje de la y en (0, 2), por lo tanto, la intersección con el eje de la y es 2. A continuación, determina la tasa de cambio y la intersección con el eje de la y de la función representada en los pares ordenados. La razón de cambio vertical a cambio horizontal es $\frac{6 - 2}{0 - (-2)} = \frac{4}{2} = 2$.

Por lo tanto, la tasa de cambio de ambas funciones es la misma. El par ordenado (0, 6) muestra que la intersección con el eje de la y de la función es 6. Por lo tanto, las intersecciones con el eje de la y de las dos funciones son diferentes.

4. D; **Nivel de conocimiento:** 2; **Temas:** Q.6.c, A.5.e, A.7.a, A.7.c, A.7.d; **Prácticas:** MP.1.a, MP.1.b, MP.1.e, MP.4.c
Al observar la gráfica, cuando $x = -2$, $f(x) = -2$. Evalúa cada función para $x = -2$ y compara. Para la opción de respuesta A, $f(x) = -x = -(-2) = 2$. Para la opción de respuesta B, $f(x) = \frac{x}{2}x + 1 = \frac{-2}{2}(-2) + 1 = 2 + 1 = 3$.

Para la opción de respuesta C, $f(x) = x + 4 = -2 + 4 = 2$.

Para la opción de respuesta D, $f(x) = 6x + 10 = 6(-2) + 10 = -12 + 10 = -2$.

5. A; **Nivel de conocimiento:** 2; **Temas:** Q.6.c, A.5.e, A.7.c, A.7.d; **Prácticas:** MP.1.a, MP.1.b, MP.1.e, MP.4.c
Comienza por identificar las intersecciones con el eje de la x de la función representada en la tabla. En las intersecciones con el eje de la x, $y = 0$. Por lo tanto, las intersecciones con el eje de la x son -2 y 2. A continuación, establece $f(x) = 0$ para cada función y resuelve para hallar x. Para la opción de respuesta A, $f(x) = \frac{1}{2}x^2 - 2$, por lo tanto, si $f(x) = 0$, $\frac{1}{2}x^2 - 2 = 0$ y $\frac{1}{2}x^2 = 2$.

Multiplica cada lado de la ecuación por 2: $x^2 = 4$, y $x = \pm 2$. Por lo tanto, $f(x) = \frac{1}{2}x^2 - 2$ tiene las mismas intersecciones con el eje de la x que la función que se representa en la tabla. Para las opciones de respuesta B y D, el coeficiente de x^2 es positivo, por lo tanto, la parábola se abre hacia arriba. Como la intersección con el eje de la y es 2, que se ubica por encima del eje de la x, la gráfica de la función no atraviesa el eje de la x y no tiene intersecciones con el eje de la x. Para la opción de respuesta C, $f(x) = 2x^2 - 2$, por lo tanto, si $f(x) = 0$, $2x^2 - 2 = 0$ y $2x^2 = 2$. Divide cada lado entre 2: $x^2 = 1$. Por lo tanto, $x = \pm 1$. También puedes evaluar cada función para -2 y 2. Si el valor de la función es 0, entonces la función tiene las mismas intersecciones con el eje de la x que la función representada en la tabla.

6. A; **Nivel de conocimiento:** 2; **Temas:** Q.6.c, A.5.e, A.7.d; **Prácticas:** MP.1.a, MP.1.b, MP.1.e, MP.4.c
Una función cuadrática cuya gráfica se abre hacia arriba tiene un valor mínimo. Una función cuadrática cuya gráfica se abre hacia abajo tiene un valor máximo. Por lo tanto, la función cuadrática que se muestra en la gráfica tiene un valor máximo, pero no tiene valor mínimo. Según la gráfica, el valor máximo de la función es 4. El valor más alto que se muestra de la función representada en la tabla ($y = 4$, $x = 0$) es 4. Como el valor de la función disminuye de manera simétrica a medida que cambia el valor de x, este es el valor máximo de la función. Por lo tanto, las dos funciones tienen los mismos valores máximos.

REPASO DE LA UNIDAD 3, *págs. 84–91*

1. A; **Nivel de conocimiento:** 2; **Temas:** Q.2.e, A.1.c, A.1.j; **Prácticas:** MP.1.a, MP.1.b, MP.2.a, MP.2.c
Paga total de la pintora = $20 \times h$. Paga total de la asistente = $15 \times h$. Como la asistente trabajó 5 horas más que la pintora, se puede representar con $15 \times (h + 5)$. El total de lo que cobraron por el trabajo está representado como $20h + 15(h + 5) = \$355$.

2. D; **Nivel de conocimiento:** 2; **Temas:** Q.2.e, A.1.b, A.1.c, A.1.i; **Prácticas:** MP.1.a, MP.1.b, MP.2.c, MP.4.a, MP.4.b
$\sqrt{x^2} = \sqrt{36}$, $x = \pm 6$. Al reemplazar x con los valores en la segunda ecuación, se obtiene 22, ó -2. Como -2 no es una de las opciones de respuesta, la respuesta correcta es la D.

3. C; **Nivel de conocimiento:** 2; **Temas:** Q.2.e, A.1.c, A.2.b, A.1.j; **Prácticas:** MP.1.a, MP.1.b, MP.2.a, MP.2.c
Usa variables para desarrollar la ecuación. Sea w = semana y S = saldo. Como el único cambio es que cada semana se agrega \$1,244, esta es una cantidad variable. Entonces, la ecuación se puede expresar como: $S = \$1,244w + \$287$.

4. **A**; **Nivel de conocimiento:** 2; **Temas:** Q.2.e, A.1.c, A.1.j; **Prácticas:** MP.1.a, MP.1.b, MP.2.a, MP.2.c
Observa que cada término disminuye en 0.5. Si x representa el término, la ecuación puede representarse con $y = 3 - 0.5x$.

5. **B**; **Nivel de conocimiento:** 2; **Temas:** Q.2.a, Q.2.e, A.1.b, A.1.c, A.1.j; **Prácticas:** MP.1.a, MP.1.b, MP.1.c, MP.1.d, MP.2.a, MP.2.c, MP.3.a
Sea m el número de mujeres que actúan en la producción. Como el número de hombres que actúan es 5 más que la mitad del número de mujeres, se puede representar mediante la siguiente ecuación: Hombres $= \dfrac{1}{2} m + 5$.

6. **A**; **Nivel de conocimiento:** 2; **Temas:** Q.2.a, Q.2.e, A.2.a; **Prácticas:** MP.1.a, MP.1.b, MP.1.c, MP.1.d, MP.2.c
Vuelve a escribir la ecuación para hallar x:
$3x + 0.15 = 1.29$
$3x = 1.29 - 0.15$
$3x = 1.14$
$x = 0.38$

7. **B**; **Nivel de conocimiento:** 2; **Tema:** A.5.b; **Prácticas:** MP.1.a, MP.1.b, MP.1.e, MP.2.a, MP.2.c
La pendiente de una línea está representada por el cambio en los valores de y dividido entre el cambio en los valores de x. Para hallar la pendiente, usaremos los puntos $(-3, -2)$ y $(3, 2)$.
$m = \dfrac{(2 - -2)}{(3 - -3)}$
$m = \dfrac{4}{6} = \dfrac{2}{3}$

8. **B**; **Nivel de conocimiento:** 2; **Tema:** A.6.b; **Prácticas:** MP.1.a, MP.1.b, MP.1.e, MP.2.a, MP.2.c
En este caso, como el valor de b (intersección con el eje de la y) es cero, la ecuación es $y = \dfrac{2}{3} x$.

9. **3, −2**; **Nivel de conocimiento:** 2; **Tema:** A.5.a; **Prácticas:** MP.1.a, MP.1.b, MP.1.d, MP.1.e, MP.2.a, MP.2.c
Reflejar sobre el eje de la y cambiará solo los valores de x. La nueva ubicación del punto K será $(3, -2)$.

10. **C**; **Nivel de conocimiento:** 2; **Temas:** A.5.b; **Prácticas:** MP.1.a, MP.1.b, MP.1.e, MP.2.a, MP.2.c
El lado JL tiene una pendiente de cero, y el valor de y no cambia. Las opciones de respuesta A y B reflejan una pendiente negativa. La opción D refleja una pendiente positiva.

11. **B**; **Nivel de conocimiento:** 2; **Temas:** Q.2.a, Q.2.e, A.1.c; **Prácticas:** MP.1.a, MP.1.b, MP.1.e, MP.2.a, MP.2.c
Desarrolla una ecuación para representar la situación.
Sea x = personas menores de 25 años que votaron. Las personas mayores de 25 años que votaron $= 2x - 56$. Las opciones de respuesta A y D incluyen un múltiplo mayor que el doble del número de personas menores de 25 años que votaron (ej. $56x$). La opción de respuesta C no duplica el valor de x, y resta 56.

12. **C**; **Nivel de conocimiento:** 2; **Tema:** Q.2.e; **Prácticas:** MP.1.a, MP.1.b
Si se mueve el punto decimal ocho lugares hacia la derecha, se obtiene el valor original. La opción de respuesta C es la única que representa este valor.

13. **C**; **Nivel de conocimiento:** 2; **Temas:** Q.2.a, Q.2.e, A.2.a, A.2.b, A.2.c; **Prácticas:** MP.1.a, MP.1.b, MP.1.c, MP.1.d, MP.2.a, MP.2.c, MP.3.a
Desarrolla una ecuación para determinar el costo de los refrigerios (T):
$T = \$15 + \$1.25x$
$\$75 = \$15 + 1.25x$
$\$60 = 1.25x$; $x = 48$

14. **D**; **Nivel de conocimiento:** 3; **Tema:** A.1.c; **Prácticas:** MP.1.a, MP.1.b, MP.1.c, MP.1.d, MP.2.a, MP.2.c, MP.3.a, MP.4.a
Sea el primer número entero x, y el segundo, $x + 1$. La suma de los números enteros $= x + x + 1 = 2x + 1$.
Producto de los números enteros $= x (x + 1) = x^2 + 1x$
La ecuación se puede representar con: $x^2 + 1x + 19 = 2x + 1$; al volver a escribir la ecuación, se obtiene $x^2 - 1x + 18 = 0$.

15. **D**; **Nivel de conocimiento:** 1; **Temas:** Q.2.a, Q.2.e; **Prácticas:** MP.1.a, MP.1.b, MP.1.c, MP.2.a
Observa que sólo en la opción de respuesta D los números suman 11. Las otras opciones de respuesta se pueden descartar.

16. **C**; **Nivel de conocimiento:** 2; **Temas:** Q.1.c, Q.2.a, Q.2.e. **Prácticas:** MP.1.a, MP.2.c, MP.4.a
Para comparar los diámetros, divide el diámetro de la bacteria entre el diámetro del virus. Recuerda: para dividir potencias con la misma base, resta el exponente en el denominador del exponente en el numerador.
$\dfrac{1.8 \times 10^{-6}}{2.5 \times 10^{-9}} \approx 0.7 \times 10^3 \approx 7 \times 10^2 \approx 700$
También puedes escribir ambos diámetros con la misma potencia de 10 y dividir: $1.8 \times 10^{-6} = 1,800 \times 10^{-9}$ $\dfrac{1,800 \times 10^{-9}}{2.5 \times 10^{-9}} \approx 720$, que redondeado a la centena más próxima, es 700.

17. **C**; **Nivel de conocimiento:** 3; **Tema:** A.2.d; **Prácticas:** MP.1.a, MP.2.a, MP.2.c, MP.3.a, MP.4.a, MP.4.b
Desarrolla dos ecuaciones simultáneas para resolver el problema. Sea x el número de billetes de 5 dólares y y el número de billetes de 1 dólar. Vuelve a escribir la ecuación, resuelve para 1 variable y luego reemplaza.
$5x + y = 52$; $x + y = 20$, por lo tanto $y = 20 - x$
$5x + (20 - x) = 52$
$4x = 32$
$x = 8$

18. **B**; **Nivel de conocimiento:** 2; **Tema:** Q.2.d; **Práctica:** MP.4.b
Una expresión es indefinida cuando el denominador tiene un valor de cero. Solo la opción de respuesta B hace que el denominador sea cero $[4(0) = 0]$.

19. **A**; **Nivel de conocimiento:** 1; **Temas:** Q.2.a, Q.2.e; **Prácticas:** MP.1.a, MP.1.b, MP.1.c, MP.1.d, MP.2.a, MP.2.c, MP.3.a
Dinero retirado $= \$64 \times 3 = \$192$.
Como el dinero fue retirado, $-\$192$ representa el cambio en la cuenta después de los 3 días.

Clave de respuestas

UNIDAD 3 *(continuación)*

20. A; **Nivel de conocimiento:** 2; **Temas:** Q.2.a, Q.2.e;
Prácticas: MP.1.a, MP.1.b, MP.1.c, MP.2.c
Inserta el valor $x = 2$ en la ecuación:
$$y = \frac{3}{4}x$$
$$y = \frac{3}{4}(2)$$
$$y = \frac{3}{2}$$

21. D; **Nivel de conocimiento:** 2; **Temas:** Q.2.a, Q.2.e; **Prácticas:**
MP.1.a, MP.1.b, MP.1.c, MP.1.d, MP.2.a, MP.2.c, MP.3.a
Si suponemos que hacia abajo es negativo y hacia arriba es
positivo, su posición puede representarse con la siguiente
ecuación P: $P = 786 - 137 + 542 = 1{,}191$ pies. Su posición es 1,191
pies más arriba que donde comenzó en la primera aerosilla.

22. A; **Nivel de conocimiento:** 2; **Tema:** A.3.b; **Prácticas:** MP.1.a,
MP.1.b, MP.1.c, MP.2.a, MP.2.c, MP.3.a
El valor 1 y los valores mayores que 1 están resaltados en la recta
numérica. Describe la desigualdad x como mayor que o igual a 1.

23. C; **Nivel de conocimiento:** 2; **Temas:** A.2.a, A.2.b, A.2.c;
Prácticas: MP.1.a, MP.1.b, MP.1.c, MP.2.a, MP.2.c, MP.3.a
Sea x el costo para un adulto. Como el costo para un niño es
de $30 menos que la mitad del costo para un adulto, se puede
representar con:
$$C = \frac{x}{2} - \$30$$
Costo para 3 niños $= 3\left[\dfrac{230}{2} - 30\right]$
Costo para 3 niños $= 3 \times 85 = \$255$.

24. C; **Nivel de conocimiento:** 2; **Temas:** Q.2.b, Q.4.a; **Prácticas:**
MP.1.a, MP.1.b, MP.1.c, MP.1.d, MP.2.a, MP.2.c, MP.3.a
Saca la raíz cuadrada de 50 para hallar cada lado del cuadrado.
Multiplica la longitud de un lado por 4 para hallar un perímetro de
28.3 pies. Este valor se puede redondear a 28 pies.

25. A; **Nivel de conocimiento:** 2; **Temas:** Q.2.a, A.3.a; **Prácticas:**
MP.1.a, MP.1.b, MP.1.e, MP.2.a, MP.4.b
Para identificar el valor de x que es una solución de la
desigualdad, resuelve la desigualdad. Comienza por multiplicar
para eliminar los paréntesis: $2 - 2x < 8$. Resta 2 de cada lado y
agrupa los términos semejantes: $-2x < 6$. Divide cada lado entre
-2 y cambia la dirección de la desigualdad: $x > -3$. Sólo la opción
A, -2, es mayor que -3.

26. D; **Nivel de conocimiento:** 2; **Temas:** Q.2.a, A.1.b; **Prácticas:**
MP.1.a, MP.1.b, MP.1.c, MP.2.a, MP.2.c, MP.3.a, MP.4.a, MP.4.b
Iguala la ecuación a cero y resuelve para hallar x. $f(x)$ tiene un valor de
cero cuando $x = 2$. Los valores x que son números enteros mayores
que 2 dan como resultado valores de y que son números enteros
positivos. La opción de respuesta D es la única con un valor de x
mayor que 2, de manera que todas las otras opciones se pueden
descartar.

27. A; **Nivel de conocimiento:** 3; **Temas:** Q.2.a, A.1.f, A.1.j, A.4.a;
Prácticas: MP.1.a, MP.1.b, MP.1.c, MP.1.d, MP.2.a, MP.2.c, MP.3.a,
MP.4.a, MP.4.b
La siguiente ecuación se puede resolver usando la fórmula
cuadrática o descomponiendo en factores.
$$2x^2 + 18x + 36 = 0$$
$$(2x^2 + 12x) + (6x + 36) = 0$$
$$2x(x + 6) + 6(x + 6) = 0$$
Sólo la opción de respuesta A refleja una ecuación equivalente a la
original. Las otras opciones de respuesta se pueden descartar.

28. A; **Nivel de conocimiento:** 2; **Tema:** A.3.a; **Prácticas:** MP.1.a,
MP.1.b, MP.1.c, MP.2.a, MP.2.c, MP.3.a
Sea x el número desconocido. La ecuación se puede representar
con: $x + 20 \geq 5x + 3$
En la opción B se usa un signo incorrecto en el número entero. En
la opción C, el signo de la desigualdad es incorrecto. En la opción
D, los valores del lado izquierdo de la ecuación son incorrectos.

29. (2, 1); **Nivel de conocimiento:** 2; **Tema:** A.5.a; **Prácticas:**
MP.1.a, MP.1.b, MP.1.e, MP.2.a, MP.2.c.
En un rectángulo las longitudes miden lo mismo y los 2 anchos,
también (en este caso, el rectángulo es un cuadrado). La distancia
entre J y K mide 4 unidades, y la distancia entre L y el vértice
desconocido también mide 4 unidades. En la cuadrícula, solo el
punto (2, 1) representa ese valor.

30. C; **Nivel de conocimiento:** 2; **Temas:** Q.2.a, Q.6.c, Q.2.e,
A.1.c, A.1.j, A.5.b; **Prácticas:** MP.1.a, MP.1.b, MP.1.d, MP.1.e,
MP.2.a, MP.2.c
Para calcular la pendiente, usaremos los valores del punto L (-2, 1)
y el punto K (2, 5). Para hallar la pendiente, usa la fórmula
$$\frac{y^2 - y^1}{x^2 - x^1} = \frac{5 - 1}{2 - -2} = \frac{4}{4} = \text{Pendiente de 1.}$$
A continuación, inserta el valor de la pendiente y la intersección
con el eje de la y, 3 (deducida a partir del punto donde la línea que
atraviesa L y K cruza el eje de la y), en la fórmula de la pendiente:
$y = mx + b$. Como resultado, $y = 1x + 3$.

31. C; **Nivel de conocimiento:** 2; **Temas:** Q.2.a, Q.6.c, Q.2.e,
A.1.c, A.1.j, A.5.b; **Prácticas:** MP.1.a, MP.1.b, MP.1.d, MP.1.e,
MP.2.a, MP.2.c
La línea que atraviesa los puntos L y K tiene una pendiente de
$\frac{4}{4} = 1$. Por lo tanto, la línea tiene la ecuación $y = x + b$. Para hallar
el valor de b, reemplaza (x, y) con las coordenadas del punto K
(2, 5) y resuelve para hallar b: $5 = 2 + b$, por lo tanto, $b = 3$. De esta
manera, la ecuación de la línea es $y = x + 3$. Para hallar el valor de
y cuando $x = 5$, reemplaza x con 5 y resuelve para hallar
y: $y = 5 + 3 = 8$.

32. D; **Nivel de conocimiento:** 3; **Temas:** Q.2.a, Q.2.e, Q.5.a,
A.4.a; **Prácticas:** MP.1.a, MP.1.b, MP.1.c, MP.1.d, MP.2.a, MP.2.c,
MP.3.a, MP.4.a, MP.4.b
La pelota llega al suelo en $h = 0$. Iguala la ecuación a 0 y resuelve
la ecuación cuadrática. $2t^2 - 3t + 1.125 = 0$. Se puede usar la
fórmula cuadrática para resolver este problema.
$a = 2$, $b = -3$, $c = 1.125$
$$t = \frac{-b \pm \sqrt{b^2 - 4ac}}{2a}$$
$$t = \frac{[3 \pm \sqrt{(9 - 9)}]}{4}$$
$$t = \frac{3}{4}$$

33. A; **Nivel de conocimiento:** 2; **Temas:** Q.2.a, Q.2.e, A.1.c, A.1.j; **Prácticas:** MP.1.a, MP.1.b, MP.1.c, MP.2.a, MP.2.c, MP.3.a
Sea n el peso de la cría recién nacida. Entonces, el peso de la mamá (M) se puede representarse con $M = (n \times 4) + 200$, ó $4n + 200$.

34. D; **Nivel de conocimiento:** 2; **Temas:** Q.2.a, Q.2.e, A.2.a, A.2.b, A.2.c; **Prácticas:** MP.1.a, MP.1.b, MP.1.c, MP.1.d, MP.2.a, MP.2.c, MP.3.a
Una estrategia que se puede usar para hallar el costo por luz antes de los impuestos es la de trabajar de atrás para adelante. El costo sin impuestos = $100 − 4.25 = 95.75$, que representa el costo de 10 luces. Divide este valor entre 10 para hallar el costo de una luz ($9.58).

35. B; **Nivel de conocimiento:** 2; **Temas:** Q.2.a, Q.2.e; **Práctica:** MP.4.a
Si se mueve el punto decimal ocho espacios hacia la derecha, se obtiene el valor original. La opción de respuesta B es la única que representa ese valor.

36. D; **Nivel de conocimiento:** 2; **Temas:** Q.2.a, Q.2.e; **Prácticas:** MP.1.a, MP.1.b, MP.1.c, MP.2.a, MP.2.c, MP.3.a
Recuerda que $2(8^4) = 2 (8 \times 8 \times 8 \times 8) = 2 (4{,}096) = 8{,}192$.

37. D; **Nivel de conocimiento:** 3; **Temas:** Q.2.a, Q.2.e, A.1.b, A.1.c, A.1.j, A.3.a, A.3.b; **Prácticas:** MP.1.a, MP.1.b, MP.1.c, MP.1.d, MP.2.a, MP.2.c, MP.3.a
Sea x los paquetes de fichas compradas. El total de fichas compradas más el boleto para la feria debe ser menor que o igual a $100. Solo la opción de respuesta D ($15x + 20 \le 100$) representa esta desigualdad.

38. B; **Nivel de conocimiento:** 2; **Temas:** A.3.a, A.3.b; **Prácticas:** MP.1.a, MP.1.b, MP.1.c, MP.1.d, MP.2.a, MP.2.c, MP.3.a, MP.4.a
Desarrolla una ecuación. Sea x los paquetes de fichas comprados:
$15x + 20 \le 100$
$\qquad 15x \le 100 − 20$
$\qquad 15x \le 80$
$\qquad\quad x \le 5.3$, que, como no es posible comprar parte de un paquete, se redondea hacia abajo a 5.

39. D; **Nivel de conocimiento:** 2; **Temas:** A.1.b, A.1.c, A.1.j; **Prácticas:** MP.1.a, MP.1.b, MP.1.c, MP.1.d, MP.2.a, MP.2.c, MP.3.a
Sea x cada día. La ecuación se puede representar de la siguiente manera: Saldo = $2{,}000 − 20x$. Después de 3 días, su saldo sería $1,940.

40. B; **Nivel de conocimiento:** 1; **Tema:** A.5.a; **Prácticas:** MP.1.a, MP.1.b, MP.1.c, MP.2.a, MP.2.c, MP.3.a
Escribe el valor de x primero y luego el de y. Las opciones de respuesta A, C y D tienen valores de x incorrectos.

41. B; **Nivel de conocimiento:** 2; **Tema:** A.6.b; **Prácticas:** MP.1.a, MP.1.b, MP.1.c, MP.1.d, MP.2.a, MP.2.c, MP.3.a
Observa que como se trata de una línea completamente horizontal, la pendiente es cero. La línea atraviesa el eje de la y en $(0, 2)$, por lo tanto, el valor de b es 2. La ecuación de una línea se escribe como
$$y = mx + b.$$
$$y = 0x + 2$$
$$y = 2$$
Las opciones de respuesta A y D se pueden descartar, ya que no están escritas de esa manera. En la opción de respuesta C no se toma en cuenta que la pendiente es cero.

42. A; **Nivel de conocimiento:** 2; **Tema:** A.6.b; **Prácticas:** MP.1.a, MP.1.b, MP.1.c, MP.2.a, MP.2.c, MP.3.a
Observa que como se trata de una línea completamente horizontal, la pendiente es cero. La línea atraviesa el eje de la y en $(0, 4)$, por lo tanto, el valor de b es 4. La ecuación de la línea sería $y = 4$.

43. D; **Nivel de conocimiento:** 1; **Temas:** Q.2.a, A.5.b, A.6.a; **Prácticas:** MP.1.a, MP.1.b, MP.1.c, MP.1.d, MP.2.a, MP.2.c, MP.3.a
Para determinar la pendiente, usa la fórmula $\frac{y^2 − y^1}{x^2 − x^1}$, e inserta los valores de los puntos de la línea Q. Tanto $(−4, 4)$ como $(−2, 1)$ son puntos que están sobre la línea Q, por lo tanto, inserta esos números en la fórmula:
$$\frac{1 − 4}{−2 − −4} = −\frac{3}{2}.$$
$$x = −\frac{3}{2}$$

44. 2; **Nivel de conocimiento:** 2; **Tema:** A.5.b; **Práctica:** MP.4.c
La pendiente de una línea dada en la forma pendiente-intersección es el coeficiente de x de la ecuación. Por lo tanto, la pendiente de la línea $y = 2x + 3$ es 2.

45. −1.5; **Nivel de conocimiento:** 2; **Temas:** Q.2.a, Q.2.e; **Prácticas:** MP.1.a, MP.1.b, MP.1.c, MP.1.d, MP.2.a, MP.2.c, MP.3.a
Para hallar este valor se puede examinar la gráfica o igualar el valor de y a 0:
$$0 = 2x + 3$$
$$2x = −3$$
$$x = −1.5$$

46. 3; **Nivel de conocimiento:** 2; **Temas:** Q.2.a, Q.2.e; **Prácticas:** MP.1.a, MP.1.b, MP.1.c, MP.1.d, MP.2.a, MP.2.c, MP.3.a
Para hallar este valor se puede examinar la gráfica o igualar el valor de y a 0:
$$y = 2(0) + 3$$
$$y = 3$$

47. D; **Nivel de conocimiento:** 2; **Tema:** Q.2.a; **Prácticas:** MP.1.a, MP.1.b, MP.1.c, MP.2.a, MP.2.c, MP.3.a
Para hallar este valor, se puede insertar el valor $x = 30$ en la ecuación de la línea, de modo que:
$$y = 2(30) + 3$$
$$y = 63$$

Clave de respuestas

UNIDAD 3 *(continuación)*

48. C; **Nivel de conocimiento:** 2; **Temas:** Q.2.a, A.1.b; **Prácticas:** MP.1.a, MP.1.b, MP.1.c, MP.1.d, MP.2.a, MP.2.c, MP.3.a
Para hallar este valor, se puede insertar el valor $y = 30$ en la ecuación de la línea, de modo que:
$30 = 2(x) + 3$
$x = \dfrac{30 - 3}{2}$
$x = 13.5$

49. Tema: A.5.a; **Prácticas:** MP.1.a, MP.1.b, MP.1.c, MP.2.a, MP.2.c, MP.3.a
El tiempo transcurrido se debe marcar en el eje de la x y la altura de la planta, en el de la y.

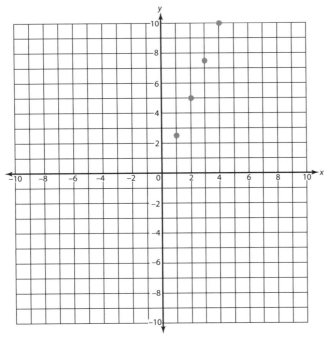

50. A; **Nivel de conocimiento:** 2; **Tema:** A.6.b; **Prácticas:** MP.1.a, MP.1.b, MP.1.c, MP.2.a, MP.2.c, MP.3.a
Usaremos la primera y la última entrada de datos para calcular los valores de la pendiente: Punto 1 (1, 2.5), Punto 2 (4, 10).
$m = \dfrac{10 - 2.5}{4 - 1} = \dfrac{7.5}{3} = 2.5$
Al elegir un punto en la línea, como (2, 5), puedes usar la siguiente fórmula:
$y = mx + b$
$5 = 2.5(2) + b$
$5 = 5 + b$
$0 = b$
Como el valor de b es 0, la ecuación de la línea se puede representar con $y = 2.5x$. Las otras opciones no representan la ecuación de la línea.

51. D; **Nivel de conocimiento:** 2; **Temas:** Q.2.a, Q.2.e, A.1.b, A.1.c, A.1.j; **Prácticas:** MP.1.a, MP.1.b, MP.1.c, MP.1.d, MP.2.c
Inserta el valor $x = 24$ en la ecuación de la línea, de modo que $y = 2.5(24) = 60$ cm. En 24 horas la planta tendrá una altura de 60 cm.

52. B; **Nivel de conocimiento:** 2; **Temas:** A.2.a, A.2.c; **Prácticas:** MP.1.a, MP.1.b, MP.1.c, MP.1.d, MP.2.c
Vuelve a escribir la ecuación para hallar el valor de x:
$10x + 3.15 = 58.15$
$10x = 58.15 - 3.15$
$10x = 55$
$x = 5.5$

53. C; **Nivel de conocimiento:** 2; **Temas:** A.2.b, A.2.c; **Prácticas:** MP.1.a, MP.1.b, MP.1.c, MP.1.d, MP.2.a, MP.2.c, MP.3.a
Sea x el precio de cada camiseta. El costo total de las ocho camisetas es $8x$. Después de canjear el cupón, las camisetas costaron \$50, por lo tanto, $8x - 10 = 50$. Para resolver la ecuación, comienza por sumar 10 a cada lado: $8x = 60$. Divide cada lado entre 8: $x = 7.50$. La opción A es el resultado de sumar \$20 al precio pagado en lugar de \$10. La opción B es el número de camisetas. La opción D es el resultado de restar \$10 del precio pagado en lugar de sumarlo.

54. A; **Nivel de conocimiento:** 2; **Temas:** Q.2.a, Q.2.e, A.2.a; **Prácticas:** MP.1.a, MP.1.b, MP.1.c, MP.1.d, MP.2.c
Para resolver la ecuación, comienza por multiplicar para eliminar los paréntesis: $2y - 8 = 4 - 3y$. Suma $3y$ a ambos lados de la ecuación y agrupa los términos semejantes: $5y - 8 = 4$. Suma 8 a cada lado y agrupa los términos semejantes: $5y = 12$. Divide cada lado entre 5: $y = 2.4$.

55. C; **Nivel de conocimiento:** 3; **Temas:** A.2.a, A.2.b, A.2.c; **Prácticas:** MP.1.a, MP.1.b, MP.1.c, MP.1.d, MP.2.c, MP.4.a, MP.4.b
Sea x cada página producida. Desarrolla una ecuación para el costo total (T) en cada imprenta. Primera imprenta: $T = 1.5x + 50$. Segunda imprenta: $T = 2x + 10$. Para hallar el número de páginas para el que los costos diarios totales serán los mismos, iguala las ecuaciones y resuelve para hallar x.
$1.5x + 50 = 2x + 10$
$-0.5x + 50 = 10$
$-0.5x = -40$
$x = 80$

56. D; **Nivel de conocimiento:** 2; **Temas:** Q.2.a, Q.2.e, A.1.b, A.1.c, A.1.j; **Prácticas:** MP.1.a, MP.1.b, MP.1.c, MP.1.d, MP.2.c, MP.4.a, MP.4.b
Inserta el valor $x = 80$ en cualquiera de las dos ecuaciones que se usaron en el problema 55 para determinar el costo diario total (T) para 80 páginas en el problema 55.
$T = 1.5(80) + 50 = 170$ ó $T = 2(80) + 10 = 170$.

57. A; **Nivel de conocimiento:** 2; **Temas:** Q.2.a, Q.2.e, A.2.d; **Prácticas:** MP.1.a, MP.1.b, MP.1.c, MP.1.d, MP.2.c
Resuelve para hallar cada variable y luego reemplázala con los valores en la ecuación original.
Resuelve para hallar la variable: $a = 10 - b$
Reemplaza la variable con el valor en la ecuación:
$3(10 - b) - 4b = 9$
$30 - 3b - 4b = 9$
$30 - 7b = 9$
$-7b = -21$
$b = 3$

58. B; **Nivel de conocimiento:** 3; **Tema:** A.2.d; **Prácticas:** MP.1.a, MP.1.b, MP.1.c, MP.1.d, MP.2.c
Reemplaza b con 3 en la primera ecuación para hallar a.
$a + 3 = 10$, $a = 7$. Solo la opción de respuesta B da el valor 7. La opción de respuesta A es igual a 2. La opción de respuesta C es igual a 9. La opción de respuesta D es igual a 11.

59. A; **Nivel de conocimiento:** 2; **Temas:** A.2.c, A.1.j; **Prácticas:** MP.1.a, MP.1.b, MP.1.c, MP.1.d, MP.2.c
Desarrolla una ecuación que represente la situación. Sea a los boletos para adultos y n los boletos para niños.
$a + n = 175$, por lo tanto $n = 175 - a$

60. C; **Nivel de conocimiento:** 2; **Temas:** Q.2.c, A.1.h; **Prácticas:** MP.1.a, MP.2.c, MP.4.a
La raíz cúbica de -27 es -3, porque $(-3)^3 = -27$. Simplifica cada una de las opciones de respuesta para determinar si es igual a -3. La opción C es igual a $\frac{3}{-1}$, ó -3, por lo tanto, la opción C es correcta. Como el cuadrado de un número negativo es positivo, la opción A es igual a $1 \cdot \sqrt{9}$, ó 3. La opción B es igual a $\frac{81}{3}$, ó 27. La opción D es igual al cubo de -27.

61. A; **Nivel de conocimiento:** 2; **Temas:** A.2.c, A.2.d; **Prácticas:** MP.1.a, MP.1.b, MP.2.c, MP.4.b.
Sea x el número. Un octavo del número es $\frac{x}{8}$. Un cuarto del número es $\frac{x}{4}$. Dos más que un cuarto del número es $\frac{x}{4} + 2$. Por lo tanto, $\frac{x}{8} = \frac{x}{4} + 2$. Multiplica cada término por 8 para eliminar las fracciones: $x = 2x + 16$. Resta $2x$ de cada lado y agrupa los términos semejantes: $-x = 16$. Por lo tanto, $x = -16$.

62. D; **Nivel de conocimiento:** 2; **Tema:** A.1.h; **Prácticas:** MP.1.a, MP.1.b, MP.1.c, MP.1.d, MP.2.c
$8^2 + 4^0 =$
$64 + 1 = 65$

63. A; **Nivel de conocimiento:** 2; **Tema:** Q.2.b; **Prácticas:** MP.1.a, MP.1.b, MP.1.c, MP.1.d, MP.2.c.
Saca la raíz cuadrada del número para hallar el número original. Por lo tanto, $\sqrt{30} \approx 5.5$.

64. B; **Nivel de conocimiento:** 2; **Temas:** A.1.b, A.1.j; **Prácticas:** MP.1.a, MP.1.b, MP.1.c, MP.1.d, MP.2.c
Inserta el valor en la ecuación y resuelve para hallar x:
$2x - 3 = 4$
$2x = 7$
$x = 3.5$

65. C; **Nivel de conocimiento:** 3; **Temas:** A.1.b, A.1.j; **Prácticas:** MP.1.a, MP.1.b, MP.1.c, MP.1.d, MP.2.c
Resuelve para hallar x de modo que $4x^2 = 121$. Divide ambos lados de la ecuación entre 4 de modo que $x^2 = 30.25$ y $x \approx 5.5$.

66. C; **Nivel de conocimiento:** 3; **Tema:** Q.5.a; **Prácticas:** MP.1.a, MP.1.b, MP.1.c, MP.2.c
Saca la raíz cúbica de 6,859 para hallar la longitud de cada lado. $L = 19$ pies. La superficie de cada cara $= 19 \times 19 = 361$ pies cuadrados. Como un cubo tiene seis caras, el área total es 6×361 pies cuadrados $= 2,166$ pies cuadrados.

67. D; **Nivel de conocimiento:** 2; **Tema:** Q.2.d; **Prácticas:** MP.1.a, MP.1.b, MP.1.c, MP.1.d, MP.2.a, MP.2.c, MP.3.a
En una expresión indefinida, el denominador es igual a cero. Solo la opción de respuesta D tiene un denominador indefinido: $2(6) - 12 = 0$.

68. Punto A (2, 1); Punto B (4, 1); Punto C (3, −2); Nivel de conocimiento: 2; **Tema:** A.5.a; **Prácticas:** MP.1.d, MP.1.e
Cuando un punto se refleja sobre el eje de la y, cambia el signo de su coordenada x. Para representar gráficamente la figura reflejada, determina las coordenadas de sus vértices:
A $(-2, 1) \rightarrow$ A $(2, 1)$; B $(-4, 1) \rightarrow$ B $(4, 1)$;
C $(-3, -2) \rightarrow$ C $(3, -2)$.

69. A; **Nivel de conocimiento:** 2; **Temas:** Q.2.a, Q.2.e; **Prácticas:** MP.1.a, MP.1.b, MP.1.c, MP.1.d, MP.2.a, MP.2.c, MP.3.a
Observa que cada término disminuye en 5, por lo tanto, el término siguiente será 80. Las opciones de respuesta B, C y D representan términos del patrón, pero no el término siguiente.

70. D; **Nivel de conocimiento:** 2; **Temas:** Q.2.a, Q.2.e, A.2.c; **Prácticas:** MP.1.a, MP.1.b, MP.1.c, MP.1.d, MP.2.a, MP.2.c, MP.3.a
El valor 100 representa el punto de partida del que se restan múltiplos de 5 cada vez. En la ecuación de una línea, 100 representa el valor de b y x representa los múltiplos de 5 que se restan cada vez. Esto puede representarse en la ecuación como $y = 100 - 5x$.

71. B; **Nivel de conocimiento:** 2; **Temas:** Q.2.a, Q.2.e, A.1.f; **Prácticas:** MP.1.a, MP.1.b, MP.1.c, MP.1.d, MP.2.a, MP.2.c, MP.3.a
Para determinar una expresión equivalente a $(3x - 2y)(3x + 2y)$, usa el método *FOIL*, mediante el cual multiplicas los *primeros* términos, luego los *externos*, después los *internos* y, por último, los *últimos* términos, de modo que obtienes $9x^2 + 6xy - 6xy - 4y^2$. Los 6 términos xy se cancelan entre sí, lo que deja $9x^2 - 4y^2$ como la respuesta correcta.

UNIDAD 4 GEOMETRÍA

LECCIÓN 1, *págs. 94–95*
1. D; **Nivel de conocimiento:** 1; **Temas:** Q.2.a, Q.4.a, Q.4.c; **Prácticas:** MP.1.a, MP.1.e
Para hallar el área de un cuadrado, multiplica la longitud de lado por sí misma o eleva al cuadrado la longitud de lado:
$A = 12 \times 12 = 12^2 = 144$ pulg^2. Para hallar el perímetro de un cuadrado, suma la longitud de lado 4 veces o multiplica la longitud de lado por 4: $P = 4 \times 12 = 48$ pulg. La opción de respuesta A proviene de multiplicar la longitud de lado por 2 para hallar el área y por 4 para hallar el perímetro. La opción de respuesta B proviene de multiplicar la longitud de lado por 4 para hallar el área y por 2 para hallar el perímetro. La opción de respuesta C proviene de confundir las fórmulas para el área y el perímetro.

2. D; **Nivel de conocimiento:** 1; **Temas:** Q.2.a, Q.4.a, Q.4.c; **Prácticas:** MP.1.a, MP.1.e
Para hallar el área de un rectángulo, multiplica la longitud por el ancho: $A = 20 \times 9 = 180$ cm^2. La opción de respuesta A es el resultado de sumar las dimensiones. La opción de respuesta B es el perímetro del rectángulo. La opción de respuesta C es la mitad del producto de la longitud y el ancho.

Clave de respuestas

UNIDAD 4 *(continuación)*

3. **B**; **Nivel de conocimiento:** 1; **Temas:** Q.2.a, Q.4.a, Q.4.c; **Prácticas:** MP.1.a, MP.1.e
Para hallar el perímetro de un rectángulo, suma las longitudes de los lados o usa la fórmula: $P = 2(l + a) = 2(20 + 9) = 2(29) = 58$ cm. La opción de respuesta A es el resultado de sumar las dimensiones sin duplicar la suma. La opción de respuesta C es la mitad del producto de la longitud y el ancho. La opción de respuesta D es el área del rectángulo.

4. **A**; **Nivel de conocimiento:** 1; **Temas:** Q.2.a, Q.4.a, Q.4.c; **Prácticas:** MP.1.a, MP.1.e
Para hallar el área de un triángulo, usa la fórmula $A = \frac{1}{2} bh$, donde la base y la altura son perpendiculares entre sí. La base del triángulo mide 24 pulgadas. La altura del triángulo mide 5 pulgadas. Por lo tanto, $A = \frac{1}{2} (24)(5) = 60$ pulg^2. La opción de respuesta B es el resultado de multiplicar 13 × 5. La opción de respuesta C es el resultado de no haber multiplicado el producto de la base y la altura por $\frac{1}{2}$. La opción de respuesta D es el resultado de usar 13 pulgadas como la altura, en lugar de 5 pulgadas.

5. **C**; **Nivel de conocimiento:** 1; **Temas:** Q.2.a, Q.4.a, Q.4.c; **Prácticas:** MP.1.a, MP.1.e
Para hallar el perímetro de un triángulo, suma las longitudes de los lados: $P = 13 + 13 + 24 = 50$ pulgadas. La opción de respuesta A es la suma de la base y la altura. La opción de respuesta B es el resultado de no haber sumado 13 pulgadas dos veces. La opción de respuesta D es el resultado de incluir la altura del triángulo en la suma de sus longitudes de lado.

6. **B**; **Nivel de conocimiento:** 1; **Temas:** Q.2.a, Q.4.a, Q.4.c; **Prácticas:** MP.1.a, MP.1.e
El perímetro de un paralelogramo es la suma de las longitudes de sus lados. Como un paralelogramo tiene dos pares de lados congruentes, también se puede hallar el perímetro usando una fórmula: $P = 2(18 + 12.5) = 2(30.5) = 61$ m. La opción de respuesta A es el resultado de sumar simplemente las dimensiones que se muestran en la figura. La opción de respuesta C es el resultado de tomar la mitad del producto de las longitudes de los lados. La opción de respuesta D es el producto de las longitudes de los lados.

7. **A**; **Nivel de conocimiento:** 2; **Temas:** Q.2.a, Q.2.e, Q.4.a, Q.4.c, A.2.a, A.2.b; **Prácticas:** MP.1.a, MP.1.b, MP.1.e, MP.2.a, MP.4.b
El área de un paralelogramo está dada por la fórmula: $A = bh$. Reemplaza A con 450 y b con 18, y luego resuelve para hallar h: $450 = 18h$. Divide ambos lados de la ecuación entre 18: $h = 25$.

8. **B**; **Nivel de conocimiento:** 2; **Temas:** Q.2.a, Q.2.e, Q.4.a, Q.4.c, A.2.a, A.2.b; **Prácticas:** MP.1.a, MP.1.b, MP.1.e, MP.2.a, MP.4.b
El área de un triángulo está dada por la fórmula: $A = \frac{1}{2} bh$. Reemplaza A con 20 y b con 4: $20 = \frac{1}{2} (4)h$. Multiplica: $20 = 2h$. Divide ambos lados entre 2: $h = 10$ pulgadas.

9. **B**; **Nivel de conocimiento:** 2; **Temas:** Q.2.a, Q.4.a, Q.4.c; **Práctica:** MP.1.a, MP.1.b, MP.1.e
El área de un cuadrado está dada por $A = L^2$. El perímetro de un cuadrado está dado por $P = 4l$. Halla la opción de respuesta para la cual $A = P$. Para la opción de respuesta A, $A = 2^2 = 4$ y $P = 4(2) = 8$. Para la opción de respuesta B, $A = 4^2 = 16$ y $P = 4(4) = 16$. Para la opción de respuesta C, $A = 8^2 = 64$ y $P = 4(8) = 32$. La opción de respuesta D es el perímetro y el área del cuadrado que se describe en el problema.

10. **C**; **Nivel de conocimiento:** 2; **Temas:** Q.2.a, Q.2.e, Q.4.a, Q.4.c, A.2.a, A.2.b; **Prácticas:** MP.1.a, MP.1.b, MP.1.e, MP.2.a, MP.4.b
El perímetro de un rectángulo está dado por la fórmula: $P = 2l + 2a$. Como León tiene 60 pies de cerca, la huerta tendrá un perímetro de 60 pies. Reemplaza P con 60 y a con 12 y resuelve para hallar l: $60 = 2l + 2(12)$. Multiplica: $60 = 2l + 24$. Resta 24 de cada lado: $36 = 2l$. Divide ambos lados entre 2: $l = 18$ pies.

LECCIÓN 2, *págs. 96–97*

1. **C**; **Nivel de conocimiento:** 2; **Temas:** Q.2.b, Q.4.e; **Prácticas:** MP.1.a, MP.2.b, MP.4.b
Resuelve $10^2 − 5^2 = b^2$ para hallar $100 − 25 = b^2$, $b^2 = 75$, y $b \approx 8.7$ (opción C). Si un estudiante selecciona la opción A, simplemente halló la diferencia de las longitudes dadas. Si un estudiante seleccionó la opción D, sumó las longitudes de los lados al cuadrado ($100 + 25 = 125$, y luego sacó la raíz cuadrada de 125) en lugar de restar.

2. **D**; **Nivel de conocimiento:** 2; **Temas:** Q.2.b, Q.4.e; **Prácticas:** MP.1.a, MP.2.b, MP.4.b
Resuelve $a^2 + b^2 = c^2$ para hallar la hipotenusa de modo que $15^2 + 30^2 = c^2$. A partir de allí, $225 + 900 = c^2$; por lo tanto, $c^2 = 1{,}125$ y $c \approx 33.5$.

3. **B**; **Nivel de conocimiento:** 2; **Temas:** Q.2.b, Q.4.e; **Prácticas:** MP.1.a, MP.2.b, MP.4.b
Resuelve $a^2 + b^2 = c^2$ de modo que $a^2 + 30^2 = 35^2$ y $a^2 + 900 = 1{,}225$. Resta 900 de cada lado de modo que $a^2 = 325$ y $a \approx 18$ pies.

4. **C**; **Nivel de conocimiento:** 3; **Temas:** Q.2.b, Q.4.e; **Prácticas:** MP.1.a, MP.2.b, MP.3.a, MP.4.b
Resuelve $a^2 + b^2 = c^2$ de modo que $15^2 + 32^2 = c^2 = 225 + 1{,}024 = 1{,}249$. La raíz cuadrada de 1,249 da 35.3 pies y $35.3 − 33.5$. Como 33.5 es una aproximación, el cable ahora mide aproximadamente 1.8 pies de longitud más.

5. **C**; **Nivel de conocimiento:** 2; **Temas:** Q.2.b, Q.4.e; **Prácticas:** MP.1.a, MP.2.b, MP.4.b
Resuelve $a^2 + b^2 = c^2$ de modo que $40^2 + 120^2 = c^2$ donde hallamos que $c^2 = 16{,}000$. Como resultado $c \approx 126.49$ m, que se redondea a 126 m.

6. **A**; **Nivel de conocimiento:** 2; **Temas:** Q.2.b, Q.4.e; **Prácticas:** MP.1.a, MP.2.b, MP.3.a, MP.4.b
Resuelve $a^2 + b^2 = c^2$ de modo que $20^2 + 120^2 = c^2$ donde hallamos que $c^2 = 14{,}800$. Como resultado $c \approx 121.65$ m, que se redondea a 122 m.

7. **D**; **Nivel de conocimiento:** 2; **Temas:** Q.2.b, Q.4.e; **Prácticas:** MP.1.a, MP.2.b, MP.4.b
Marca los puntos en una cuadrícula; la distancia entre los puntos representa la hipotenusa;
$d = \sqrt{(4 − −4)^2 + (3 − 5)^2} = \sqrt{64 + 4} = \sqrt{68} \approx 8.246$, que se redondea a 8.2.

LECCIÓN 3, *págs. 98–99*

1. **C**; **Nivel de conocimiento:** 1; **Temas:** Q.2.a, Q.4.c; **Prácticas:** MP.1.a, MP.1.e, MP.4.a
Un hexágono regular tiene 6 lados congruentes, por lo tanto, $P = 6s$. La longitud de lado es 5 pulgadas, por lo tanto, $P = (6)(5) = 30$ pulgadas. La opción de respuesta A es el resultado de sumar el número de lados y la longitud de lado. La opción de respuesta B es el resultado de calcular el perímetro de una figura de cinco lados. La opción de respuesta D es el resultado de calcular el perímetro de una figura con una longitud de lado de 6 pulgadas.

2. **B**; **Nivel de conocimiento:** 1; **Temas:** Q.2.a, Q.4.c; **Prácticas:** MP.1.a, MP.1.e, MP.4.a

Un pentágono regular tiene todos los lados congruentes. Un pentágono tiene cinco lados, por lo tanto, el perímetro de un pentágono es 5*l*. Multiplica: 5 × 9.6 = 48. La opción de respuesta A es el resultado de hallar el perímetro de una figura de cuatro lados. La opción de respuesta C proviene de un error de cálculo. La opción de respuesta D es el resultado de hallar el perímetro de una figura de seis lados.

3. **C**; **Nivel de conocimiento:** 1; **Temas:** Q.2.a, Q.2.e, Q.4.c; **Prácticas:** MP.1.a, MP.1.e, MP.4.a

El perímetro del marco del vitral es el perímetro de un octágono regular con una longitud de lado de 12 pulgadas. Multiplica el número de lados de un octágono por la longitud de cada lado: 8 × 12 = 96 pulgadas. La opción de respuesta A es el resultado de sumar 8 + 12. La opción de respuesta B es el resultado de hallar el perímetro de una figura de seis lados. La opción de respuesta D es el resultado de hallar el perímetro de una figura de nueve lados.

4. **A**; **Nivel de conocimiento:** 2; **Tema:** Q.4.c; **Prácticas:** MP.1.a, MP.1.b, MP.1.e, MP.3.b

Para que el perímetro de una figura sea igual a la longitud de lado multiplicada por el número de lados, todas las longitudes de lado de la figura deben ser iguales; es decir, los lados deben ser congruentes. Aunque un polígono regular tiene ángulos congruentes y lados congruentes, los ángulos congruentes no son necesarios para que el perímetro sea igual al producto del número de lados y la longitud de lado. Por ejemplo, un rombo es una figura cuyos lados son congruentes pero sus ángulos no lo son.

5. **C**; **Nivel de conocimiento:** 1; **Temas:** Q.2.a, Q.4.c; **Prácticas:** MP.1.a, MP.1.e, MP.4.a

El perímetro de un polígono irregular es la suma de las longitudes de sus lados. Suma: 7 + 7 + 4 + 4 + 7 + 7 = 36 cm. La opción de respuesta A es el resultado de sumar 4 + 7 + 7. La opción de respuesta B proviene de no incluir las longitudes de lado que miden 4 cm. La opción de respuesta D proviene de incluir un lado adicional con una longitud de 4 cm.

6. **C**; **Nivel de conocimiento:** 1; **Temas:** Q.2.a, Q.4.c; **Prácticas:** MP.1.a, MP.1.e, MP.4.a

El perímetro del polígono irregular es la suma de las longitudes de sus lados. Suma: 12 + 9 + 8 + 7 + 9 = 45 pies. La opción de respuesta A proviene de no incluir uno de los lados que mide 9 pies. La opción de respuesta B proviene de no incluir el lado que mide 7 pies. La opción de respuesta D proviene de incluir tres lados que miden 9 pies.

7. **C**; **Nivel de conocimiento:** 1; **Temas:** Q.2.a, Q.4.c; **Prácticas:** MP.1.a, MP.1.e, MP.4.a

Un trapecio es un cuadrilátero irregular, por lo tanto, el perímetro de un trapecio es la suma de las longitudes de sus lados. Suma: 18 + 5 + 19.5 + 3.5 = 46 pulgadas. La opción de respuesta A es el resultado de multiplicar 3.5 × 4. La opción de respuesta B es el resultado de multiplicar 5 × 4. La opción de respuesta D es el resultado de multiplicar 18 × 4.

8. **B**; **Nivel de conocimiento:** 2; **Temas:** Q.2.a, Q.4.c; **Prácticas:** MP.1.a, MP.1.e, MP.2.c, MP.3.a, MP.4.a

El perímetro de un polígono regular es el producto de la longitud de sus lados y el número de lados. El número de lados debe ser un número entero, así que divide el perímetro entre cada opción de respuesta para determinar cuál podría ser la longitud de lado del polígono. Para la opción de respuesta A, si la longitud de lado es 7 pies, entonces el número de lados es 39 ÷ 7 ≈ 5.6 pies, por lo tanto, la longitud de lado no puede ser 5.6 pies. Para la opción de respuesta B, si la longitud de lado es 6.5 pies, entonces el número de lados es 39 ÷ 6.5 = 6, por lo tanto, la longitud de lado puede ser 6.5 pies. Para la opción de respuesta C, si la longitud de lado es 5.5 pies, entonces el número de lados es 39 ÷ 5.5 ≈ 7.1, por lo tanto, la longitud de lado no puede ser 5.5 pies. Para la opción de respuesta D, si la longitud de lado es 4 pies, entonces el número de lados es 39 ÷ 4 = 9.75, por lo tanto, la longitud de lado no puede ser 4 pies.

9. **C**; **Nivel de conocimiento:** 2; **Temas:** Q.2.a, Q.4.c; **Prácticas:** MP.1.a, MP.1.e, MP.2.c, MP.4.a

El perímetro de un polígono irregular es la suma de las longitudes de sus lados. Para hallar una longitud de lado desconocida, resta las longitudes de lado conocidas del perímetro: 40 − (9 + 11 + 5 + 7) = 40 − 32 = 8. Las otras opciones de respuesta provienen de errores de cálculo.

LECCIÓN 4, *págs. 100–101*

1. **C**; **Nivel de conocimiento:** 2; **Temas:** Q.2.a, Q.2.e, Q.4.b; **Prácticas:** MP.1.a, MP.1.b, MP.1.e, MP.2.c, MP.4.a

La circunferencia de un círculo es igual a πd. El diámetro de la piscina es 25 metros. Como el diámetro de la cerca es el doble del diámetro de la piscina, el diámetro de la cerca es 2 × 25 = 50 metros. Reemplaza *d* con 50 y calcula la circunferencia: 50 × 3.14 = 157 metros. La opción de respuesta A es el diámetro del área cercada. La opción de respuesta B es la circunferencia de la piscina. La opción de respuesta D es la circunferencia de un círculo con un diámetro de 250.

2. **D**; **Nivel de conocimiento:** 2; **Temas:** Q.2.a, Q.4.b; **Prácticas:** MP.1.a, MP.1.b, MP.1.e, MP.2.c, MP.4.a

El área de un círculo es igual a πr^2. El radio del círculo más grande mide 7 pulgadas, por lo tanto, el área del círculo más grande es 3.14 x 7² = 153.86 pulg². La opción de respuesta A es la circunferencia del círculo más pequeño. La opción de respuesta B es el área del círculo más pequeño. La opción de respuesta C es la diferencia entre el área del círculo más grande y la circunferencia del círculo más pequeño.

3. **C**; **Nivel de conocimiento:** 2; **Temas:** Q.2.a, Q.2.e, Q.4.a; **Prácticas:** MP.1.a, MP.1.b, MP.1.e, MP.2.c, MP.4.a

El área de un círculo es igual a πr^2. Como el diámetro del sol es 15 cm, el radio es 15 ÷ 2 = 7.5 cm. Reemplaza *r* con 7.5 y calcula el área: 3.14 × 7.5² = 176.63, que se redondea a 177 cm.

4. **B**; **Nivel de conocimiento:** 1; **Temas:** Q,2.a, Q.4.a; **Prácticas:** MP.1.a, MP.1.b, MP.1.e, MP.2.c, MP.4.a

La circunferencia de un círculo es igual al producto de su diámetro y π. Resuelve $\pi d = C$ para hallar la circunferencia: 25 × 3.14 = 78.5, o aproximadamente 79 pulgadas. La opción de respuesta A es el resultado de dividir la circunferencia entre 2 y redondear hacia abajo. La opción de respuesta C es el resultado de duplicar la circunferencia sin redondearla. La opción de respuesta D es el área del círculo, redondeada a la pulgada más próxima.

Clave de respuestas

UNIDAD 4 *(continuación)*

5. **C**; **Nivel de conocimiento:** 2; **Temas:** Q.2.a, Q.2.e, Q.4.a; **Prácticas:** MP.1.a, MP.1.b, MP.1.e, MP.2.c, MP.4.a
El área de un círculo es igual a πr^2. Como el diámetro del círculo es 18 pies, el radio es 18 ÷ 2 = 9 pies. Reemplaza r con 9 y calcula el área: $3.14 \times 9^2 = 254.34$. Luego usa el área para determinar el costo de pavimentar el patio multiplicando el costo por pie cuadrado por el número de pies cuadrados:
254.34 × $1.59 = $404.40.

6. **B**; **Nivel de conocimiento:** 2; **Temas:** Q,2.a, Q.4.a; **Prácticas:** MP.1.a, MP.1.b, MP.1.e, MP.2.c, MP.4.a, MP.4.b
La circunferencia de un círculo es igual al producto de su diámetro y π. Como la circunferencia mide 47 pulgadas, 47 = 3.14d. Divide cada lado entre 3.14: d = 15 pulgadas.

7. **B**; **Nivel de conocimiento:** 2; **Temas:** Q,2.a, Q.4.a; **Prácticas:** MP.1.a, MP.1.b, MP.1.e, MP.2.c, MP.4.a, MP.4.b
El área de un círculo es igual a πr^2. Como el área es 1,256 metros cuadrados, 1,256 = 3.14r^2. Divide cada lado entre 3.14: r^2 = 400 metros. Saca la raíz cuadrada de cada lado: r = 20 metros. La opción de respuesta A es el resultado de dividir el radio entre 2. La opción de respuesta C es el diámetro del círculo. La opción de respuesta D proviene de usar la fórmula de la circunferencia y 1,256 metros para calcular el radio.

8. **C**; **Nivel de conocimiento:** 2; **Temas:** Q.2.a, Q.2.e, Q.4.b; **Prácticas:** MP.1.a, MP.1.b, MP.1.e, MP.2.c, MP.4.a
El área de un círculo es igual a πr^2. El radio del círculo interior es 4 pies, por lo tanto, reemplaza r con 4 para calcular el área: $3.14 \times 4^2 = 50.2$ pies cuadrados. La opción de respuesta A es el resultado de no elevar el radio al cuadrado. La opción de respuesta B es la circunferencia del círculo interior. La opción de respuesta D es el área de toda la alfombra.

9. **C**; **Nivel de conocimiento:** 1; **Temas:** Q.2.a, Q.2.e, Q.4.b; **Prácticas:** MP.1.a, MP.1.b, MP.1.e, MP.2.c, MP.4.a
El área de un círculo es igual a πr^2. El radio de la alfombra más grande 7, por lo tanto, reemplaza r con 7 para calcular el área: $3.14 \times 7^2 = 154$ pies cuadrados.

10. **A**; **Nivel de conocimiento:** 1; **Temas:** Q.2.a, Q.2.e, Q.4.b; **Prácticas:** MP.1.a, MP.1.b, MP.1.e, MP.2.c, MP.4.a
La longitud del borde con flecos que Henry necesita es igual a la circunferencia de la alfombra, o πd. Colocará el borde con flecos alrededor de la parte exterior de la alfombra, por lo tanto, usa $d = 2(7) = 14$ pies para hallar la circunferencia: 14 × 3.14 = 44 pies. La opción de respuesta B es el producto del radio del círculo interior y el radio del círculo más grande. La opción de respuesta C es la circunferencia del círculo interior, que es más pequeño. La opción de respuesta D proviene de usar el radio, 4, como diámetro.

LECCIÓN 5, *págs. 102–103*

1. **C**; **Nivel de conocimiento:** 3; **Temas:** Q.4.a, Q.4.b, Q.4.c, Q.4.d; **Prácticas:** MP.1.a, MP.1.b, MP.1.c, MP.1.e, MP.3.a
Perímetro: 10 cm + 15 cm + 10 cm + 6 cm + 5 cm (15 cm – 10 cm) + 4 cm = 50 cm. La distancia alrededor de la figura es 50 cm.

2. **D**; **Nivel de conocimiento:** 3; **Temas:** Q.4.a, Q.4.c, Q.4.d; **Prácticas:** MP.1.a, MP.1.b, MP.1.c, MP.1.e, MP.3.a
Área del rectángulo = L × A; 5 pies × 8 pies = 40 pies^2
Área del semicírculo = $\frac{1}{2}\pi r^2$ de modo que $A = \frac{1}{2}(3.14)(2.5)^2 = 9.8125$.
Como hay dos semicírculos, multiplica este valor por 2:
9.81 × 2 = 19.625 pies^2.
Área de la figura = 40 pies^2 + 19.625 pies^2 = 59.625 pies^2

3. **A**; **Nivel de conocimiento:** 3; **Temas:** Q.4.a, Q.4.c, Q.4.d; **Prácticas:** MP.1.a, MP.1.b, MP.1.c, MP.1.e, MP.3.a
Recuerda que el área de un triángulo = (base × altura) dividido entre 2, de modo que $A = (5\ m \times 5\ m) \div 2 = 12.5\ m^2$.

4. **D**; **Nivel de conocimiento:** 3; **Temas:** Q.4.a, Q.4.b, Q.4.c, Q.4.d; **Prácticas:** MP.1.a, MP.1.b, MP.1.c, MP.1.e, MP.3.a
Área total de la figura compuesta = área de la porción triangular + área de la porción rectangular
Área de la porción rectangular = L × A = 10 m × 5 m = 50 m^2
Entonces, el área total es 50 m^2 + 12.5 m2 = 62.5 m^2.
La opción de respuesta A representa la longitud de un lado. La opción de respuesta B representa el área de la porción triangular. La opción de respuesta C representa el área de la porción rectangular.

5. **A**; **Nivel de conocimiento:** 3; **Temas:** Q.4.a, Q.4.b, Q.4.c, Q.4.d; **Prácticas:** MP.1.a, MP.1.b, MP.1.c, MP.1.e, MP.3.a
Para resolver este problema, hay que dividir la figura irregular grande en figuras regulares más pequeñas, como rectángulos. Para resolver este problema, hemos dividido la figura de manera horizontal en tres rectángulos.
Área del rectángulo 1
A = L × W
A = 16 pies × 5 pies
A = 80 pies^2
Área del rectángulo 2
A = 10 pies × 5 pies
A = 50 pies^2
Área del rectángulo 3
A = 6 pies × 5 pies
A = 30 pies^2
Área total de la figura = 80 pies^2 + 50 pies^2 + 30 pies^2 = 160 pies^2.

6. **D**; **Nivel de conocimiento:** 2; **Temas:** Q.4.a, Q.4.b, Q.4.d; **Prácticas:** MP.1.a, MP.1.b, MP.1.c, MP.1.e
Área de los 2 círculos = $2\pi r^2 = 2(3.14)(25) = 157$ metros cuadrados.

LECCIÓN 6, *págs. 104–105*

1. **C**; **Nivel de conocimiento:** 2; **Temas:** Q.3.b, Q.3.c; **Prácticas:** MP.1.a, MP.1.b
Para hallar $\overline{AC}$, desarrolla una ecuación.

$$\frac{\Delta ABC}{\Delta RST} = \frac{\overline{AC}}{\overline{RT}} = \frac{\overline{CB}}{\overline{TS}}$$

$$\frac{\overline{AC}}{1.2} = \frac{4.2}{2.1}$$

$$\overline{AC} = 2.4\ m$$

Las opciones de respuesta A y B representan las longitudes de lado dadas. La opción de respuesta D proviene de un cálculo incorrecto.

2. **10.8 m**; **Nivel de conocimiento:** 2; **Temas:** Q.3.b, Q.3.c; **Prácticas:** MP.1.a, MP.1.b
Como los triángulos son semejantes, la longitud del lado $\overline{FG}$ es proporcional a la longitud del lado $\overline{AB}$.

$$\frac{\overline{AC}}{\overline{FH}} = \frac{\overline{AB}}{\overline{FG}}$$

$$\frac{2\ m}{4\ m} = \frac{5.4}{\overline{FG}}$$

$$\overline{FG} = 10.8\ m$$

3. **24.8 m**; **Nivel de conocimiento:** 2; **Temas:** Q.3.b, Q.3.c; **Prácticas:** MP.1.a, MP.1.b

Para hallar el perímetro del ΔFGH, podemos hallar el lado $\overline{HG}$, y luego sumar todos los lados. También se puede hallar el perímetro del ΔABC y luego multiplicarlo por el factor de escala. El perímetro del ΔABC = 5.4 m + 2 m + 5 m = 12.4 m. El factor de escala es 2, ya que la longitud del lado $\overline{FH}$ es el doble que la del lado $\overline{AC}$. Por lo tanto, el perímetro del ΔFGH = 2 × 12.4 m = 24.8 m.

4. **B**; **Nivel de conocimiento:** 2; **Temas:** Q.3.b, Q.3.c; **Prácticas:** MP.1.a, MP.1.b

Desarrolla una ecuación. Sea J = la distancia real que recorrió Jack y P = la distancia que recorrió Pedro.

$$\frac{2.5 \text{ cm}}{J} = \frac{1 \text{ cm}}{20 \text{ km}}$$

$J = 50$ km

$$\frac{2 \text{ cm}}{P} = \frac{1 \text{ cm}}{20 \text{ km}}$$

$P = 40$ km

Jack recorrió 10 km más que Pedro. La opción de respuesta A proviene de un cálculo incorrecto. Las opciones de respuesta C y D representan la distancia que recorrió cada persona, no la diferencia entre ellas.

5. **D**; **Nivel de conocimiento:** 2; **Temas:** Q.3.b, Q.3.c; **Prácticas:** MP.1.a, MP.1.b

Como estas ciudades están a 2.5 cm de distancia, en el mapa, la distancia de Erika está representada por 5 cm. Desarrolla una ecuación para representar la relación. Sea E la distancia que recorrió Erika.

$$\frac{1 \text{ cm}}{6 \text{ km}} = \frac{5 \text{ cm}}{E}$$

$E = 30$ km

Las opciones de respuesta A y B provienen de cálculos incorrectos. La opción de respuesta C proviene de no tomar en cuenta el viaje de regreso.

6. **A**; **Nivel de conocimiento:** 3; **Temas:** Q.3.b, Q.3.c; **Prácticas:** MP.1.a, MP.1.b

Como los triángulos son congruentes, tienen exactamente el mismo tamaño y forma, por lo tanto, el Segmento $\overline{XY}$ = Segmento $\overline{EF}$. Como el perímetro del triángulo 1 es 19 pies:

Lado $\overline{EF}$ = 19 − (9 pies + 6 pies)
= 19 pies − 15 pies
= 4 pies

Lado $\overline{XY}$ = 4 pies

7. **A**; **Nivel de conocimiento:** 3; **Temas:** Q.3.b, Q.3.c; **Prácticas:** MP.1.a, MP.1.b

Desarrolla una ecuación para representar la relación y halla el factor de escala.

$$\frac{\text{Real}}{\text{Modelo}} = \frac{60}{12} = 5$$

La mesa real es 5 veces más grande que el modelo. En las opciones de respuesta B y D se usaron cálculos incorrectos. La opción de respuesta C representa una ecuación incorrecta.

LECCIÓN 7, *págs. 106–107*

1. **C**; **Nivel de conocimiento:** 1; **Temas:** Q.2.a, Q.5.b; **Prácticas:** MP.1.a, MP.1.b, MP.1.d, MP.1.e, MP.4.a

El volumen de un cilindro es el producto del área de su base y su altura, o $\pi r^2 h$. Reemplaza π con 3.14, r con 3 y h con 8: 3.14 × 3² × 8 = 3.14 × 9 × 8 = 226.08 pulg³. Por lo tanto, redondeado a la pulgada cúbica más próxima, el volumen de la lata es 226 pulgadas cúbicas. La opción de respuesta A es el producto del radio y la altura. La opción de respuesta B es el producto del radio cuadrado y la altura. La opción de respuesta D es el resultado de multiplicar por 3³ en lugar de 3².

2. **D**; **Nivel de conocimiento:** 2; **Temas:** Q.2.a, Q.2.e, Q.5.a; **Prácticas:** MP.1.a, MP.1.b, MP.1.d, MP.1.e, MP.4.a

El volumen de un prisma rectangular es *lah*. Multiplica la longitud, el ancho y la altura del fardo de heno para hallar el volumen de un fardo: 40 × 20 × 20 = 16,000 pulgadas cúbicas. A continuación, multiplica por 50 para hallar el volumen de los 50 fardos de heno: 50 × 16,000 = 800,000 pulgadas cúbicas. La opción de respuesta A proviene de escribir un número de ceros incorrecto en el producto. La opción de respuesta B es el volumen de 1 fardo de heno. La opción de respuesta C proviene de un error de cálculo.

3. **B**; **Nivel de conocimiento:** 2; **Temas:** Q.2.a, Q.5.c; **Prácticas:** MP.1.a, MP.1.b, MP.1.d, MP.1.e, MP.4.a

El área total de un prisma triangular es la suma de las áreas de sus bases y sus 3 caras laterales. Cada base tiene un área de $\frac{1}{2}bh = \frac{1}{2}(8)(4)$. Como hay dos bases triangulares, el área total de las bases es $2 \times \frac{1}{2}(8 \times 4) = 8 \times 4$. A su vez, cada cara lateral es un rectángulo con una longitud de 9 pulgadas. Dos de las caras miden 5 pulgadas de ancho y una de las caras mide 8 pulgadas de ancho. Por lo tanto, el área lateral total del prisma es (9 × 5) + (9 × 5) + (9 × 8) = 2(9 × 5) + (9 × 8). Entonces, el área total es (8 × 4) + 2(9 × 5) + (9 × 8).

La opción de respuesta A incluye solamente una de las caras laterales que mide 9 pulgadas × 5 pulgadas. La opción de respuesta C incluye solamente una base y solamente una de las caras laterales que mide 9 pulg × 5 pulg. La opción de respuesta D incluye solamente una base.

4. **B**; **Nivel de conocimiento:** 2; **Temas:** Q.2.a, Q.5.c; **Prácticas:** MP.1.a, MP.1.b, MP.1.d, MP.1.e, MP.4.a, MP.4.b

El volumen de un prisma triangular es el producto del área de su base y su altura. Para el prisma del problema 2, el área de la base del prisma es $\frac{1}{2}bh = \frac{1}{2}(8)(4) = 16$ pulg². La altura que se da en el diagrama es 9 pulgadas. Por lo tanto, el volumen es 16 × 9 = 144 pulg³. Como $V = Bh$, $h = V \div B$. Para hallar la altura de un prisma triangular que tiene un volumen de 144 pulg³ y un área de la base de 24 pulg², divide el volumen entre el área de la base: 144 ÷ 24 = 6 pulg.

5. **C**; **Nivel de conocimiento:** 2; **Temas:** Q.2.a, Q.2.e, Q.5.a; **Prácticas:** MP.1.a, MP.1.b, MP.1.d, MP.1.e, MP.4.b

El área total de un prisma rectangular es la suma de las áreas de sus caras. El prisma rectangular tiene dos caras que miden 8 pulgadas por 6 pulgadas, dos caras que miden 8 pulgadas por 10 pulgadas y dos caras que miden 6 pulgadas por 10 pulgadas. Por lo tanto, el área total es 2(8 × 6) + 2(8 × 10) + 2(6 × 10) = 96 + 160 + 120 = 376 pulgadas cúbicas.

6. **C**; **Nivel de conocimiento:** 2; **Temas:** Q.2.a, Q.5.b; **Prácticas:** MP.1.a, MP.1.b, MP.1.d, MP.1.e, MP.4.a, MP.4.b

El volumen de un cilindro está dado por $V = \pi r^2 h$. Reemplaza V con 9,156.24, π con 3.14 y r con 18 ÷ 2 = 9, ya que el diámetro de un círculo es el doble de su radio. Resuelve para hallar h: 9,156.24 = 3.14 × 9² × h. Multiplica: 9,156.24 = 254.34h. Divide: $h = 36$.

7. **B**; **Nivel de conocimiento:** 3; **Temas:** Q.2.a, Q.4.b, Q.5.b; **Prácticas:** MP.1.a, MP.1.b, MP.1.d, MP.1.e, MP.3.a, MP.3.b, MP.4.a, MP.4.b

El volumen de un cilindro está dado por $V = \pi r^2 h$. Morgan divide el volumen entre la altura para obtener x, por lo tanto $\frac{V}{h} = \frac{\pi r^2 h}{h} = \pi r^2 = x$. Morgan tiene que hallar la circunferencia.

Como $C = 2\pi r$, Morgan tendrá que hallar el radio del cilindro. Por lo tanto, Morgan debe dividir x entre π, ó 3.14, para hallar r^2, y luego sacar la raíz cuadrada para hallar r^2. A continuación, Morgan debe multiplicar r por 2π, ó 6.28, para hallar la circunferencia.

Clave de respuestas

UNIDAD 4 *(continuación)*

LECCIÓN 8, *págs. 108–109*

1. A; **Nivel de conocimiento:** 1; **Temas:** Q.2.a, Q.2.e, Q.5.e; **Prácticas:** MP.1.a, MP.1.b, MP.1.e, MP.2.c, MP.4.a

El volumen de una esfera es igual a $\frac{4}{3}\pi r^3$. Reemplaza r con 1.5 y calcula el volumen:

$V = \frac{4}{3} \times 3.14 \times 1.5^3 = \frac{4}{3} \times 3.14 \times 3.375 = 14.13$. Por lo tanto, redondeado a la pulgada cúbica más próxima, el volumen es 14 pulg^3.

2. B; **Nivel de conocimiento:** 1; **Temas:** Q.2.a, Q.2.e, Q.5.d; **Prácticas:** MP.1.a, MP.1.b, MP.1.e, MP.2.c, MP.4.a

El volumen de un cono es igual a $\frac{1}{3}\pi r^2 h$. Reemplaza r con 4 y h con 12 y calcula el volumen:

$V = \frac{1}{3}\pi r^2 h = \frac{1}{3} \times 3.14 \times 4^2 \times 12 = \frac{1}{3} \times 3.14 \times 16 \times 12 = 200.96$.

Por lo tanto, redondeado al centímetro cúbico más próximo, el volumen es 201 cm^3.

3. B; **Nivel de conocimiento:** 2; **Temas:** Q.2.a, Q.2.e, Q.5.d; **Prácticas:** MP.1.a, MP.1.b, MP.1.e, MP.2.c, MP.4.a

El vaso no tiene una base circular, por lo tanto, el área del papel es el área total del cono sin el área de la base, o πrl. Reemplaza r con 4 y l con 12.6 y calcula el área: $3.14 \times 4 \times 12.6 = 158.26$; por lo tanto, redondeada al centímetro cuadrado más próximo, el área de papel que se necesita es 158 cm^2.

4. C; **Nivel de conocimiento:** 1; **Temas:** Q.2.a, Q.5.d; **Prácticas:** MP.1.a, MP.1.b, MP.1.e, MP.2.c, MP.4.a

El área total de una esfera es $4\pi r^2$. Reemplaza r con 9 y calcula el área total: $4 \times 3.14 \times 9^2 = 4 \times 3.14 \times 81 = 1{,}017.36$. Por lo tanto, redondeada al centímetro cuadrado más próximo, el área total es 1,017 cm^2.

5. B; **Nivel de conocimiento:** 3; **Temas:** Q.2.a, Q.5.d, Q.5.e; **Práctica:** MP.1.a, MP.1.b, MP.1.e, MP.2.c, MP.4.a, MP.4.b

La única información que se da es el radio de las figuras, lo cual no es suficiente para hallar el volumen del cono. Sin embargo, puedes usar el radio para hallar el volumen de la semiesfera. El volumen de una esfera es $\frac{4}{3}\pi r^3$, por lo tanto, el volumen de una semiesfera es $\frac{2}{3}\pi r^3$. Reemplaza r con 6 y calcula el volumen:

$V = \frac{2}{3}\pi r^3 = \frac{2}{3} \times 3.14 \times 6^3 = \frac{2}{3} \times 3.14 \times 216 = 452.16$. A continuación, reemplaza el volumen y el radio en la fórmula del volumen de un cono y resuelve para hallar la altura: $V = \frac{1}{3}\pi r^2 h$, por lo tanto, $452.16 = \frac{1}{3} \times 3.14 \times 6^2 \times h$.

Multiplica: $452.16 = 37.68h$. Divide: $h = 12$.

6. C; **Nivel de conocimiento:** 1; **Temas:** Q.2.a, Q.2.e, Q.5.d; **Prácticas:** MP.1.a, MP.1.b, MP.1.e, MP.2.c, MP.4.a

El volumen de una pirámide es un tercio del producto del área de su base y su altura. Como la base es un cuadrado, el área de la base es 22 = 4 y el volumen de la pirámide es $\frac{1}{3}(4)(3) = 4$ cm^3.

La opción de respuesta A proviene de no haber multiplicado por $\frac{1}{3}$. La opción de respuesta B proviene de confundir la altura y la longitud de lado. La opción de respuesta D proviene de no elevar al cuadrado la longitud de lado.

7. B; **Nivel de conocimiento:** 2; **Temas:** Q.2.a, Q.2.e, Q.5.d, Q.2.d; **Prácticas:** MP.1.a, MP.1.b, MP.1.e, MP.2.c, MP.4.a, MP.4.b

El volumen del cono (de la pregunta 6) es 4 cm^3. Entonces, el doble de ese volumen es 8 cm^3. La altura del cono es la misma que la altura de la pirámide, 3 cm. Reemplaza V con 8 y h con 3 en la fórmula del volumen de un cono: $8 = \frac{1}{3} \times 3.14 \times r^2 \times 3$.

Multiplica: $8 = 3.14r^2$. Divide: $r^2 = 2.5477$. Saca la raíz cuadrada de cada lado: $r = 1.6$ cm.

8. D; **Nivel de conocimiento:** 2; **Temas:** Q.2.a, Q.2.e, Q.5.d; **Prácticas:** MP.1.a, MP.1.b, MP.1.e, MP.2.c, MP.4.a

La cantidad de tela es igual al área total de la pirámide. La pirámide tiene cuatro superficies triangulares, cada una con una base de 6 pies y una altura de 5 pies, y una superficie cuadrada que mide 6 pies por 6 pies. Por lo tanto, el área total es $6^2 + 4\left(\frac{1}{2}\right)(6)(5) = 36 + 60 = 96$ pies cuadrados.

LECCIÓN 9, *págs. 110–111*

1. B; **Nivel de conocimiento:** 2; **Temas:** Q.2.a, Q.2.e, Q.5.a, Q.5.b, Q.5.c, Q.5.f; **Prácticas:** MP.1.a, MP.2.c, MP.4.a

El volumen del centro cuadrado es $(80)(80)(150) = 960{,}000$ m^3. El volumen de las cuatro secciones semicilíndricas es $(4)\left(\frac{1}{2}\right)\pi r^2 h$ (también puedes usar la fórmula $2\pi r^2 h$), donde $r = 40$ y $h = 150$. Al reemplazarlo, da 1,507,200 m^3. Al sumarlo, da $960{,}000 + 1{,}507{,}200 = 2{,}467{,}200 \approx 2{,}467{,}000$ m^3 (opción B).

2. 25; **Nivel de conocimiento:** 2; **Temas:** Q.2.a, Q.2.e, Q.5.d; **Prácticas:** MP.1.a, MP.2.c, MP.4.a

Cada cono tiene un volumen igual a $\frac{1}{3}\pi r^2 h$, donde $r = 2$ y $h = 3$.

Reemplaza de modo que $\frac{1}{3}\pi r^2 h = \frac{1}{3}\pi(2^2)3 =$ un volumen de 12.56 metros cúbicos por cada uno, o 25.12 metros cúbicos para el volumen combinado. El resultado redondeado al metro cúbico más próximo es 25.

3. 100; **Nivel de conocimiento:** 2; **Temas:** Q.2.a, Q.2.e, Q.5.b, Q.5.f; **Prácticas:** MP.1.a, MP.2.c, MP.4.a

El volumen de la sección cilíndrica es $\pi r^2 h$, donde $r = 2$ y $h = 6$. Reemplaza de modo que $\pi r^2 h = \pi(22)6$, lo que da un volumen de 75.36 metros cúbicos para el cilindro. La suma de los volúmenes de los dos conos (25.12) da 100.48 metros cúbicos o, redondeada al metro cúbico más próximo, 100 metros cúbicos.

4. A; **Nivel de conocimiento:** 3; **Temas:** Q.2.a, Q.2.e, Q.5.c, Q.5.f; **Prácticas:** MP.1.a, MP.1.b, MP.2.c, MP.3.a, MP.4.a, MP.5.c

El volumen del cemento es el área del patio por su profundidad. Para hallar el área, hay que dividir el patio en varios rectángulos. Una manera de hacerlo es separarlo en tres rectángulos colocados uno al lado del otro (de izquierda a derecha, un rectángulo de 10 pies por 5 pies, un rectángulo de 16 pies por 5 pies y un rectángulo de 5 pies por 6 pies). Las áreas de estos rectángulos son: 50 pies cuadrados, 80 pies cuadrados y 30 pies cuadrados, respectivamente, lo que da un área total de 160 pies cuadrados. Para hallar el volumen, multiplica el área por la profundidad en pies, 0.25 pies. Eso da 40 pies cúbicos (opción A).

5. **A**; **Nivel de conocimiento:** 3; **Temas:** Q.5.b, Q.5.f; **Prácticas:** MP.1.a, MP.1.b, MP.2.a, MP.2.c, MP.3.a, MP.4.b, MP.5.c
El volumen que ocupa el exterior del recipiente es $\pi r^2 L$. El radio interno del recipiente es $(R - t)$, o el radio de la pared externa menos el grosor. La longitud interna del espacio dentro del recipiente es $(L - 2t)$, ya que la cantidad t se debe restar de ambos extremos. Entonces, el volumen interno es $\pi(R - t)^2 (L - 2t)$. El volumen del material que compone el recipiente es la diferencia entre los dos; la descomposición en factores de π da la opción A.

6. **C**; **Nivel de conocimiento:** 3; **Temas:** Q.2.a, Q.2.e, Q.5.d, Q.5.f; **Prácticas:** MP.1.a, MP.1.b, MP.1.c, MP.1.e, MP.2.c, MP.3.a, M.4.a, MP.5.c
La parte cónica del embudo no es un cono completo, sino un cono al que le falta una parte cerca de la punta; observa la figura que aparece a continuación. La pendiente del lado se puede hallar a partir de las dimensiones dadas. La altura (variación en y) mide 2.0 pulgadas. La longitud (variación en x) es el radio inferior $\left(\dfrac{3.0}{2} = 1.5 \text{ pulgadas}\right)$ menos el radio superior $\left(\dfrac{0.5}{2} = 0.25 \text{ pulgadas}\right)$, o 1.25 pulgadas. Esto da una pendiente de $\dfrac{(2.0)}{(1.25)} = 1.6$. Esta

pendiente también es igual a la altura del cono completo (x) dividida entre el radio inferior, 1.5, de modo que $x = 2.4$ pulgadas. La altura del lado inclinado correspondiente, según el teorema de Pitágoras, es la raíz cuadrada de $1.5^2 + 2.4^2$, ó $2.25 + 5.76 = 8$. La raíz cuadrada de $8 = 2.83$ pulgadas.

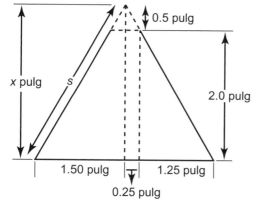

El área total interior de todo el cono sería
$At = \pi r s = (3.14)(1.5)(2.83) = 13.33$ pulgadas cuadradas. La parte pequeña que falta del cono tiene una altura de $(2.4 - 2.0) = 0.4$ pulgadas. La altura del lado inclinado es igual a la raíz cuadrada del radio al cuadrado del cono más pequeño $(.25^2)$ más la diferencia en la altura al cuadrado $(.4 \text{ pulg}^2)$, de modo que $(.25^2 + .4^2) = .2225$; la raíz cuadrada de $.2225$ es $.47$ pulgadas. A continuación, puedes usar la fórmula para el área total de modo que $At = \pi r L = (3.14)(0.25)(0.47) = 0.37$ pulgadas cuadradas. Sacar la diferencia y redondear al décimo más próximo da $(13.33 - 0.37) = 13.0$ pulgadas cuadradas (opción C).

7. **D**; **Nivel de conocimiento:** 2; **Temas:** Q.2.a, Q.2.e, Q.5.b, Q.5.f; **Prácticas:** MP.1.a, MP.1.b, MP.2.c, MP.3.a, MP.4.a, MP.5.c
El área total del interior del cilindro es $2\pi rh$, donde $r = 0.25$ y $h = 0.5$. El reemplazo da $At = 2(3.14)(0.25)(0.5) = 0.785$ pulgadas, que se redondea a 0.8 pulgadas cuadradas. Sumar eso al resultado de la parte cónica del embudo (13.0 pulgadas cuadradas, establecidas en la pregunta 6) da 13.8 pulgadas cuadradas (opción D).

REPASO DE LA UNIDAD 4, *págs. 112–119*
1. **B**; **Nivel de conocimiento:** 2; **Temas:** Q.2.a, Q.4.a, A.2.a, A.2.b; **Prácticas:** MP.1.a, MP.1.b, MP.1.e, MP.2.c, MP.4.a, MP.4.b
El área de un cuadrado es el cuadrado de la longitud de lado. Como el área es 64 metros cuadrados, $L^2 = 64$ y $L = 8$ metros. La opción de respuesta A es el resultado de dividir la longitud de lado, 8, entre 2. La opción de respuesta C es la longitud de lado de un cuadrado con un perímetro de 64 metros. La opción de respuesta D es el resultado de dividir el área entre 2 en lugar de sacar su raíz cuadrada.

2. **B**; **Nivel de conocimiento:** 2; **Temas:** Q.2.a, Q.2.e, Q.4.c; **Prácticas:** MP.1.a, MP.1.b, MP.1.d, MP.1.e, MP.2.c, MP.4.a
Para hallar la longitud de lado de cada mantel, primero determina que un hexágono = 6 lados y dos hexágonos = 12 lados. A partir de allí, resta las 8 pulgadas de cinta que quedan del total, 80 pulgadas, para usar 72 pulgadas de cinta en manteles individuales. A continuación, establece la ecuación: $72 = 12(x)$ para hallar $x = 6$.

3. **C**; **Nivel de conocimiento:** 2; **Temas:** Q.2.a, Q.2.e, Q.4.e; **Prácticas:** MP.1.a, MP.1.b, MP.1.e, MP.2.c, MP.4.a, MP.4.b
La rampa forma la hipotenusa de un triángulo rectángulo cuyos catetos son la longitud horizontal y la altura de la rampa. Reemplaza c con 12 y a con 2 en el teorema de Pitágoras y resuelve para hallar b, la longitud horizontal de la rampa: $2^2 + b^2 = 12^2$. Multiplica: $4 + b^2 = 144$. Resta 4 de cada lado: $b^2 = 140$. Saca la raíz cuadrada de cada lado: $b = 11.8$. La opción de respuesta A es la diferencia entre la longitud de la rampa y la elevación. La opción de respuesta B es la diferencia entre 12 y la raíz cuadrada de 2. La opción de respuesta D es el resultado de restar 2 de 12^2 y luego sacar la raíz cuadrada.

4. **B**; **Nivel de conocimiento:** 2; **Temas:** Q.2.a, Q.2.e, Q.4.e; **Prácticas:** MP.1.a, MP.1.b, MP.1.d, MP.1.e, MP.2.c, MP.4.a
La rampa forma la hipotenusa de un triángulo rectángulo cuyos catetos son la longitud horizontal y la elevación de la rampa. Reemplaza a con 15 y b con 2 y resuelve para hallar c, la nueva longitud de la rampa: $c^2 = 15^2 + 2^2$. Multiplica y suma: $c^2 = 225 + 4 = 229$. Saca la raíz cuadrada de cada lado: $c \approx 15.1$ pies. Resta la longitud de la rampa original de la longitud de la nueva rampa: $15.1 - 12 = 3.1$ pies. La opción de respuesta A es el aumento de la longitud horizontal. La opción de respuesta C es la diferencia entre la nueva longitud horizontal y la longitud de la rampa original. La opción de respuesta D proviene de un error de cálculo.

5. **5**; **Nivel de conocimiento:** 2; **Temas:** Q.2.a, Q.4.a; **Prácticas:** MP.1.a, MP.1.b, MP.1.d, MP.1.e, MP.2.a, MP.4.a, MP.4.b
El área de un cuadrado es igual a L^2. Por lo tanto, $L^2 = 25$. Saca la raíz cuadrada de cada lado: $L = 5$ pies.

Clave de respuestas

UNIDAD 4 *(continuación)*

6. **7.1**; **Nivel de conocimiento:** 3; **Temas:** Q.2.a, Q.4.b, Q.4.e; **Prácticas:** MP.1.a, MP.1.b, MP.1.d, MP.1.e, MP.2.a, MP.4.a, MP.4.b
El diámetro del círculo es igual a la diagonal del cuadrado. La diagonal del cuadrado es igual a la hipotenusa de un triángulo rectángulo cuyos catetos son los lados del cuadrado. Como el área de un cuadrado es igual al cuadrado de su lado, $L^2 = 25$. Saca la raíz cuadrada de cada lado: $L = 5$ pies. Reemplaza a con 5 y b con 5 en el teorema de Pitágoras y resuelve para hallar c, la longitud de la diagonal del cuadrado: $c^2 = 5^2 + 5^2 = 25 + 25 = 50$. Saca la raíz cuadrada de cada lado: $c^2 = 50$, por lo tanto $c = 7.07$ pies, que se redondea a 7.1 pies.

7. **39.2 ó 39.6**; **Nivel de conocimiento:** 3; **Temas:** Q.2.a, Q.4.b, Q.4.e; **Prácticas:** MP.1.a, MP.1.b, MP.1.d, MP.1.e, MP.2.a, MP.4.a, MP.4.b
El área de un círculo está dada por $A = \pi r^2$. El radio de un círculo es un medio de su diámetro. El diámetro del círculo es igual a la diagonal del cuadrado, que es la hipotenusa de un triángulo rectángulo cuyos catetos son los lados del cuadrado. Por lo tanto, $d = \sqrt{5^2 + 5^2} = 7.1$. Divide el diámetro entre 2 para hallar el radio: $r = 3.55$. Reemplaza r con 3.55 y calcula el área: $A = 3.14 \times 3.55^2 = 39.6$ pies cuadrados. Nota: Si se usa 7.07 como diámetro, la respuesta será 39.2.

8. **22.3**; **Nivel de conocimiento:** 3; **Temas:** Q.2.a, Q.4.b, Q.4.e; **Prácticas:** MP.1.a, MP.1.b, MP.1.d, MP.1.e, MP.2.a, MP.4.a, MP.4.b
La circunferencia de un círculo es igual al producto de su diámetro y π. El diámetro del círculo es igual a la diagonal del cuadrado, que es la hipotenusa de un triángulo rectángulo cuyos catetos son los lados del cuadrado. Por lo tanto, $d = \sqrt{5^2 + 5^2} = 7.1$. Multiplica el diámetro, 7.1, por 3.14, para hallar que la circunferencia del círculo es 22.3 pies.

9. **1.ª, 2.ª y 4.ª figura**; **Nivel de conocimiento:** 2; **Temas:** Q.2.a, Q.4.c; **Prácticas:** MP.1.a, MP.1.b, MP.1.e, MP.2.c, MP.4.a
El perímetro de un polígono regular es el producto de su longitud de lado y el número de lados. Por lo tanto, la longitud de lado de un polígono regular es el cociente de su perímetro y su número de lados. Para cada polígono, divide el perímetro entre el número de lados. Para el pentágono (cinco lados), $L = 42.5 \div 5 = 8.5$ pulgadas. Para el octágono (ocho lados), $L = 68 \div 8 = 8.5$ pulgadas. Para el heptágono (siete lados), $L = 59.5 \div 7 = 8.5$ pulgadas.

10. **D**; **Nivel de conocimiento:** 1; **Temas:** Q.2.a, Q.2.e, Q.4.a; **Prácticas:** MP.1.a, MP.1.b, MP.1.e, MP.2.c, MP.4.a
El área de un rectángulo es el producto de su longitud y su ancho, o $A = la$. Por lo tanto, el área de madera que se usó para fabricar la mesa es $8 \times 4.5 = 36$ pies cuadrados. La opción de respuesta A es el resultado de dividir el producto la entre 2. La opción de respuesta B es el perímetro de la parte superior de la mesa. La opción de respuesta C es el área de una mesa de 8 pies de longitud y 4 pies de ancho.

11. **B**; **Nivel de conocimiento:** 2; **Temas:** Q.2.a, Q.4.b; **Prácticas:** MP.1.a, MP.1.b, MP.1.d, MP.1.e, MP.2.a, MP.4.a, MP.4.b
El área de un círculo está dada por $A = \pi r^2$. Reemplaza A con 254 y resuelve para hallar r: $254 = 3.14 \times r^2$. Divide cada lado entre 3.14: $r^2 = 80.89$. Saca la raíz cuadrada de cada lado: $r \approx 9$ cm. El diámetro de un círculo es el doble de su radio, por lo tanto, $d = 2 \times 9 = 18$ cm.

12. **B**; **Nivel de conocimiento:** 2; **Temas:** Q.2.a, Q.4.a, A.2.a, A.2.c; **Prácticas:** MP.1.a, MP.1.b, MP.1.d, MP.1.e, MP.2.c, MP.4.a, MP.4.b
Como el cuadrado y el paralelogramo tienen la misma área, usa la longitud de lado del cuadrado para hallar el área de cada figura. El área de un cuadrado es igual al cuadrado de su longitud de lado; por lo tanto, el área es $6^2 = 36$ pulgadas cuadradas. El área de un paralelogramo es igual al producto de su base y su altura; por lo tanto, $36 = 9h$. Divide cada lado entre 9: $h = 4$ pulgadas.

13. **C**; **Nivel de conocimiento:** 2; **Temas:** Q.2.a, Q.2.e, Q.4.a, Q.4.e; **Prácticas:** MP.1.a, MP.1.b, MP.1.d, MP.1.e, MP.2.c, MP.4.a
El sendero que atraviesa el parque es la hipotenusa de un triángulo rectángulo con catetos de 50 yardas y 120 yardas. Usa el teorema de Pitágoras para hallar la longitud del sendero que atraviesa el parque: $c^2 = 50^2 + 120^2 = 2,500 + 14,400 = 16,900$. Saca la raíz cuadrada de cada lado: $c = 130$ yardas. Si Wanda hubiera tomado la acera, habría caminado $50 + 120 = 170$ yardas. Por lo tanto, al atravesar el parque, Wanda caminó $170 - 130 = 40$ yardas menos. La opción de respuesta A es la longitud del sendero que atraviesa el parque. La opción de respuesta B es la diferencia entre la longitud del sendero que atraviesa el parque y el lado más corto del parque. La opción de respuesta D es la diferencia entre la longitud del sendero y el lado más largo del parque.

14. **C**; **Nivel de conocimiento:** 2; **Temas:** Q.2.a, Q.2.e, Q.3.b, Q.3.c; **Prácticas:** MP.1.a, MP.1.b, MP.1.d, MP.1.e, MP.2.c
Escribe una proporción para representar la situación: $\frac{1 \text{ pulgada}}{3 \text{ pies}} = \frac{7 \text{ pulgadas}}{x \text{ pies}}$. Multiplica cruzado para hallar que $x = 3 \times 7 = 21$ pies. Haz un cálculo similar para la otra dimensión del garaje: $\frac{1 \text{ pulgada}}{3 \text{ pies}} = \frac{8 \text{ pulgadas}}{x \text{ pies}}$; $x = 3 \times 8 = 24$ pies.

15. **B**; **Nivel de conocimiento:** 2; **Temas:** Q.2.a, Q.2.e, Q.3.b, Q.3.c; **Prácticas:** MP.1.a, MP.1.b, MP.1.d, MP.1.e, MP.2.c
Escribe una proporción para representar la situación: $\frac{1 \text{ pulgada}}{3 \text{ pies}} = \frac{x \text{ pulgadas}}{5.4 \text{ pies}}$. Multiplica cruzado: $3x = 5.4$. A continuación, divide cada lado entre 3: $x = 1.8$ pulgadas.

16. **C**; **Nivel de conocimiento:** 2; **Temas:** Q.2.a, Q.4.c; **Prácticas:** MP.1.a, MP.1.b, MP.1.d, MP.1.e, MP.2.c, MP.4.a
El perímetro de un trapecio es la suma de las longitudes de sus lados. Para hallar la longitud de lado que falta, resta las longitudes de lado conocidas del perímetro del trapecio: $58 - (11 + 13 + 13) = 58 - 37 = 21$ pies. La opción de respuesta A proviene de incluir la altura, 12 pies, en el perímetro de la figura. La opción de respuesta B es la altura de la figura. La opción de respuesta D proviene de incluir la altura, 11 pies, en el perímetro e incluir solamente uno de los lados de 13 pies en el perímetro.

17. **B**; **Nivel de conocimiento:** 2; **Temas:** Q.2.a, Q.4.c; **Prácticas:** MP.1.a, MP.1.b, MP.1.d, MP.1.e, MP.2.c, MP.4.a
El área de un trapecio está dada por $A = \frac{1}{2}(b_1 + b_2)h$. Como la figura tiene un perímetro de 58 pies, la segunda base mide $58 - (11 + 13 + 13) = 58 - 37 = 21$ pies de longitud. Reemplaza b_1 con 11, b_2 con 21 y h con 12 para calcular el área: $A = \frac{1}{2}(11 + 21) \times 2 = 16 \times 12 = 192$ pies cuadrados.

18. **9.9**; **Nivel de conocimiento:** 2; **Temas:** Q.2.a, Q.2.e, Q.4.e; **Prácticas:** MP.1.a, MP.1.b, MP.1.e, MP.2.c, MP.4.a
La distancia entre los puntos A y C es la hipotenusa de un triángulo rectángulo cuyos catetos son los segmentos AB y BC. El segmento AB mide 7 unidades de longitud y el segmento BC también mide 7 unidades de longitud, por lo tanto, $AC^2 = 7^2 + 7^2 = 49 + 49 = 98$. Saca la raíz cuadrada de cada lado: $AC \approx 9.9$.

19. **B**; **Nivel de conocimiento:** 3; **Temas:** Q.2.a, Q.2.e, Q.5.a, Q.5.f; **Prácticas:** MP.1.a, MP.1.b, MP.1.d, MP.1.d, MP.1.e MP.2.c, MP.4.a
El conjunto de peldaños se puede dividir en tres prismas rectangulares. Una manera de descomponer los peldaños es en un prisma que mida 8 pulgadas por 10 pulgadas por 36 pulgadas, un prisma que mida 16 pulgadas por 10 pulgadas por 36 pulgadas y un prisma que mida 24 pulgadas por 10 pulgadas por 36 pulgadas. Halla el volumen de cada prisma, luego súmalos y halla el volumen total del conjunto de peldaños: $8 \times 10 \times 36 = 2{,}880$; $16 \times 10 \times 36 = 5{,}760$; $24 \times 10 \times 36 = 8{,}640$. Halla la suma $2{,}880 + 5{,}760 + 8{,}640 = 17{,}280$ pulgadas cúbicas.

20. **D**; **Nivel de conocimiento:** 2; **Temas:** Q.2.a, Q.4.b; **Prácticas:** MP.1.a, MP.1.b, MP.1.d, MP.1.e, MP.2.a, MP.4.a, MP.4.b
La longitud de la tira de plomo es igual a la circunferencia del círculo. Para hallar la circunferencia, comienza por usar el área del círculo para hallar su radio. El área de un círculo está dada por $A = \pi r^2$. Reemplaza A con 113 y resuelve para hallar r: $113 = 3.14 \times r^2$. Divide cada lado entre 3.14: $r^2 = 36$. Saca la raíz cuadrada de cada lado: $r = 6$ pulgadas. La circunferencia de un círculo es igual a $\pi \times d$, ó $\pi \times 2r$. Reemplaza r con 6 y calcula la circunferencia: $3.14 \times 2 \times 6 = 37.68$, que se redondea a 37.7 pulgadas.

21. **C**; **Nivel de conocimiento:** 3; **Temas:** Q.2.e, Q.4.e, A.2.a, A.2.c; **Prácticas:** MP.1.a, MP.1.b, MP.1.d, MP.1.e, MP.2.c, MP.4.a, MP.4.b
El área de un triángulo es igual a $\frac{1}{2}bh$. En un triángulo rectángulo, la base y la altura son los catetos del triángulo. Como el área del triángulo es 216 cm² y uno de los catetos mide 24 cm, $216 = \frac{1}{2}(24)h$. Multiplica: $216 = 12h$. Divide cada lado entre 12: $h = 18$ cm. Ahora, usa el teorema de Pitágoras ($a^2 + b^2 = c^2$) para hallar la longitud de la hipotenusa de un triángulo rectángulo con catetos que miden 24 cm y 18 cm: $c = \sqrt{24^2 + 18^2} = \sqrt{576 + 324} = \sqrt{900} = 30$. Por último, el perímetro del triángulo es la suma de las longitudes de sus lados: $24 + 18 + 30 = 72$ cm.

22. **A**; **Nivel de conocimiento:** 2; **Temas:** Q.2.a, Q.4.b; **Prácticas:** MP.1.a, MP.1.b, MP.1.e, MP.2.c, MP.4.a, MP.5.a, MP.5.b
El área de un círculo está dada por $A = \pi r^2$. La circunferencia de un círculo está dada por $C = \pi d$. Como el diámetro de un círculo es el doble de su radio, la circunferencia de un círculo también es igual a $2\pi r$. Reemplaza cada radio en las fórmulas del área y la circunferencia para determinar qué radio describe un círculo cuya circunferencia es mayor que su radio. Para la opción de respuesta A, $A = 3.14 \times 1.5^2 = 7.1$ y $C = 2 \times 3.14 \times 1.5 = 9.42$. Por lo tanto, la opción de respuesta A demuestra que el área de un círculo no siempre es mayor que su circunferencia.

23. **B**; **Nivel de conocimiento:** 2; **Temas:** Q.2.a, Q.2.e, Q.4.a, Q.4.b, Q.4.d; **Prácticas:** MP.1.a, MP.1.b, MP.1.d, MP.1.e, MP.2.c, MP.4.a
El perímetro de la piscina es igual a la suma de los perímetros de los dos semicírculos y los dos lados externos del rectángulo. Como los dos semicírculos tienen el mismo diámetro, su circunferencia combinada es igual a la circunferencia de un círculo con un diámetro de 4.5 pies: $C = 3.14 \times 4.5 = 14.13$ pies. Suma las longitudes de los dos lados de 5 pies: $14.13 + 2(5) = 24.13$ pies.

24. **Paralelogramo: 5 cm**; **Triángulo: 10 cm**; **Rectángulo: 8 cm**; **Nivel de conocimiento:** 2; **Temas:** Q.2.a, Q.4.a, A.2.a, A.2.c; **Práctica:** MP.1.a, MP.1.b, MP.1.d, MP.1.e, MP.2.c, MP.4.a, MP.4.b
La única figura de la que hay suficiente información para determinar el perímetro es el cuadrado. El perímetro de un cuadrado es igual a $4L$; por lo tanto el perímetro de cada figura es $4 \times 6 = 24$ cm. El perímetro del triángulo es la suma de las longitudes de sus lados; por lo tanto, resta las longitudes de lado conocidas del perímetro para hallar la longitud de lado que falta: $24 - (5 + 9) = 10$ cm. El perímetro de un paralelogramo es $2(b + L)$. La longitud de lado es 7 cm, por lo tanto, $2(b + 7) = 24$. Multiplica: $2b + 14 = 24$. Resta 14 de cada lado: $2b = 10$. Divide: $b = 5$ cm. El perímetro de un rectángulo es $2(l + a)$. El ancho del rectángulo es 4 cm, por lo tanto, $2(l + 4) = 24$. Multiplica: $2l + 8 = 24$. Resta 8 de cada lado: $2l = 16$. Divide: $l = 8$ cm.

25. **C**; **Nivel de conocimiento:** 2; **Temas:** Q.2.a, Q.2.e, Q.4.a, Q.4.d; **Prácticas:** MP.1.a, MP.1.b, MP.1.d, MP.1.e, MP.2.c, MP.5.a
Una figura plana compuesta se puede descomponer de más que una manera. Determina qué opción de respuesta no es el resultado de descomponer el polígono. La opción de respuesta A es el resultado de extender el lado de 5.5 pies hacia arriba para crear dos rectángulos. La opción de respuesta B es el resultado de extender el lado de 6 pies hacia la izquierda para crear dos rectángulos. La opción de respuesta D es el resultado de extender el lado de 8 pies hacia la derecha y el lado de 4 pies hacia abajo para crear un rectángulo grande y luego restar el área de la parte extendida. Los rectángulos descriptos en la opción de respuesta C no se pueden producir a partir de la figura compuesta.

26. **C**; **Nivel de conocimiento:** 2; **Temas:** Q.2.a, Q.4.c; **Prácticas:** MP.1.a, MP.1.b, MP.1.e, MP.2.c, MP.4.a
El perímetro de una figura irregular es la suma de las longitudes de sus lados. El perímetro de la figura de Brendan es $2 + 10 + 4 + 5 + 5 + 6 = 32$ cm. El perímetro de un polígono regular es el producto de su longitud de lado y el número de lados. Para cada opción de respuesta, determina el perímetro de una figura con la longitud de lado y el número de lados dados. Para la opción de respuesta A, $P = 8 \times 4 = 32$ cm. Para la opción de respuesta B, $P = 5 \times 6.4 = 32$ cm. Para la opción de respuesta C, $6 \times 5.4 = 32.4$ cm. Para la opción de respuesta D, $P = 4 \times 8 = 32$. Por lo tanto, se podría doblar el alambre para formar cada uno de los polígonos regulares, excepto el hexágono.

27. **A**; **Nivel de conocimiento:** 2; **Temas:** Q.2.a, Q.2.a, Q.4.b; **Prácticas:** MP.1.a, MP.1.b, MP.1.d, MP.1.e, MP.2.a, MP.4.a
La tapa del pastel se debe extender 1 pulgada hacia afuera del molde en todo su contorno, por lo tanto, suma 1 pulgada a cada extremo del diámetro del molde del pastel para hallar el diámetro de la tapa: $9 + 1 + 1 = 11$ pulgadas. Entonces, el radio de la tapa del pastel es $11 \div 2 = 5.5$ pulgadas. El área de un círculo está dada por $A = \pi r^2$, por lo tanto, el área de la tapa del pastel es $3.14 \times 5.5^2 = 95.0$ pulgadas cuadradas.

Clave de respuestas

UNIDAD 4 (continuación)

28. C; **Nivel de conocimiento:** 2; **Temas:** Q.2.a, Q.2.e, Q.3.b, Q.3.c; **Prácticas:** MP.1.a, MP.1.b, MP.1.e, MP.2.c
Escribe una proporción para representar la situación:
$\frac{2.8 \text{ cm}}{98 \text{ km}} = \frac{1 \text{ cm}}{x \text{ km}}$. Multiplica cruzado: $2.8x = 98$. Divide cada lado entre 2.8: $x = 35$. Por lo tanto, la escala del mapa es 1 cm : 35 km.

29. B; **Nivel de conocimiento:** 2; **Temas:** Q.2.a, Q.2.e, Q.4.a, Q.4.d; **Prácticas:** MP.1.a, MP.1.b, MP.1.d, MP.1.e, MP.2.c, MP.4.a
La longitud de la madera es igual al perímetro de la figura. El perímetro de la figura está compuesto de 10 lados, y cada uno mide 1.3 metros. Multiplica el número de lados por la longitud de lado para hallar el perímetro de la figura: $10 \times 1.3 = 13$ metros.

30. C; **Nivel de conocimiento:** 2; **Temas:** Q.2.a, Q.2.e, Q.4.a, Q.4.d; **Prácticas:** MP.1.a, MP.1.b, MP.1.d, MP.1.e, MP.2.c, MP.4.a
El área total de la figura es la suma de las áreas del pentágono y los cinco triángulos congruentes. El área de cada triángulo es igual a $\frac{1}{2}bh$. Reemplaza b con 1.0 y h con 1.2 para hallar el área de cada triángulo: $A = \frac{1}{2}(1.0)(1.2) = 0.6$ metros cuadrados. Hay 5 triángulos, por lo tanto, el área total de los triángulos es $5 \times 0.6 = 3.0$ metros cuadrados. Suma el área del pentágono al área de los triángulos: $1.72 + 3.0 = 4.72$ metros cuadrados.

31. A; **Nivel de conocimiento:** 2; **Temas:** Q.2.a, Q.5.b, Q.5.c, A.2.a, A.2.c; **Prácticas:** MP.1.a, MP.1.b, MP.1.d, MP.1.e, MP.2.c, MP.4.a, MP.4.b
El volumen de una pirámide es igual a $\frac{1}{3}Bh$. La pirámide tiene un área de base de $14 \times 11 = 154$ pulgadas cuadradas y una altura de 18 pulgadas; por lo tanto, el volumen de la pirámide es $\frac{1}{3} \times 154 \times 18 = 924$ pulgadas cúbicas. El volumen de un cono es $\frac{1}{3}\pi r^2 h$. El cono tiene un diámetro de 18 pulgadas, por lo tanto, su radio es $18 \div 2 = 9$ pulgadas. Como el volumen del cono es igual al volumen de la pirámide, $\frac{1}{3} \times 3.14 \times 9^2 \times h = 924$.
Multiplica: $84.78h = 924$. Divide cada lado entre 84.78: $h = 10.9$ pulgadas.

32. B; **Nivel de conocimiento:** 2; **Temas:** Q.2.a, Q.2.e, Q.4.a, Q.4.b, Q.4.e; **Prácticas:** MP.1.a, MP.1.b, MP.1.e, MP.2.c, MP.4.a, MP.4.b
La escalera forma la hipotenusa de un triángulo rectángulo cuyos catetos son la pared y el suelo. Reemplaza c con 18 y a con 14 en el teorema de Pitágoras y resuelve para hallar b, la distancia entre la pared y la escalera: $14^2 + b^2 = 18^2$. Multiplica: $196 + b^2 = 324$. Resta 196 de cada lado: $b^2 = 128$. Saca la raíz cuadrada de cada lado: $b = 11.3$ pies.

33. A; **Nivel de conocimiento:** 3; **Temas:** Q.2.a, Q.2.e, Q.3.b, Q.3.c; **Prácticas:** MP.1.a, MP.1.b, MP.1.e, MP.2.c
En el mismo momento del día, las sombras que proyecta el sol son proporcionales a la longitud del objeto. Escribe una proporción para representar la situación. $\frac{24 \text{ pies}}{3.6 \text{ pies}} = \frac{x \text{ pies}}{4.5 \text{ pies}}$.
Multiplica cruzado: $3.6x = 24 \times 4.5 = 108$. Divide cada lado entre 3.6: $x = 30$.

34. B; **Nivel de conocimiento:** 3; **Temas:** Q.2.a, Q.2.e, Q.3.b, Q.3.c; **Prácticas:** MP.1.a, MP.1.b, MP.1.e, MP.2.c
Si las figuras son semejantes, los lados correspondientes son proporcionales. Escribe una proporción para representar la situación. $\frac{8 \text{ cm}}{20 \text{ cm}} = \frac{15 \text{ cm}}{x \text{ cm}}$.
Multiplica cruzado: $8x = 20 \times 15 = 300$.
Divide cada lado entre 8: $x = 37.5$ cm.

35. B; **Nivel de conocimiento:** 2; **Temas:** Q.2.a, Q.2.e, Q.5.b; **Prácticas:** MP.1.a, MP.1.b, MP.1.d, MP.1.e, MP.2.a, MP.2.c, MP.4.a, MP.4.b
El volumen de un cilindro está dado por $\pi r^2 h$. Como el volumen del cilindro es 3,740 centímetros cúbicos y la altura es 17.5 cm, entonces $3,740 = 3.14 \times r^2 \times 17.5$. Multiplica: $3,740 = 54.95r^2$. Divide cada lado entre 54.95: $r^2 = 68.06$. Saca la raíz cuadrada de cada lado: $r = 8.25$ cm. El diámetro es el doble del radio, por lo tanto, es $2 \times 8.25 = 16.5$ cm.

36. A; **Nivel de conocimiento:** 1; **Temas:** Q.2.a, Q.4.c; **Prácticas:** MP.1.a, MP.1.b, MP.1.e, MP.2.c, MP.4.a
El perímetro de un polígono irregular es la suma de las longitudes de sus lados. Para hallar la longitud de lado que falta, resta las longitudes de lado conocidas del perímetro del polígono: $42 - (9 + 12 + 7 + 8) = 42 - 36 = 6$ m.

37. D; **Nivel de conocimiento:** 3; **Temas:** Q.2.a, Q.5.a, Q.5.d, Q.5.f; **Prácticas:** MP.1.a, MP.1.b, MP.1.d, MP.1.e, MP.2.c, MP.4.a
La figura está compuesta de dos pirámides cuadradas congruentes y un prisma rectangular. Cada pirámide cuadrada tiene un área de base de $12 \times 12 = 144$ cm cuadrados y una altura de 15 cm, por lo tanto, el volumen total de las dos pirámides es $2 \times \frac{1}{3} \times 144 \times 15 = 1,440$ centímetros cúbicos. Por su parte, el prisma rectangular tiene un volumen de $12 \times 12 \times 22 = 3,168$ centímetros cúbicos. Por lo tanto, el volumen de la figura es $1,440 + 3,168 = 4,608$ centímetros cúbicos.

38. C; **Nivel de conocimiento:** 3; **Temas:** Q.2.a, Q.5.a, Q.5.d, Q.5.f; **Prácticas:** MP.1.a, MP.1.b, MP.1.d, MP.1.e, MP.2.c, MP.4.a
El área total de la figura es igual a la suma de las cuatro caras rectangulares del prisma y las ocho caras triangulares de las pirámides. Cada cara expuesta del prisma tiene un área de $12 \times 22 = 264$ centímetros cuadrados, por lo tanto, el área de las cuatro caras es $4 \times 264 = 1,056$ pulgadas cuadradas. Cada una de las caras triangulares de las pirámides tiene un área de $\frac{1}{2} \times 12 \times 16 = 96$ centímetros cuadrados, por lo tanto, el área de las ocho caras triangulares es $8 \times 96 = 768$ centímetros cuadrados. El área total de la figura es $1,056 + 768 = 1,824$ centímetros cuadrados.

39. C; **Nivel de conocimiento:** 3; **Temas:** Q.2.a, Q.2.e, Q.5.a, Q.5.c, Q.5.f; **Prácticas:** MP.1.a, MP.1.b, MP.1.d, MP.1.e, MP.2.c, MP.4.a
La casa está formada por un prisma rectangular y un prisma triangular. El área total de las caras expuestas del prisma rectangular es $(12 \times 6) + 2(12 \times 8) + 2(6 \times 8) = 72 + 192 + 96 = 360$ pulgadas cuadradas. Las dos caras rectangulares del prisma triangular tienen un área total de $2(7 \times 6) = 84$ pulgadas cuadradas. Las dos caras triangulares del prisma rectangular tienen un área total de $2\left(\frac{1}{2} \times 12 \times 4\right) = 48$ pulgadas cuadradas. Suma para hallar el área total: $360 + 84 + 48 = 492$ pulgadas cuadradas.

40. 48; **Nivel de conocimiento:** 2; **Temas:** Q.2.a, Q.4.a, A.2.a, A.2.c; **Prácticas:** MP.1.a, MP.1.b, MP.1.e, MP.2.a, MP.4.a, MP.4.b
El perímetro de un triángulo es la suma de las longitudes de sus lados. Como el perímetro es 100 pulgadas, $26 + 26 + b = 100$. Combina los términos semejantes y resta 52 de cada lado: $b = 48$.

41. **10**; **Nivel de conocimiento:** 2; **Temas:** Q.2.a, Q.4.a, A.2.a, A.2.c; **Prácticas:** MP.1.a, MP.1.b, MP.1.d, MP.1.e, MP.2.a, MP.4.a, MP.4.b
El área de un triángulo es $\frac{1}{2}bh$. La base del triángulo es $100 - 26 - 26 = 48$ pulgadas, por lo tanto, $240 = \frac{1}{2}(48)h$. Multiplica: $240 = 24h$. Divide cada lado entre 24: $h = 10$.

42. **A**; **Nivel de conocimiento:** 2; **Temas:** Q.2.a, Q.2.e, Q.4.b; **Prácticas:** MP.1.a, MP.1.b, MP.1.d, MP.1.e, MP.2.c, MP.4.a
El área de un círculo está dada por $A = \pi r^2$. El césped y la fuente tienen un diámetro de 22 pies, por lo tanto, el radio del césped y la fuente juntos es $22 \div 2 = 11$ pies. Reemplaza r con 11 para hallar el área de la fuente y el césped juntos: $A = 3.14 \times 11^2 = 379.94$ pies cuadrados. A continuación, resta el área de césped para hallar el área del pozo de la fuente: $379.94 - 253.3 = 126.64$ pies cuadrados.

43. **D**; **Nivel de conocimiento:** 2; **Temas:** Q.2.a, Q.2.e, Q.4.b; **Prácticas:** MP.1.a, MP.1.b, MP.1.d, MP.1.e, MP.2.c, MP.4.a
Como la cerca se debe extender 5 pies más allá del pozo y del césped, el diámetro de la cerca será $2 \times 5 = 10$ pies más largo que el diámetro de la fuente y el césped. Por lo tanto, el diámetro de la cerca será 32 pies. La circunferencia de un círculo es el producto del diámetro del círculo y π. Multiplica para hallar la circunferencia de la cerca: $3.14 \times 32 = 100.48$ pies.

44. **A**; **Nivel de conocimiento:** 3; **Temas:** Q.2.a, A.4.a, A.4.b; **Prácticas:** MP.1.a, MP.1.b, MP.1.d, MP.1.e, MP.2.a, MP.4.b, MP.4.a, MP.4.b
El área de un círculo está dada por $A = \pi r^2$. Reemplaza A con 314 y despeja la r para hallar el radio del círculo A: $314 = 3.14 \times r^2$, por lo tanto, $r^2 = 100$ y $r = 10$. El diámetro del círculo A es $2 \times 10 = 20$ cm. Como el radio del círculo B es igual al diámetro del círculo A, el radio del círculo B es 20 cm. Como la circunferencia de un círculo es igual a πd, ó $\pi \times 2 \times r$, la circunferencia del círculo B es $3.14 \times 2 \times 20 = 125.6$ cm.

45. **8**; **Nivel de conocimiento:** 3; **Temas:** Q.2.a, Q.4.a, Q.4.b, Q.4.d, A.2.a, A.2.c; **Prácticas:** MP.1.a, MP.1.b, MP.1.d, MP.1.e, MP.2.a, MP.2.c, MP.4.a, MP.4.b
El perímetro de la figura es la suma de las longitudes de tres lados del cuadrado y el perímetro del semicírculo. El perímetro de un semicírculo es igual a un medio de la circunferencia de un círculo con el mismo diámetro, por lo tanto, el perímetro del semicírculo es $\frac{1}{2}\pi d$. Como la longitud de lado del cuadrado es igual al diámetro del semicírculo, el perímetro del semicírculo es $\frac{1}{2}\pi s$, y la circunferencia total de la figura es $3L + \frac{1}{2}\pi L$. Resuelve para hallar L: $3L + \frac{1}{2} \times 3.14 \times L = 36.56$. Multiplica: $3L + 1.57L = 36.56$. Combina los términos semejantes: $4.57L = 36.56$. Divide cada lado entre 4.57: $L = 8$.

46. **89.1**; **Nivel de conocimiento:** 3; **Temas:** Q.2.a, Q.4.a, Q.4.b, Q.4.d; **Prácticas:** MP.1.a, MP.1.b, MP.1.d, MP.1.e, MP.2.a, MP.2.c, MP.4.a, MP.4.b
Como la longitud de lado del cuadrado es igual al diámetro del semicírculo, el perímetro del semicírculo es $\frac{1}{2}\pi L$, y la circunferencia total de la figura es $3L + \frac{1}{2}\pi L$. Despeja la L para hallar que la longitud de lado es 8 pies. El área de la figura es la suma del área del cuadrado y el área del semicírculo. El área del cuadrado es $8^2 = 64$ pies cuadrados. Como el diámetro del semicírculo es 8 pies, el radio es $8 \div 2 = 4$ pies y el área del semicírculo es $\frac{1}{2}\pi r^2 = \frac{1}{2} \times 3.14 \times 4^2 = 25.12$ pies cuadrados. Por lo tanto, el área total es $64 + 25.12 = 89.12$ pies cuadrados, u 89.1, redondeado al décimo más próximo.

47. **C**; **Nivel de conocimiento:** 1; **Temas:** Q.2.a, Q.5.d; **Prácticas:** MP.1.a, MP.1.b, MP.1.d, MP.1.e, MP.2.c, MP.4.a
El área total de una esfera es $4\pi r^2$. Reemplaza r con 3.5 y calcula el área total: $4 \times 3.14 \times 3.5^2 = 4 \times 3.14 \times 12.25 = 153.86$. Por lo tanto, redondeada al centímetro cuadrado más próximo, el área total es 154 cm^2.

48. **B**; **Nivel de conocimiento:** 1; **Temas:** Q.2.a, Q.5.a; **Prácticas:** MP.1.a, MP.1.b, MP.1.d, MP.1.e, MP.2.c, MP.4.a
El volumen de un cubo con una arista de 12 pies de longitud es $12 \times 12 \times 12 = 1{,}728$ pies cúbicos. Determina qué opción de respuesta describe un prisma rectangular con un volumen de 1,728 pies cúbicos. La opción de respuesta A tiene un volumen de $4 \times 6 \times 10 = 240$ pies cúbicos. La opción de respuesta B tiene un volumen de $4 \times 16 \times 27 = 1{,}728$ pies cúbicos. La opción de respuesta C tiene un volumen de $6 \times 9 \times 16 = 864$ pies cúbicos. La opción de respuesta D tiene un volumen de $6 \times 12 \times 18 = 1{,}296$ pies cúbicos.

49. **B**; **Nivel de conocimiento:** 2; **Temas:** Q.2.a, Q.2.e, Q.4.b; **Prácticas:** MP.1.a, MP.1.b, MP.1.e, MP.2.c, MP.4.a
El área de un círculo está dada por $A = \pi r^2$. El radio de un círculo es la mitad de su diámetro, por lo tanto, el radio del mantel es $9 \div 2 = 4.5$ pies. Reemplaza r con 4.5 y calcula el área: $A = 3.14 \times 4.5^2 = 63.585$ pies, que se redondea a 63.59 pies cuadrados. La opción de respuesta A es la circunferencia del mantel en pies. La opción de respuesta C es el resultado de usar el diámetro para hallar el área y luego dividir el producto entre 2. La opción de respuesta D es el resultado de usar el diámetro para hallar el área.

50. **C**; **Nivel de conocimiento:** 2; **Temas:** Q.2.a, Q.2.e, Q.4.b; **Prácticas:** MP.1.a, MP.1.b, MP.1.e, MP.2.c, MP.4.a
La circunferencia de un círculo es el producto del diámetro del círculo y π. Entonces, la circunferencia del mantel en pies es $3.14 \times 9 = 28.26$ pies. Hay 12 pulgadas en 1 pie, por lo tanto, multiplica el número de pies por 12: $28.26 \times 12 = 339.12$ pulgadas. La opción de respuesta A es el área del mantel en pies. La opción de respuesta B es el resultado, en pulgadas, de multiplicar π por el radio, en lugar del diámetro. La opción de respuesta D es el resultado de multiplicar el área, en pies, por 12.

51. **1,413 cm^2**; **Nivel de conocimiento:** 2; **Temas:** Q.2.a, Q.2.e, Q.5.b; **Prácticas:** MP.1.a, MP.1.b, MP.1.e, MP.2.c, MP.4.a
La cantidad de tela que Carmen necesita es igual a la superficie total del cilindro. El área total de un cilindro es la suma del área de sus dos bases y su área lateral: $2\pi r^2 + 2\pi rh$. El diámetro del cilindro es 10 cm, por lo tanto, su radio es $10 \div 2 = 5$ cm. Reemplaza r con 5 y h con 40 para calcular el área total: $2 \times 3.14 \times 5^2 + 2 \times 3.14 \times 5 \times 40 = 157 + 1{,}256 = 1{,}413$ centímetros cuadrados.

Clave de respuestas

UNIDAD 4 *(continuación)*

52. **3,140**; **Nivel de conocimiento:** 2; **Temas:** Q.2.a, Q.2.e, Q.5.b; **Prácticas:** MP.1.a, MP.1.b, MP.1.e, MP.2.c, MP.4.a
El volumen de un cilindro es igual a $\pi r^2 h$. El diámetro del cilindro es 10 cm, por lo tanto, el radio es 10 ÷ 2 = 5 cm. Reemplaza r con 5 y h con 40 para calcular el volumen del cilindro: 3.14 × 5² × 40 = 3,140 centímetros cúbicos.

53. **C**; **Nivel de conocimiento:** 3; **Temas:** Q.2.a, Q.2.e, Q.5.a, Q.5.e, Q.5.f; **Prácticas:** MP.1.a, MP.1.b, MP.1.d, MP.1.e, MP.2.c, MP.4.a
El volumen del prisma rectangular es 30 × 20 × 15 = 9,000 centímetros cúbicos. El volumen de la semiesfera es la mitad del volumen de una esfera con el mismo radio, o $\frac{1}{2}\left(\frac{4}{3} \times 3.14 \times 12^3\right)$ = 3,617.28 centímetros cúbicos. Por lo tanto, el volumen total es aproximadamente 9,000 + 3,600 = 12,600 centímetros cúbicos.

54. **A**; **Nivel de conocimiento:** 3; **Temas:** Q.2.a, Q.2.e, Q.3.b, Q.3.c, Q.5.e; **Prácticas:** MP.1.a, MP.1.b, MP.1.d, MP.1.e, MP.2.c, MP.4.a
El diámetro real es 30 metros, por lo tanto, el radio real es 15 metros. Escribe y simplifica una razón para representar la situación: $\frac{12 \text{ cm} \div 12}{15 \text{ m} \div 12} = \frac{1 \text{ cm}}{1.25 \text{ km}}$. Por lo tanto, la escala del modelo es

1 cm = 1.25 m.

55. **A**; **Nivel de conocimiento:** 2; **Temas:** Q.2.a, Q.2.e, Q.4.a, A.2.a, A.2.b, A.2.c; **Prácticas:** MP.1.a, MP.1.b, MP.1.d, MP.1.e, MP.2.c, MP.4.a, MP.4.b
El área de un rectángulo es el producto de su longitud y su ancho. El área de la parcela de tierra más pequeña es 5.6 × 3.8 = 21.28 millas cuadradas. El área de la parcela de tierra más grande es 4 × 21.28 = 85.12 millas cuadradas. La longitud del ancho de la parcela de tierra más grande es 2 × 3.8 = 7.6 millas cuadradas. Como $A = la$, 85.12 = 7.6 × l. Divide cada lado entre 7.6 para hallar la longitud de la parcela más grande: l = 11.2 millas cuadradas.

Índice

A

Álgebra
  ecuaciones, xiv, 25–26, 52–53, 55, 57, 58, 60–67, 72–79, 81–82, 96
  expresiones racionales y ecuaciones, 66–67
  expresiones y variables, 50–51
  forma de ecuación pendiente-intersección de una línea, xiv, 74–75
  forma de ecuación pendiente-punto de una línea, 74–75
  forma normal de una ecuación cuadrática, xiv, 64–65
  fórmula cuadrática, xiv, 64–65, 78–79
  interés simple, xiv, 14–15
  pendiente, xiv, 74–77, 82
  representar gráficamente desigualdades, 68–69
  representar gráficamente ecuaciones cuadráticas, 78–79
  representar gráficamente ecuaciones lineales, 72–73
  resolver ecuaciones con dos variables, 62–63
  resolver ecuaciones con una variable, 60–61
  Teorema de Pitágoras, xiv, 96–97
  usar la pendiente para resolver problemas de geometría, 76–77
Altura del lado inclinado, 108
Análisis de datos
  diagramas de puntos, histogramas, diagramas de caja, 38–39
  gráficas circulares, 36–37
  gráficas de barras y lineales, 34–35
  media, mediana, moda, rango, 30–31
  probabilidad, 32–33
Ángulos, 94–95, 96, 98–99, 104, 108
Área
  área lateral de un cilindro, 106
  de cuadriláteros, 94–95
  de figuras planas compuestas, 102–103
  de triángulos, 94–95
  de un círculo, 100–101
  Véase también **Área total**
Área lateral de un cilindro, 106
Área total
  de cuerpos geométricos compuestos, 110–111
  de la esfera, xiv, 108–109
  de la pirámide, xiv, 108–109
  de la semiesfera, 108
  del cilindro, xiv, 106–107
  del cono, 108–109
  del prisma, xiv, 28–29, 106–107
  del prisma rectangular, 28
Áreas de estudio de la Prueba de GED®, iv–v

B

Barra de fracciones, 8
Base
  de un cilindro, 106
  de un cono, 108
  de una pirámide, 108
  de un prisma, 106
  de una semiesfera, 108
Base de porcentajes, 14
Base de un número exponencial, 56–57
Blizzard, Christopher, 24

C

Calculadora TI–30XS, vi, x, xii–xiii, 56
Calculadoras, xii–xiii
Ceros
  como exponentes, 56–57
  como marcadores de posición, 4, 12
  como un número entero, 6–7
Cilindro, xiv, 106–107, 110
Círculos, 100–101, 108
Circunferencia, 100–101, 108
Cociente, 4, 50, 66
Coeficientes, 78–79
Coma, 2
Computadora, Prueba de GED® en la, vi–vii
Congruente con (≅), 104
Cono, xiv, 106, 108–109, 110–111
Consejos para realizar la prueba
  convertir unidades métricas, 26
  escribir la multiplicación en expresiones algebraicas, 50
  la representación de funciones, 82
  mínimo común denominador, 8
  multiplicación por diez, 12
  multiplicar por π, 100
  números enteros, 6
  redondear, 2
  representar gráficamente desigualdades, 68
  resolver ecuaciones lineales, 62
  sucesos independientes y dependientes, 32
  tomar la raíz cuadrada de un número, 54
  triángulo rectángulo, 96
  usar proporciones para calcular partes de figuras similares, 104
Contenidos
  características de las teclas de función, 80
  pendiente, 74
  resolver ecuaciones con dos variables, 52
  simplificar expresiones racionales, 66
  usar fórmulas, 108
Coronado, Gil, 1
Correlación, 34–35
Cuadrado, xii–xiii, 28–29, 54–55, 76, 80, 94–95, 96, 98, 102–103, 107–108, 110–111
Cuadrado de un número, xi, xiii, 54–55
Cuadrantes de cuadrícula de coordenadas, 70–71
Cuadrícula de coordenadas, 70–71

Cuadriláteros, 94–95
Cuartiles, 38–39
Cubo, xiii, 28–29, 54–55, 106
Cubos de números, 54–55
Cuerpos geométricos. *Véase* **Figuras tridimensionales**
Cuerpos geométricos compuestos, 110–111

D

Denominador
  de fracciones, xii–xiii, 8, 10, 14, 66–67, 74
  mínimo común denominador (m.c.d.), 8–9, 66–67
Denominador común, 8–9, 66–67
Dentro del ejercicio
  marcar puntos en una cuadrícula de coordenadas, 70
  perímetro de figuras compuestas, 102
  revisar las unidades, 28
  signos de términos, 64
  soluciones para ecuaciones lineales, 72
  usar fórmulas, 106
Descomponer en factores, 64–67, 78–79
Desigualdades, 68–69, 86
Diagrama de puntos, 38–39
Diagramas de caja, 38–39
Diagramas de dispersión, 34–35
Diámetro, 100–101, 108, 110
Dibujos a escala, 28, 104–105
Distancia, 74–75, 82–83
Distancia entre dos puntos, 72–73, 96–97
Dividendo, 4, 8, 12, 66
División
  de expresiones racionales, 66–67
  de fracciones y números mixtos, 8–9
  de números decimales, 12–13
  de números enteros, 6–7
  de números exponenciales, xii–xiii, 56–57
  de números naturales, 4–5
  en la calculadora, xii
  orden de, 50
Divisor, 4, 8, 12

E

Ecuación cuadrática
  forma normal de y fórmula de, xiv, 64–65, 78–79
  representar gráficamente, 78–79
Ecuaciones
  del Teorema de Pitágoras, 96
  ecuaciones lineales con dos variables, 62–63, 72–73
  ecuaciones lineales con una variable, 60–61
  ecuaciones racionales, 66–67
  forma de ecuación pendiente-intersección de una línea, xiv, 74–75
  forma de ecuación punto-pendiente de una línea, 74–75
  forma normal de una ecuación cuadrática, xiv, 64–65

Índice

fórmula cuadrática, xiv, 64–65
fórmulas como, xiv, 94–95
funciones escritas como, 58–59
hallar la ecuación de una recta usando
  la pendiente, 74–75
proporciones, 10–11
representar gráficamente ecuaciones
  cuadráticas, 78–79
resolver, 52–53, 64–67
Ecuaciones lineales
  con dos variables, 52, 62–63, 72–73
  con una variable, 52–53, 60–61
  representar gráficamente, 72–73
Ecuaciones lineales con dos variables,
  62–63, 72–73
Ecuaciones racionales, 66–67
Eje de la x, 34, 70–71, 78–79
Eje de la y, 70–71
Eje horizontal, 34
Eje vertical, 34
Elevación, 74–75, 82–83
Emeagwali, Philip, 48
Entrada, 58–59, 80–83
Escala de gráficas, 34
Esfera, xii, 108–109
Exponentes, xii–xiii, 54, 56–57
Expresiones, 50–53, 60, 62, 64–66, 68, 70, 82
Expresiones algebraicas, 50–53, 60, 62,
  64–66, 68, 70, 82
Expresiones racionales, 66–67

F

Factor de escala, 104–105
Factores, xii, 4–5, 12, 54, 64–67, 104–105
Figuras bidimensionales
  área del rectángulo, 28–29
  área del trapecio, xiv
  círculos, 100–101
  cuadriláteros, 94–95
  dibujos a escala, 104–105
  figuras planas compuestas, 102–103
  perímetro de polígonos regulares, 98
  triángulos, 28, 94–95, 104
Figuras congruentes, 104
Figuras planas. *Véase* **Figuras
  bidimensionales**
Figuras planas compuestas, 102–103
Figuras semejantes, 104–105
Figuras tridimensionales
  cubo, 28–29
  cuerpos geométricos compuestos,
    110–111
  pirámides, conos y esferas, 108–109
  prismas y cilindros, 28–29, 106–107
**Forma de ecuación pendiente-
  intersección de una línea**, xiv, 74–75
**Forma de ecuación punto-pendiente de
  una línea**, 74–75
**Forma normal de una ecuación
  cuadrática**, xiv, 64–65
Forma simplificada
  de expresiones algebraicas, 50–51, 52
  de expresiones racionales, 66–67
Fórmula cuadrática, xiv, 64–65
Fórmula de distancia, 26

Fórmulas
  área del círculo, 100–101
  área del paralelogramo, xiv
  área del rectángulo, 28–29, 94–95
  área del trapecio, xiv
  área del triángulo, 94–95, 106
  área total de la esfera, xiv, 108
  área total de la pirámide, xiv, 108
  área total del cilindro, xiv, 106
  área total del cono, xiv, 108
  área total del prisma, xiv, 28–29, 106
  circunferencia, 100–101
  distancia, 26
  distancia entre dos puntos, 72
  forma de ecuación pendiente-
    intersección de una línea, xiv, 74–75
  forma de ecuación punto-pendiente de
    una línea, 74–75
  forma normal de una ecuación
    cuadrática, xiv, 64–65
  fórmula cuadrática, xiv, 64–65
  interés simple, xiv, 14–15
  pendiente de una línea, xiv, 74–75
  perímetro de polígonos, 28–29, 98–99
  Teorema de Pitágoras, xiv, 96–97
  volumen de la esfera, 108
  volumen de la pirámide, 108
  volumen del cilindro, 106
  volumen del cono, 108
  volumen del prisma, 28, 106
Fracción inversa, 8–9
Fracciones
  convertir a/de números decimales y
    porcentajes, xii, 14
  escribir en la calculadora, xii–xiii
  expresar probabilidad como, 32–33
  expresar valores de gráficas circulares
    como, 36
  expresiones racionales como, 66–67
  operaciones con, 8–9
  razones escritas como, 10–11
Fracciones impropias, 8–9, 10
Fracciones propias, 8–9
Funciones
  comparación de, 82–83
  evaluación de, 58–59, 80–81
Funciones lineales, 82–83
Funciones periódicas, 80–81

G

Geometría
  área de cuadriláteros, xii, 94–95
  círculos, 100–101
  cuerpos geométricos compuestos,
    110–111
  dibujos a escala, 104–105
  figuras planas compuestas, 102–103
  perímetro de los polígonos, 28–29
  pirámides, conos y esferas, 108–109
  polígonos, 98–99
  prismas y cilindros, xiv, 28–29, 106–107
  resolver problemas usando la
    pendiente de una línea, 76–77
  Teorema de Pitágoras, xiv, 96–97

triángulos, 28, 94–99, 104–105, 116
Gráfica circular, 36–37
Gráficas
  circulares, 36–37
  de ecuaciones cuadráticas, 78–79
  de funciones, 82–83
  diagrama de puntos, histogramas,
    diagrama de caja, 38–39
  lineal y de barras, 34–35
Gráficas de barras, 34–35
Gráficas lineales, 34–35

H

Hacer suposiciones
  hallar la regla de los patrones, 58–59
Hipotenusa, 96–97
Histogramas, 38–39

I

Interés, xiv, 14–15
Interés simple, xiv, 14–15
Intersección de la x
  comparar funciones con, 82–83
  de ecuaciones cuadráticas, 78–79
  de funciones, 80–81
Intersección de la y
  comparar funciones con, 82–83
  de ecuaciones cuadráticas, 78–79
  de ecuaciones lineales, 74–77
Intersecciones
  comparar funciones con, 82–83
  de ecuaciones cuadráticas, 78–79
  de ecuaciones lineales, 74–77
  de funciones, 80–81
Ítems en foco
  arrastrar y soltar, 9, 37, 55
  completar los espacios, 5, 7, 27, 51, 59,
    63, 105, 111
  preguntas con menú desplegable, 15, 67
  punto clave, 35, 71

L

Lados
  de polígonos incongruentes, 98–99
  de polígonos regulares e irregulares,
    98–99
  de triángulos rectángulos, 96–97
  de triángulos y cuadriláteros, 94–95
Lados congruentes, 28, 94–95, 98–99
Lados incongruentes, 98–99
Lados paralelos, 94–95
Líneas
  forma de ecuación pendiente-
    intersección de una línea, xiv, 74–75
  forma de ecuación punto-pendiente de
    una línea, 74–75
  paralelas y perpendiculares, 76–77

ÍNDICE

usar la pendiente para resolver
problemas de geometría, 76–77
Véase también **Ecuaciones lineales**
Líneas paralelas, 76–77
Líneas perpendiculares, 76–77, 94, 106
Longitud, 26, 28–29

M

Máximo relativo, 80–81
Mayor que (>), 2, 68
Mayor que o igual a (≥), 68
McDoniel, Huong, 92
Media, 30–31, 38–39
Mediana, 30–31, 38–39
Medición
longitud, área, volumen, 28, 29
Sistema usual de EE. UU. y sistema
métrico, 26–27
Menor que (<), 2, 68
Menor que o igual a (≤), 68
Método de combinación lineal, 62–63
Método FOIL, 64–65
Mínima expresión, 8–9
Mínimo común denominador (m.c.d.),
8–9, 66–67
Mínimo relativo, 80–81
Moda, 30–31, 38–39
Multiplicación
de expresiones racionales, 66–67
de fracciones, 8–9
de números decimales, 12–13
de números enteros, 4–7
de números exponenciales, xii, xiii,
56–57
de números mixtos, 8–9
de números naturales, 4–7
en la calculadora, xii

N

Notación científica, xiii, 56–57
Numerador, xii–xiii, 8, 14, 66–67, 74
Números decimales
convertir a/de fracciones y
porcentajes, xii, 14
expresar probabilidad como, 32–33
expresar valores en gráficas circulares
como, 36
operaciones con, 12–13
Números enteros, xii–xiii, 6–7, 64, 66
Números enteros opuestos, 6–7
Números indefinidos, 54–55
Números mixtos, xiii, 8–9, 10–11
Números naturales, xiii, 2–7, 12, 30, 36
Números negativos
cuadrado y raíces de, 54–55
escribir en la calculadora, xii–xiii
multiplicar desigualdades por, 68
operaciones con, 6–7
valor absoluto de, 6–7, 54
Números positivos, 6–7, 54–55
Números racionales, 66–67

O

Operaciones, xiii, 4–7, 8, 12, 50, 52, 56,
60–61, 66. *Véase también* **Suma;
División; Multiplicación; Resta**
Operaciones inversas, 52–53, 60–61
Orden de las operaciones, 50, 56–57
Ordenar
números decimales, 12–13
números naturales, 2–3
Origen, 34, 70–71, 73, 77

P

Paralelogramo, xiv, 94–95
Paréntesis, 50–51
Pares ordenados, 62, 70–73, 82–83
Patrón, hallar la regla para, 58–59
Patrones, 58–59
Patrones geométricos, 58–59
Patrones matemáticos, 58–59
Patrones numéricos, 58–59
Pendiente
de funciones, 82–83
de líneas paralelas y perpendiculares,
76–77
fórmula para, xiv
hallar, 74–75
usar para resolver problemas de
geometría. 76–77
Pentágono, 98–99
Perímetro
de figuras planas compuestas, 102–103
de polígonos irregulares, 98–99
de triángulos y cuadriláteros, 28–29,
94–95
Período de una función, 80–81
Pi (π), 100, 101
Pirámide, xiv, 106, 108–11
Pirámide cuadrada, 108–109
Polígono regular, 98–99
Polígonos, 98–99. *Véase también* **Figuras
planas compuestas; Paralelogramo;
Cuadriláteros; Rectángulo; Rombo;
Cuadrado**
Polígonos irregulares, 98–99
Porcentaje
convertir a/de fracciones y números
decimales, 14–15
expresar probabilidad como, 32–33
expresar valores en gráficas circulares
como, 36
Potencia de un número, xiii, 50, 56–57, 66
Potencias negativas, 56–57
Primer cuartil, 38–39
Prisma, xiv, 28–29, 106–107, 110
Prisma rectangular, xiv, 28–29, 106
Prisma triangular, 106–107
Probabilidad, 32–33
Probabilidad experimental, 32–33
Probabilidad teórica, 32–33
Problemas de geometría, 76–77
Productos cruzados, 10–11
Propiedad distributiva, 50–51
Proporciones, 10–11, 14, 104–105

Prueba de GED®
en la computadora, vi–vii
temas y tipos de preguntas, iv–v.
Véase también **Ítems en foco**
**Prueba de Razonamiento Matemático
GED®**, x
Punto decimal
en notación científica, 56–57
en operaciones con decimales, 12–13
Puntos clave, 34

R

Radio, 100–101, 103, 106–109, 111
Raíces cuadradas, xiii, 54–55
Raíces cúbicas, xiii, 54–55
Raíces de números, xiii, 54–55
Rango, 30–31, 38–39
Razones
en proporciones, 10–11
factor de escala como, 104–105
porcentajes como, 32–33
tasa de cambio, 82–83
Recíproco, 56–57, 66
Recta numérica, 6–7, 38, 68–70
Rectángulo, 28–29, 51, 57, 65, 69, 76–77,
94–96, 98, 102, 104–106, 108
Redondear
números decimales, 12–13
números naturales, 2–3
Regla, 5, 56, 58–59
Relación de las funciones, 80–81
Representar gráficamente
cuadrícula de coordenadas, 70–71
desigualdades, 68–69
ecuaciones cuadráticas, 78–79
ecuaciones lineales, 72–73
Resta
de expresiones racionales, 66–67
de fracciones, 8–9
de números decimales, 12–13
de números enteros, 6–7
de números exponenciales, xii–xiii,
56–57
de números mixtos, 8–9
de números naturales, 4–5
en la calculadora, xii–xiii
orden de, 50
Resultados, 32–33
Resultados favorables, 32–33
Resultados posibles, 32–33
Rombo, 94–95

S

Salida, 58–59, 80–83, 87
Segmento, 70–71, 99–100, 103
Semejante a (~), 104
Semiesfera, 108–109, 119
Sentido numérico
fracciones, 8–9
números decimales, 12–13
números enteros, 6–7

Índice

números naturales, 2–3
operaciones con números naturales, 4–5
porcentaje, 14–15
razones y proporciones, 10–11
Símbolo de raíz, 54–55
Simetría, 78–79
Sistema de valor posicional de base diez, 12–13
Sistema usual de EE. UU., 26–27
Sucesos, 26, 32–33
Sucesos dependientes, 32
Sucesos independientes, 32
Suma
de expresiones racionales, 66–67
de fracciones, xii–xiii, 8–9
de números decimales, xii, 12–13
de números enteros, xii, 6–7
de números exponenciales, xii–xiii, 56–57
de números mixtos, xiii, 8–9
de números naturales xiii, 2–5
en la calculadora, xii
Sustitución
evaluar expresiones y ecuaciones con, 50–53, 60–65, 70–71
resolver ecuaciones con dos variables con, 62–63

T

Tablas, 2–3, 82–83
Tasa, xiv, 10–11, 14–15
Tasa de cambio, 82–83
Tasa por unidad, 10–11
Tecla "2nd", xii–xiii
Tecla CLEAR, xii–xiii
Tecla de conmutación, xii
Tecla ENTER, xii, xiii
Tecnología para la prueba
interpretar gráficas en línea, 34
notación científica en la calculadora, 56
pruebas en la computadora, 4
Teorema de Pitágoras, xiv, 96–97
Tercer cuartil, 38–39
Términos
en expresiones y ecuaciones, x, 50–51
en patrones, 58–59
Términos semejantes, 50–53
Tiempo transcurrido, 26
Tipos de preguntas de la Prueba de GED®, v, x, xv
arrastrar y soltar, 9, 23, 37, 43, 46, 55, 115
completar los espacios, 5, 7, 27, 51, 59, 63, 105, 111

preguntas con menú desplegable, 15–17, 42, 47, 67, 117, 119
punto clave, 34–35, 71
Trapecio, xiv, 99
Traslación, 70–71
Triángulo acutángulo, 94
Triángulo equilátero, 94–95, 98
Triángulo isósceles, 94–95
Triángulo obtusángulo, 94–95
Triángulo rectángulo, 94–95, 96–97
Triángulos, 28, 94–99, 104–106, 116
Triángulos escalenos, 94–95

U

Unidades cúbicas, 28–29, 106–107
Unidades de capacidad, 26
Unidades de medida, 26–27
Uno, como denominador, 10
Uno, como exponente, 56–57
Usar la lógica
fórmula para el valor de x del máximo o mínimo, 78
fórmulas, 94
fracciones y porcentajes, 14
información para responder preguntas, 76
interpretar diagramas de puntos, 38
interpretar gráficas circulares, 36
perímetro de polígonos regulares, 98
proporciones, 10
resolver ecuaciones lineales, 60
valores en tablas, 30
ver cuerpos geométricos compuestos, 110

V

Valor absoluto, 6–7, 54
Valor máximo
de un conjunto de datos, 38–39
de una ecuación cuadrática, 78–79
Valor mínimo
de un conjunto de datos, 38–39
de una ecuación cuadrática, 78–79
Valor posicional
comparar y ordenar números decimales, 12–13
redondear números, 2
Variables
cancelar una variable en ecuaciones lineales con dos variables, 62–63

despejar en un lado de una ecuación, 52–53, 60–61
en expresiones algebraicas, 50–51
independientes y dependientes, 72–73
resolver ecuaciones lineales con dos, 62–63
resolver ecuaciones lineales con una, 60–61
Variables dependientes, 72–73
Variables independientes, 72–73
Vértice, 108
Volumen
de cuerpos geométricos compuestos, 110–111
de la esfera, xiv, 108–109
de un cilindro, xiv, 106–107
de un prisma, xiv, 28–29, 106–107
de una semiesfera, 108–109
del cono, 108–109